Wie kommt die Moral in den Kopf?

Klaus Wahl

Wie kommt die Moral in den Kopf?

Von der Werteerziehung zur Persönlichkeitsförderung

 Springer Spektrum

Klaus Wahl
München, Deutschland

ISBN 978-3-642-55406-3   ISBN 978-3-642-55407-0 (eBook)
DOI 10.1007/978-3-642-55407-0

Die Deutsche Nationalbibliothek verzeichnet diese Publikation in der Deutschen Nationalbibliografie; detaillierte bibliografische Daten sind im Internet über http://dnb.d-nb.de abrufbar.

Springer Spektrum
© Springer-Verlag Berlin Heidelberg 2015

Redaktion: Regine Zimmerschied
Abbildungen: 1.1, 1.2, 8.1, 9.1-9.3 von Darja Süßbier, Abb. 3.1 vom Autor
Einbandabbildung: © iStock/thorbjorn66
Einbandentwurf: deblik, Berlin

Gedruckt auf säurefreiem und chlorfrei gebleichtem Papier.

Springer Spektrum ist eine Marke von Springer DE. Springer DE ist Teil der Fachverlagsgruppe Springer Science+Business Media
www.springer-spektrum.de

Vorwort

Die tägliche Medienflut führt uns die Welt im Dreischritt vor: Katastrophe – Schuldige – Rettung. So begegnet uns in Zeitungen und Talkshows, oft auch in Reden von Politikern, Pfarrern und Pädagogen folgende These:

- Alle reden von Krisen – Krisen der Familie, der Jugend, der Bildung, der Privatheit, der politischen Moral, Europas, des Kapitalismus, des Finanzsystems usw.
- Zu den üblichen Verdächtigen, denen dafür die Schuld gegeben wird, zählt der Verfall religiöser, moralischer und politischer Werte – aus konservativer Sicht etwa von Glauben, Familie, Leistungsprinzip oder Höflichkeit, aus progressiver Sicht etwa von Freiheit, Gerechtigkeit oder Solidarität.
- Als Heilmittel gegen Krisen und Werteverfall wird nach Werteerziehung gerufen.

Diese populäre These weckte jedenfalls meine wissenschaftliche Skepsis. Der Reihe nach: Der erste Punkt erklärt sich rasch: Politiker reden von Krisen und Katastrophen, um sich als deren Bewältiger zu empfehlen; für Journalisten verkaufen sich Krisen gut: *Bad news is good news.* Der zweite Punkt entspringt einer verbreiteten Neigung: Anonyme Großphänomene (Globalisierung, Finanzmärkte usw.), aber auch vielschichtige Probleme wie Jugendgewalt werden moralisiert und personalisiert, nämlich auf verschwundene Werte und davon betroffene Einzelpersonen (Banker, Gangster) zurückgeführt. Der dritte Punkt, die Empfehlung zur Werteerziehung, beruht auf dem verbreiteten Menschenbild, wonach wir nach Werten handeln, und der Annahme, diese könnten gelehrt werden.

Mein Zweifel an dieser These wuchs in vielen Jahren, in denen ich Forschung über das Verhalten von Menschen durchführte und daneben zahlreiche Studien aus der Psychologie, den Natur- und Sozialwissenschaften über die Motivation zu Aggression, Fremdenfeindlichkeit, Toleranz und Hilfsbereitschaft las. Diese Studien legen nahe, dass viele von Sonntagsrednern beschworene „höhere", idealisierte Werte wohl nur selten das Alltagsverhalten von Kindern, Jugendlichen und Familien anleiten. An anderen Werten (z. B. Familie) arbeiten sie sich verzweifelt ab. Oft motivieren unbewusste Emotionen, Gewohnheiten und Anpassungen an die Umgebung das menschliche Tun viel stärker als bewusste Wünsche oder Werte. Dennoch bricht kein gesellschaftliches Chaos aus.

Im Lichte solcher Forschungsergebnisse wollte ich genauer untersuchen, welchen Anteil die angemahnten „höheren" Werte an den Motiven unseres Verhaltens haben. Handeln nicht höchstens Heilige oder Helden dauernd nach Werten? Selbst das gilt von Augustinus, der von seinen Jugendsünden berichtete, bis zu Mutter Teresa, deren Arbeit auch Kritik fand, nur eingeschränkt. Könnte es also sein, dass die Hoffnung auf Werteerziehung als Heilmittel gegen alle möglichen Krisen ebenso optimistisch wie trügerisch ist? Doch was dann? Was hält menschliche Schwäche, Unvernunft und Leidenschaft in Schach? Was verhindert, dass die Gesellschaft in individualistischer Anarchie versinkt? Was macht Kinder und Jugendliche zu moralisch und politisch handelnden Menschen? Das Buch will Antworten auf diese Fragen auf dem aktuellen Stand interdisziplinärer Forschung geben.

Kapitel 1 stellt Fragen, die seit Urzeiten die Menschen bewegten: Warum tun wir, was wir tun? Die Psychologie nennt das die Motivation unseres Verhaltens. Doch stets interessierte auch die Frage: Was sollen wir tun? Für die Philosophie geht es hierbei um die Moral, die Soziologie spricht von sozialen Normen. Sonntagsredner, Politik- und Bildungsprogramme überwölben dann Moral und Normen feierlich mit einer Ebene von „Werten". Aus ihnen sollen sich Normen ableiten und unserem Handeln Orientierung geben. Doch obwohl alle von „Werten" reden, meinen sie kaum das Gleiche. Wir versuchen, die Begriffsverwirrung zu entflechten.

Außerdem wird der Hintergrund der Verwirrung skizziert: die jahrtausendelangen Versuche der Philosophie und Theologie, aus den metaphysisch-abstrakten Höhen von Tugenden und Werten in einer Top-down-Argumentation (von oben nach unten, vom Abstrakten zum Konkreten) das erwünschte moralische und politische Handeln abzuleiten. Die Endziele, die mit Tugenden und Werten angestrebt werden sollten, nämlich ein gutes individuelles und gesellschaftliches Leben, gelten noch heute. Aber verhalten sich jedermann und jedefrau im Alltag immer so rational, tugend- und werteorientiert?

Jedenfalls hat die Forschung das Vertrauen in die Macht von Vernunft, Tugenden oder Werten samt ihrer hoch greifenden (religiösen, metaphysischen, idealistischen) Begründung für das praktische Tun und Lassen von Menschen stark erschüttert. Daher präsentieren Kap. 2 bis 8 neue Forschungsergebnisse zur tatsächlich wirksamen Motivation des Verhaltens aus der Genetik, den Neurowissenschaften, der Psychologie und den Sozialwissenschaften. Die Erklärungen reichen von der Evolution bis zur Sozialisation, von Gehirnprozessen bis zur Persönlichkeitsentwicklung, von Erwartungen der Gesellschaft bis zur wirtschaftlichen Lage. Sie stellen die Vorstellung von Verhaltensmotiven sozusagen vom idealistischen Kopf auf die realistischen Füße. Der Schwerpunkt liegt auf moralisch und politisch bewertbarem Verhalten (gut oder böse, gemeinschaftsnützlich oder -schädlich), weniger auf vorwiegend technischen oder wirtschaftlichen Handlungen (z. B. Herstellen, Kaufen).

Doch selbst wenn Werte das individuelle Alltagsverhalten kaum direkt beeinflussen sollten, so klingen sie doch wie Leitmotive in gesellschaftlichen Diskussionen um ein gutes Leben und Zusammenleben: Werte sollen die Moral einer Gesellschaft und damit die Regeln für das Verhalten untereinander an Zielen orientieren, die möglichst durch überweltliche Vorstellungen legitimiert erscheinen. Aber fallen die Werte vom Himmel? Daher blicken wir auch hier wissenschaftlich wieder in die Gegenrichtung: Aus welchem natürlichen und gesellschaftlichen Untergrund geht der Wunsch nach solchen ideellen Konstruktionen hervor? Wie wurden Moral und Werte zu sozialen Orientierungssystemen aufgebaut? Das wird exemplarisch für eine Reihe alter und moderner Werte (z. B. Leben, Gesundheit, Gerechtigkeit, Freiheit) untersucht. Verhalten und ihm zugeordnete Moral- und Wertorientierungen werden also Bottom-up (von unten nach oben) aus Natur, Geschichte und Gesellschaft erklärt. Als Fazit dieser Kapitel wird ein Modell der Verursachung moralisch erwarteten Verhaltens (d. h. Annahmen über das Zusammenwirken wichtiger Faktoren) vorgestellt, das sich auf interdisziplinäre Forschung stützt.

Kapitel 9 und 10 schließen direkt daran an. Denn das Modell empfiehlt anstelle von idealisierten Werten und entsprechender Werteerziehung eine wirksamere Strategie. Dabei bleiben die Endziele der Werteerziehung (ein gutes persönliches und gesellschaftliches Leben) erhalten. Aber der Weg dahin erfolgt Bottom-up über das Zwischenziel der Förderung spontanen, vorbewussten Verhaltens, das nicht durch Werte und moralische Denkanstrengung überfordert wird, aber dennoch moralischen Erwartungen entspricht. Ein solches Verhalten entspringt vor allem emotionalen und sozialen Persönlichkeitseigenschaften, Verhaltensneigungen und Kompetenzen, die schon früh bei Kindern gefördert werden können. Dazu gehören z. B. das Sicherheitsgefühl, Einfühlung in andere, Selbstkontrolle und Konfliktlösungsfähigkeit. Ein Katalog solcher wichtiger Ziele der Persönlichkeitsförderung und daran orientierte Beispiele von innovativen psychologischen und (sozial-)pädagogischen Praxisprojekten schließen das Buch ab.

Viele haben in Diskussionen, Seminaren, durch Lektüre früher Textfassungen, kritische Anmerkungen und Anregungen zu dem Buch beigetragen, vor allem Lerke Gravenhorst, Uwe Haasen, Rüdiger Hartmann, Barbara Rink, Melanie Rhea Wahl, Daniel Wiswede sowie von Verlagsseite Marion Krämer und Carola Lerch, die sorgfältige Redaktion übernahm Regine Zimmerschied. Ihnen allen danke ich sehr.

Das Buch wendet sich vor allem an Eltern und Menschen in sozialpädagogischen, pädagogischen und psychologischen Berufen (Elternberatung und

-bildung, Kindertagesstätten und das weitere Spektrum der Jugendhilfe, Schulen), in Journalismus und Politik, an Studierende und all diejenigen, die an dem interessiert sind, was unser Verhalten antreibt. Falls Kolleginnen und Kollegen aus verschiedenen Wissenschaften darin blättern, seien sie gewarnt: Ein interdisziplinär unterfüttertes populäres Sachbuch mag ihnen Stirnfalten bereiten, wenn Theorien, Forschungsmethoden und -ergebnisse aus ihrer Sicht zu vereinfacht dargestellt sind und manche Fachbegriffe übersetzt daherkommen. Es ist nicht leicht, leicht über Schwieriges zu schreiben. Doch das Buch ist bemüht, den aktuellen Forschungsstand einzuholen, der sich in den Naturwissenschaften rasend, in anderen Disziplinen gemächlicher verändert. Falls jemand in 100 Jahren diesen Text in die Hände, auf den Bildschirm oder dessen technische Nachfolger bekommen sollte, wird manches zum Schmunzeln reizen, weil man dann beispielsweise Gehirn- und Motivationsprozesse viel detaillierter studieren kann. Mit dieser Zeitfixierung müssen wir Wissenschaftler leben. Offen ist auch, wie in 100 Jahren die Frage von Sprache und Geschlecht behandelt wird. In diesem Buch wird der Kürze und Lesbarkeit halber für Personen- und Berufsbezeichnungen oft nur ein Geschlecht genannt, aber selbstverständlich sind beide gemeint. So bleibt: *I did it my way.*

München, im Mai 2014   Klaus Wahl

Inhaltsverzeichnis

1

Der trügerische Ruf nach Werten: Bestimmen Werte unser Verhalten?

1.1 Warum tun wir, was wir tun? Was sollen wir tun? – *Motivation und Moral*

Warum tun wir, was wir tun? Diese Frage trieb von alters her die Menschen um. Philosophen, Theologen und Juristen diskutierten sie. Später bemühten sich Wissenschaften wie die Psychologie und die Soziologie, die Frage durch empirische Forschung zu beantworten: Wie kommt es zur Motivation unseres (auch unbewussten oder vorbewussten) Verhaltens und unseres (bewussten) Handelns? Die Antworten der Denker, Priester, Richter und Forscher deuten grob gesagt auf drei ganz unterschiedliche Wurzeln oder Kombinationen davon:

- Die einen sehen unser Handeln vor allem geleitet durch Geist, Vernunft, Werte und Moral, durch das Abwägen von Zielen und Mitteln, von Aufwand und Ertrag, durch Vorstellungen über Gut und Böse.
- Andere schreiben die Motivation unseres Verhaltens vor allem Bedürfnissen, Antrieben und Emotionen zu, die wir aus der Evolution, aus Kindheits- und Lebenserfahrungen mitbringen.
- Dritte betonen die Macht von Traditionen, Gewohnheiten, Normen und Gesetzen für unser Tun und Lassen.

Definition

Unter **empirischer Forschung** versteht man wissenschaftliche Untersuchungen, die systematisch Erfahrungen bzw. Informationen gewinnen. Beispiele: Beobachtung einer Familiendiskussion über die Höhe des Taschengelds; Interview mit Straftäter über Motive seiner Tat; Textanalyse von Tagebüchern; Test mit Fragebogen zu Persönlichkeitseigenschaften; Laborexperiment zur Aufzeichnung von Gehirnprozessen während moralischer Entscheidungen.

K. Wahl, *Wie kommt die Moral in den Kopf?*, DOI 10.1007/978-3-642-55407-0_1,
© Springer-Verlag Berlin Heidelberg 2015

Es ist auch eines unserer Lieblingsspiele als Alltagspsychologen, uns den Kopf über das Tun anderer (und manchmal von uns selbst) zu zerbrechen. Weshalb grüßt die Nachbarin nie? Warum zahlt der Kollege keinen Beitrag in die Kaffeekasse? Wieso erlaubt sich ein Politiker hohe Nebeneinnahmen? Wir fragen damit nach der Verhaltensmotivation.

Noch lieber widmen wir uns einem zweiten Spiel, nämlich über andere moralisch zu reden oder mit Dritten zu tratschen: Wie unhöflich, dass uns die Nachbarin nicht grüßt, sich also nicht an eine gesellschaftliche Norm hält. Wie unkollegial von dem Kollegen, stets auf unsere Kosten Kaffee zu trinken. Wie maßlos von dem Politiker, sich solche Nebeneinkünfte zu sichern. Aber wir stehen auch täglich selbst vor moralischen Erwartungen und Normen: Schenken wir dem Bettler ein paar Münzen? Füllen wir einen Organspendeausweis aus? Bezahlen wir die schon wieder teurer gewordene Straßenbahn, oder versuchen wir uns als Schwarzfahrer? Auch normative Fragen wie „Was sollen wir tun?" bzw. „Was sollen andere tun?" haben Philosophen und Religionen seit Jahrtausenden beschäftigt.

Definition
Moral dreht sich um die Frage „Was soll ich tun?" Sie bezieht sich auf die Erwartungen der anderen bzw. der Gesellschaft an das Verhalten.

Ethik behandelt Fragen der möglichen Begründungen der Moral oder des Sollens aus Sicht der Philosophie: „Warum sollte man das tun?" Es gibt verschiedene Ethiken, u. a. solche, die eher auf die Absicht (z. B. Befolgung einer Pflicht) oder die Folgen einer Handlung (z. B. Nutzen, Schaden) setzen.

Um moralischen Erwartungen oder Normen für menschliches Handeln eine Richtung zu geben, knüpfen sie viele in Politik, Kirche und Schulen gerne an Werte oder Prinzipien, die als erstrebenswert gelten sollen. Damit nicht genug: In den Moralsystemen seit der Antike wurden diese Prinzipien oft noch überhöht durch eine göttliche Höchstinstanz, die sie geschaffen haben soll. Heute werden Werte auch auf weltliche Art beschworen, meist in unpersönlicher Form: „Man sollte Wert X anstreben, damit die Gesellschaft funktioniert." Soziologisch gesehen haben solche Werte die Funktion von Leitsätzen, die in der Gesellschaft rechtfertigen sollen, was ein gutes Leben von Individuen und ein gutes Zusammenleben ermöglicht. Was dabei als „gut" gilt, kann von Kultur zu Kultur, von sozialer Schicht zu Schicht unterschiedlich sein. Damit lassen sich aber auf jeden Fall Angepasste und Abweichler unterscheiden, also gesellschaftliche Grenzen ziehen, die der Normen- und Strukturerhaltung dienen – oder der Rebellion dagegen.

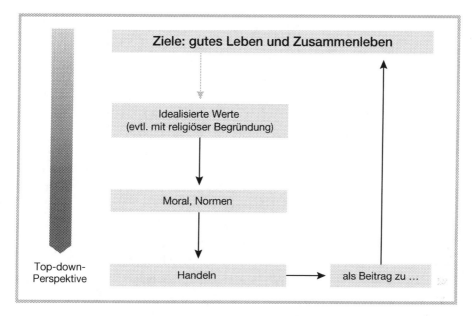

Abb. 1.1 Modell der traditionellen Ableitung von Handlungen aus Werten in Top-down-Perspektive

Das Modell dieser traditionellen Vorstellungen davon, wie top-down aus „höheren", idealisierten Werten die Moral und die Normen abgeleitet werden, die dann das Handeln im Sinne der individuellen und gesellschaftlichen Ziele lenken sollen, findet sich in Abb. 1.1.

1.2 Krisen durch Werteverfall? – *Die Hoffnung auf Werteerziehung*

„Der Kultus der Werte ist reaktiv zu verstehen aus der Desorientiertheit und Entstrukturierung einer Gesellschaft, in der zwar die traditionellen Normen nicht mehr bestehen, aber die Individuen sich auch nicht selbst bestimmen, sondern nach etwas greifen, woran man sich halten kann" (Adorno 1996, S. 180).

Der Ruf nach Werten wird laut, wenn Diskussionen um Krisen zunehmen, seien es „Umwelt-, Klima-, Wirtschafts-, Finanz-, Banken-, Bildungs- und sonstige Krisen" (Jung 2012, S. 113). Anlässe dafür gibt es reichlich: Bankrotte Großbanken und hohe Banker-Boni, Bildungsmisere und jugendliche Gewalttäter, Korruption und erschwindelte Doktortitel, Fehltritte von Bundespräsidenten, Bischöfen und Fußballbossen, das Dschungelcamp und andere Fernsehsünden. Das erhitzt die moralische Empörung in Leserbriefen und Internetforen ebenso wie die *moral panic* von Kulturkritikern, Kirchenvertretern, Politikern und Journalisten, die beklagen, dass sich bestimmte Gruppen nicht mehr an „Werte" hielten (zumindest nicht an die, die man selbst zu beachten vorgibt). Doch die Lust am moralisierenden Vorwurf ist uns allen nicht ganz fremd – sie hilft, gesellschaftliche Normen einzuhalten, weil sie den Abweichlern Schamgefühle verpasst und uns selbst kurz Überlegenheit vorspielt. Um Ursachenanalyse und effektive Lösungsmöglichkeiten angesichts der Krisen und problematisierten Verhaltensweisen geht es dabei weniger. Besorgt wird auch festgestellt, dass in einer pluralistischen, kulturell und religiös gemischten Gesellschaft widersprüchliche Werte auftreten. Neu sind Klagen über Werteverfall nicht, schon die Antike kannte sie. Platon (o.J., S. 302) warf den Jüngeren vor, die Autorität der Älteren und Lehrer nicht mehr zu achten (was er der Demokratie mit ihren Freiheiten anlastete).

Während vor allem Konservative den Verfall traditioneller Werte bei schwindender Religiosität beklagen, spricht die Soziologie neutraler vom Wertewandel. Doch auch Hoffnung wird verbreitet. „Wo aber Gefahr ist, wächst das Rettende auch", schrieb 1802 der Dichter Friedrich Hölderlin (1993, S. 186). Der Ruf nach den Werten beschränkt sich nicht auf Deutschland. Bildungspolitiker und Ersteller von Lehrplänen auf der ganzen Erde folgen ihm und versuchen, Familien, Kindergärten und Schulen dafür pädagogisch zu ertüchtigen (vgl. z. B. Hugoth 2004; Schick 2011; Lovat et al. 2010; Guedes und Rios 2007). Die dabei vorgeschlagenen Wertekataloge reichen von den Zehn Geboten (aus deren Normen Werte konstruierbar sind) über die UN-Menschenrechtserklärung bis zum Grundgesetz. Gegen „Werteverfall" sollen „Werteerziehung" oder Ähnliches helfen (vgl. z. B. Bundesforum Familie 2008; Bayerisches Staatsministerium für Unterricht und Kultus 2008). Schulen bieten Ethikunterricht, Hochschulen das Fach Wirtschaftsethik, Wirtschaftsverbände propagieren, dass Ethik und Wirtschaft keine Gegensätze seien (Bundesvereinigung der Deutschen Arbeitgeberverbände o.J.). In Zeitungen finden sich Überschriften wie „Stoiber und Maffay werben für Werte" (2007), etwa für Pünktlichkeit, Fleiß und Zuverlässigkeit. Offenbart das die herzerwärmende Sorge von Eliten um die Kinder, oder klingt es nach einem Missverständnis, wenn ein alternder Rocksänger und ein konservativer Politiker gemeinsame Sache machen?

Der Aktionismus wird begleitet von anschwellender Literatur, hauptsächlich Traktaten und Traktätchen, selten wissenschaftlichen Beiträgen. Einen groben Vergleich bieten Internetsuchmaschinen: Google als allgemeines Verzeichnis von Schriften, Praxisinformationen usw. liefert zu den deutschen Begriffen „Wert(e)erziehung", „Wert(e)vermittlung", „Vermittlung von Werten" und „Wert(e)pädagogik" zusammen etwa 612.000 Einträge, Google scholar als Verzeichnis wissenschaftlicher Literatur nur etwa 6900, also ungefähr den 89. Teil davon (15.5.2014).

?

Ist es nicht eine gute Sache, Kindern und Jugendlichen Werte zu lehren?

Im Eifer des Aufbruchs bleibt leider oft die Genauigkeit auf der Strecke, selbst bei Wissenschaftlern. So heißt es in einer theoretischen Einführung in die Werteerziehung, „die verschiedenen, in einer Gesellschaft geltenden Werte [stehen] im Konflikt miteinander", um im nächsten Satz das Gegenteil zu behaupten, nämlich Werte repräsentierten „allgemeingültige Standards", um die Strukturen eines Sozialsystems aufrechtzuerhalten. Weiter hätten Werte für Individuen eine „handlungsleitende Funktion" und spielten „besonders in unbestimmten, komplexen Situationen eine wichtige Rolle als Orientierungshilfen" (Standop 2005, S. 14). Also was nun: Gibt es konkurrierende oder allgemeingültige Werte? Und zeigt nicht schon die Lebenserfahrung, dass Menschen in komplexen Situationen oft auch orientierungslos und emotional reagieren? Auch ein theoretischer Grundsatzartikel eines neueren pädagogischen Sammelbandes zur Wertebildung beginnt mit der schlichten Behauptung: „Menschliches Handeln ist – ob bewusst oder unbewusst – von Werten geprägt" (Schubarth 2010, S. 21). Gilt das für tatsächlich für jedes Verhalten im Alltag, und wie sollen unbewusste Werte wirken?

In vielen Diskussionen und pädagogischen Programmen wird der Begriff des Wertes unreflektiert benutzt, dafür aber in blumige Prosa gehüllt, auch im aktuellen, vom Bundesfamilienministerium geförderten Gemeinschaftsprojekt „Wertebildung in Familien" des Deutschen Roten Kreuzes (DRK 2013): „Ähnlich wie wir uns am Nachthimmel an den Sternbildern orientieren, geben Werte im Leben die Richtung vor, in die wir gehen." Der Blick nach oben zu Sternen und Werten riskiert aber, irdische Gegebenheiten zu übersehen. Schon der griechische Philosoph Thales fiel beim Betrachten des Himmels in den Brunnen. Das ahnten wohl auch die Projekteplaner und empfahlen Bodenständigeres, nämlich Werte in „interkulturellen Familienwochenenden", beim „Wertefrühstück für alle Generationen", mittels „Wertekoffer", „Werterucksack" oder „Wertetaschen" (mit Spielen, Bällen, Würfeln usw.) nicht nur aus dem Himmel der Ideale herunterzuholen, sondern auch aus dem Alltag zu schöpfen (DRK 2013). Doch reichen das Reden und Diskutieren über Werte, das Herumschieben von persönlichen Werten auf Ranglisten? Werden Werte durch solche Spielchen handlungsbestimmend?

Seit vielen Jahren gibt es in Deutschland Ethikunterricht. Im entsprechenden Lehramtsstudium werden vor allem Philosophie und Religion vermittelt.

Es gibt anspruchsvolle Ethikschulbücher, etwa das für die fünfte Jahrgangsstufe am Gymnasium, das Philosophen zitiert, psychologische Fragen von Bedürfnissen bis zu Entscheidungen behandelt und Diskussionen über den Umgang mit Minderheiten in der Klasse anregt. Philosophie und Psychologie im Unterricht sind wunderbar. Doch dann stellt das Buch menschliches Handeln als recht rationale Aktion vor und behauptet: „Allgemein gültige Werte sind eine Richtschnur für unser Handeln" (Häußler und Euringer 2005, S. 18). Auch hier wird Allgemeingültiges unterstellt und als Aufforderung formuliert – aber trifft diese Aussage in einer kulturell gemischten Gesellschaft zu? Das Leitmotiv der Werte durchzieht auch andere Bücher zum Ethikunterricht (z. B. Kriesel et al. 2008, S. 9). Alle diese Debatten, Programme und Unterrichtsstoffe wollen Menschen, die sich nicht an Werten oder an „falschen" Werten orientieren, die „richtigen" Werte beibringen. Aber reichen Informationen und Diskussionen über Werte wie Gerechtigkeit in der Schule, Schüler zu gerechtem Handeln zu motivieren? Der Unterricht über historische Ethikentwürfe vermittelt interessante Philosophiegeschichte, aber macht er das Verhalten von Schülern moralischer? Die Frage, wie Werte psychologisch das Tun und Lassen tatsächlich motivieren sollen, fehlt. Der Ruf der Politiker nach Werten und ihre Aufforderung an Schulen, diese zu lehren, enthält jedenfalls widersprüchliche, schwer erfüllbare Erwartungen, weshalb der Pädagoge Hartmut von Hentig (1999) eines seiner Bücher *Ach, die Werte!* nannte.

Das Modell der traditionellen Werteerziehung, die eine pädagogische Ebene in die Top-down-Ableitung aus Werten zum Handeln einzieht, findet sich in Abb. 1.2.

Der Zweifel an der Wirksamkeit von Werten und Werteerziehung für das tatsächliche Verhalten von Menschen führt zu den Themen dieses Buches: auf der einen Seite die Frage, ob Werte als Handlungsziele für Menschen wirksam werden (philosophisch: als *causa finalis*, „Ziel als Ursache") oder zumindest als Orientierungspunkte; auf der anderen Seite das Geflecht von Faktoren, das ursächlich vorausgehend unser Verhalten motivieren kann (philosophisch: als *causa efficiens*, „wirkende Ursache"). Könnte es sein, dass manches Ziel das menschliche Tun weniger „zieht", als dass es die Ursachen „schieben"? Für solche Ursachen gibt es viele Kandidaten, z. B. die Motivation von Verhalten durch Gehirnaktivitäten, Bedürfnisse, das Temperament, das Selbstbild, Emotionen, Intuitionen, Gewohnheiten, Anpassung, Nachahmung, Regeln, Normen, Erwartungen anderer. Die Fragen nach der Funktion und dem tatsächlichen Einfluss von Werten und anderen Motiven auf menschliches Verhalten stehen im Mittelpunkt dieses Buches. Sie führen dann auch zur Antwort auf die praktische Frage, ob es wirksamere Maßnahmen als Werteerziehung gibt, um moralisches Verhalten zu fördern.

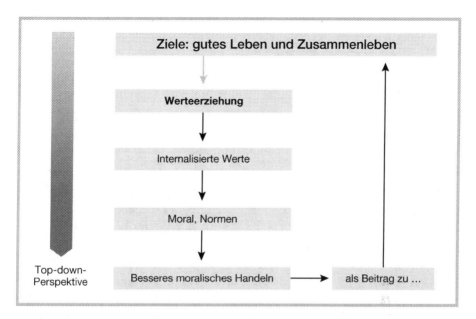

Abb. 1.2 Modell der traditionellen Werteerziehung in Top-down-Perspektive

1.3 Was bedeuten „Werte"? – *Ein Ordnungsversuch*

Nicht nur in gesellschaftlichen Eliten, die Werte predigen, herrscht Verwirrung über die Begriffe. Die Philosophie, die Geistes- und Sozialwissenschaften sind kaum klarer. Was heute unter dem Stichwort der Werte erörtert wird, hieß seit der Antike in der abendländischen Ethik und politischen Philosophie Tugenden. Sie waren Voraussetzungen oder Zwischenziele für das Endziel eines glücklichen, guten Lebens (Eudämonismus). Sokrates begann mit dem Begriff der ἀρετή (*areté*), der mit „Tugend", „Tüchtigkeit" oder „Tauglichkeit" übersetzt wird, eine jahrtausendelange Diskussion. Seine Gedanken kennen wir nur indirekt durch seinen Schüler Platon, und besonders präzise klingen sie nicht. Grob gesagt, lag für ihn der Zweck des Menschen in seiner Tugend, einem Wissen, das auf Einsicht ins Gute beruht und zu gutem Handeln führt. Dabei helfen Selbsterkenntnis und Dialog. Eingebettet ist das alles in einen religiösen Hintergrund (vgl. Vorländer 1963, S. 65 f.). Sein und Sollen sind in der Antike noch eng beisammen gedacht. Platon stellte dann selbst einen Katalog von Tugenden auf: Gerechtigkeit, Weisheit, Tapferkeit und Besonnenheit (Mäßigung). Sie sollten dem Nachwuchs in seinem idealen Ständestaat gelehrt werden (Platon o.J., S. 139 ff.). Später wurden daraus die vier Kardinaltugenden.

Aristoteles entfaltete die Tugenden weiter in solche, die aus Denken und Vernunft entspringen (Weisheit, Einsicht usw.), und solche des Charakters, die den gesellschaftlichen Erwartungen entsprechen (Gerechtigkeit; Mäßigung usw.). Sie bilden jeweils die Mitte zwischen Extremen, z. B. Tapferkeit zwischen Feigheit und Tollkühnheit (Aristoteles 1969, S. 34 ff.). Ähnliche Kanons finden sich im Judentum, Christentum (u. a. ergänzt um Glaube, Liebe, Hoffnung), Islam und Konfuzianismus. Allerdings ist das, was die verschiedenen Zeiten und Kulturen unter diesen Tugenden verstanden, nicht einfach gleichzusetzen.

Jedenfalls blieb es bis in die zweite Hälfte des 19. Jahrhunderts bei der Rede von den Tugenden. Der Philosoph Hermann Lübbe (2007, S. 57 f.) machte darauf aufmerksam, dass der Begriff des Wertes (*value*) erst danach aus der Ökonomie in die Ethik einwanderte. Das sei insofern verwirrend, als wirtschaftliche „Werte" keine stabilen Prinzipien seien, sondern wie in den Naturwissenschaften als Vergleichs- bzw. Verrechnungseinheiten dienten und veränderlich seien. Vielleicht sei es zur neuen Begrifflichkeit gekommen, weil Tugenden, Lebensorientierungen und Lebensansprüche damals selbst dynamischer und von der Wirtschaft abhängiger geworden seien. Seit den 1980er Jahren gab es in der Philosophie einige Versuche zur Wiederbelebung des Tugendbegriffs, allerdings mit Akzentverschiebungen gegenüber der Antike: von den klassischen Merkmalen der Selbstbezogenheit hin zum Bezug auf Fremde und zur Geltung für alle, von Strebenszielen zu Pflichten, von Tugenden zu Normen (Bayertz 2005, S. 117). Dennoch herrscht in Politik, Theologie, Pädagogik und in öffentlichen Diskussionen heute der Wertebegriff vor.

Auch die Soziologie richtete ihr Interesse lange auf die Werte und später auf deren Entzauberung. Niklas Luhmann (1988, S. 433) sieht Werte nicht mehr mit großer religiöser oder philosophischer Bedeutung aufgeladen, sondern nüchtern und neutral als „symbolisierte Gesichtspunkte des Vorziehens von Zuständen oder Ereignissen", nach denen Handeln z. B. als friedensfördernd oder gerecht bewertet werden kann.

Während die Philosophie feine begriffliche Differenzen herausarbeitete, etwa subjektive und objektive Werte, ethische und ästhetische, absolute und relative, transzendente und immanente, individuelle und kollektive, nimmt es der „Feiertagsgebrauch" des Begriffs „Werte" (Lübbe 2007, S. 56) in Festreden und Predigten nicht so genau. Hier werden unterschiedlichste Kategorien und Listen erstrebenswerter Eigenschaften als Handlungsmaßstäbe für Menschen und Politik gesetzt (vom Gottesglauben bis zur Gesundheitsoptimierung, vom Vegetarismus bis zur Altersvorsorge, von der traditionellen Familie bis zum Schutz der Privatheit im Internet). Auch werden Werte (Ziele, erstrebenswerte Dinge) und Normen (Verhaltensvorschriften) nicht immer sauber getrennt. Die Soziologie spricht oft gleich vom Doppelpack „Werte und Normen".

?

Jeder versteht etwas anderes unter Werten. Was ist damit in diesem Buch gemeint?

Eine häufig zitierte Definition von „Werten" stammt vom amerikanischen Anthropologen Clyde Kluckhohn (1951, S. 395): Er sieht in ihnen eine explizite oder implizite, für ein Individuum oder eine Gruppe charakteristische Vorstellung des Wünschenswerten, die die Auswahl von verfügbaren Arten, Mitteln und Zielen des Handelns beeinflusst. Diese Definition kommt ohne das Pathos der „höheren", idealisierten Werte aus der Philosophie- und Religionsgeschichte aus und öffnet sich für allerlei subjektive Wünsche. Damit handelt sie sich andere Probleme ein, z. B. ob die Werte des einen auch für einen anderen wertvoll sind (ein gutes Steak kommt beim Veganer nicht gut an) oder der Einbezug von implizit Wünschenswertem, was an „unbewusste" Werte denken lässt. Ob das eine sinnvolle Annahme ist, wird später zu klären sein.

Der amerikanisch-israelische Psychologe Shalom H. Schwartz wurde konkreter und schlug eine systematisch-interdisziplinäre Theorie universaler Typen von persönlichen Werten vor. Er betrachtet Werte als Gedankengebilde, die auf drei universale Erfordernisse antworten: (1) biologische Bedürfnisse, (2) Interaktionserfordernisse für die Koordination zwischen Personen und (3) gesellschaftliches Verlangen nach dem Wohlergehen und Überleben von Gruppen. Werte treten als emotionale Überzeugungen, handlungsmotivierende Ziele, situationsübergreifende Standards und in einer Rangfolge auf. Schwartz (Schwartz und Bilsky 1987; Schwartz 2009) will in Untersuchungen quer durch die Welt eine (im Laufe der Zeit etwas veränderte) Liste von allgemein anerkannten Werten gefunden haben. Zu dieser bunten Mischung gehören Sicherheit, Macht, Leistung, Unabhängigkeit, Genuss, Abwechslung, Hilfsbereitschaft, Tradition, Normkonformität und Universalismus.

Wir werden diese Werteliste in diesem Buch noch etwas erweitern. Zudem interessiert uns, welche Faktoren, Funktionen und Mechanismen bei Bewertungsprozessen zusammenwirken, um menschliches Verhalten tatsächlich zu motivieren. Begriffe von Werten liegen auf drei unterschiedlichen Ebenen:

Definition
Werte (A) umfassen gesellschaftlich, politisch oder religiös Gewünschtes, insbesondere von Elitenangehörigen als Appell an andere gerichtet – umgangssprachlich: die „höheren Werte". Das Buch konzentriert sich auf moralische und politische Tugenden oder Werte. Andere, z. B. ästhetische Werte (schön/hässlich), werden nur am Rande erwähnt. Oft wird solchen Werten einerseits ein Ursprung jenseits der Erfahrungswelt (insbesondere in der Religion) mit entsprechender Würde und Verbindlichkeit zugeschrieben (eben „höhere Werte"), andererseits

die Aufgabe, das Handeln anzuleiten – die traditionelle Top-down-Ableitung der Werte aus idealisierten Höhen.

Werte (B) meinen die subjektiven Wunschkataloge der Gesellschaftsangehörigen (im o. g. Sinne Kluckhohns), das Allerlei, das sie bei psychologischen und soziologischen Befragungen äußern – ungeachtet der Frage, ob die Befragten danach handeln.

Werte (C) betreffen die das (moralische, politische, wirtschaftliche usw.) Verhalten tatsächlich motivierenden, großteils unbewusst-emotionalen Bewertungsprozesse im Gehirn („unbewusst" hier neutral gemeint, nicht wie Freuds „verdrängt"). Diese Wertungen dienen evolutiv dem Überleben und sind genetisch und sozialisatorisch in der Persönlichkeit verankert – die bio-psycho-soziologische Bottom-up-Herleitung von Werten und Verhalten aus Natur, Geschichte, Lebensgeschichte und Gesellschaft.

Nachfolgend ist der Einfachheit halber meist nur von „Werten" ohne Kennbuchstaben die Rede, wenn aus dem Kontext klar ist, welcher Typ gemeint ist. Gelegentlich kann es individuelle Schnittmengen zwischen den drei Arten von Werten geben, wenn z. B. die gesellschaftspolitische Vorstellung von Gerechtigkeit (A) übereinstimmt mit dem persönlichen Wunsch nach gerechtem Handeln (B) und neuronal-psychischen Vorgängen mit Gerechtigkeitsgefühlen, die entsprechendes Verhalten motivieren (C).

Diesen unterschiedlichen Wertevorstellungen, ihrer Entstehung, ihren Funktionen und ihrer Beeinflussbarkeit geht das Buch nach. Doch zunächst gehen wir kurz zurück in die Geschichte der Werte, die aus idealisierten Höhen kamen.

1.4   Woher stammen Tugenden, Werte und Normen? – *Top-down-Herleitung aus Religion und Philosophie*

Was als „gutes" Leben und Zusammenleben gilt und welche Tugenden bzw. Werte (A), moralischen Orientierungsmaßstäbe und Normen dazu führen sollen, das wurde und wird in Geschichte und Gegenwart unterschiedlich begründet. Für die Religionen stammen sie von Göttern oder einem Gott (z. B. überbracht durch die Gesetzestafeln des Moses). Die Philosophie leitete Tugenden aus der Vernunft, aus Reflexionen über idealisierte Menschen in einem idealisierten Staat ab. Bei den griechischen Klassikern schlug sich die Einsicht in „das Gute" in Tugenden nieder. In späteren Zeiten gab es andere Versuche, Tugenden als Handlungsmaximen zu begründen, etwa als Forderung, im Handeln bestimmten Pflichten zu genügen, z. B. nicht zu lügen (philosophisch: *deontologische Ethik*). Immanuel Kants (1982/1785, S. 51) Ethik verpflichtete, so zu handeln, dass dies als Regel für das Handeln aller gelten könne – der berühmte kategorische Imperativ. Die *utilitaristische Ethik* empfiehlt dagegen ein Handeln, das allen Betroffenen nützt. Im 20. Jahrhundert entwarf u. a. Jürgen Habermas (2012) eine *Diskursethik*, die moralische Normen aus einer vernünftig argumentierenden, freien Diskussion der Gesellschaftsmitglieder entwickeln möchte.

Jedenfalls entstammen die heutigen Wertekanons verschiedenen Ursprüngen. Theodor Heuss (1956, S. 32), der erste Bundespräsident, sah das für die „europäischen Werte" so: „Es gibt drei Hügel, von denen das Abendland seinen Ausgang genommen hat: Golgatha, die Akropolis in Athen, das Capitol in Rom", das heißt, die Botschaften des Christentums, die Anläufe im antiken Griechenland zu Philosophie, Wissenschaft, Aufklärung und Demokratie sowie die Fundamente für Recht und Staat im alten Rom.

All diese Ansätze, Werte und Moral zu begründen, beruhen auf idealen Bedingungen: Wenn nicht in Götter- oder Gottvertrauen begründet, setzen sie darauf, dass Menschen ihre Vernunft gebrauchen, um zu richtigen und übereinstimmenden Prinzipien für ihr Handeln zu kommen. Stimmt das?

?

Benutzen wir tatsächlich unsere Vernunft und denken gründlich nach, wenn wir etwas ganz Wichtiges zu entscheiden haben?

Das Idealbild einer vernünftig-moralischen Entscheidung ist die Empfehlung, die Benjamin Franklin, der amerikanische Gelehrte, Erfinder und Politiker (porträtiert auf der 100-Dollar-Note), für schwierige Entscheidungen gab. Er nannte dies eine „moralische oder vernünftige Algebra": Man zeichne auf ein Blatt Papier zwei Spalten mit „für" und „gegen", notiere da hinein die Gründe und bedenke sie ein paar Tage. Dann solle man die einzelnen Gründe oder Motive auf beiden Seiten gewichten und wie in der Algebra die gleichen Gewichte auf beiden Seiten streichen. Was dann auf einer Seite übrig bleibe, diene der Entscheidung (Franklin 1906, S. 281 f.).

Doch wann nehmen wir uns die Zeit, so gründlich abwägend moralische Vernunftentscheidungen zu fällen wie Manager bei finanziellen Millionenentscheidungen (die aber auch nicht immer ganz rational sind)? Wenigstens bei den wichtigen Dingen im Leben? Selbst das ist fraglich! Ein jahrzehntelanger Zeitvertreib von mir besteht darin, Menschen, mit denen ich in der Bahn, im Flugzeug, beim abendlichen Glas Wein auf einem Kongress (darunter Personen mit sehr „rationalen" Berufen aus Wirtschaft, Wissenschaft und Politik) ins Gespräch komme, drei Fragen zu stellen: Wie sie Entscheidungen für ihren Beruf, ihren Lebenspartner und für oder gegen ein Kind trafen (in einem richtigen wissenschaftlichen Projekt würde man das natürlich differenzierter ermitteln). Da es dabei um nachhaltige Entscheidungen in ihrem Leben geht, könnte man komplizierte Abwägungen und Rücksicht auf Werte vermuten. Doch die Antworten klangen kaum nach bewussten, rationalen Entscheidungsprozessen, sondern meist nach emotionalen „Bauchentscheidungen" oder „Es hat sich halt so ergeben".

Andererseits gibt es auch bei Menschen, die ohne großes Nachdenken durch ihr Leben eilen, Situationen, in denen sie abwägen müssen, z. B. wenn ein Arzt sie zu lebensverlängernden Maßnahmen bei einem Angehörigen befragt. Manche sind in bestimmten Bereichen sehr wertebewusst, etwa Ordensschwestern oder Vegetarier. Ob dabei immer die „eigentlichen" Werte das Verhalten leiten oder auch Motive aus dem Temperament, aus Prestigegründen oder Erwartungsdruck, sei dahingestellt.

Bei lebensentscheidenden Fragen, wie sie etwa die moderne Medizin aufwirft, werden Ethikkommissionen eingesetzt, die – besetzt mit Fachwissenschaftlern, Moraltheologen und Ethikprofessoren – viel Zeit haben, zu Empfehlungen zu kommen. So lange können wir bei unseren vielen Alltagsentscheidungen nicht nachdenken, also beim täglichen Umgang mit Familienmitgliedern, Kollegen, Kunden, der Teilnahme am Straßenverkehr, den Einkäufen usw., wo sich ja oft auch moralische Alternativen stellen (Welchen Anteil an gemeinsamer Arbeit übernimmt man? Fährt man mit dem Bus oder dem eigenen Auto? Kauft man im Bioladen oder im Discounter?). Und ob uns dabei Ethiker mehr helfen könnten, als Argumente etwas anders zu sortieren, ist ungewiss; auch sie kennen heute meist keine Letztinstanzen (Religion usw.) mehr. Schon ihre eigene Moral ist unter ihren Kollegen strittig: Ein vor einem Züricher Universitätsinstitut für Ethik parkender spritfressender, umweltbelastender Geländewagen war Anlass für das Buch *Müssen Ethiker moralisch sein?* (Ammann et al. 2011). Jedenfalls wäre die Glaubwürdigkeit des Fahrers als Berater für ökologische Entscheidungen bei den Beratenen zweifelhaft.

Aus soziologischer Sicht ist zu vermuten, dass hinter den Versuchen, Ethiken und Moralsysteme zu schaffen, die latente Absicht steckt, Handlungen der Menschen so zu regulieren, dass die Gesellschaft funktioniert. Der Blickwinkel auf die Funktionsfähigkeit veränderte sich aber in der Geschichte. Anfangs war es primär die interessengebundene Sicht von Herrschenden oder Eliten, die Aufbau und Abläufe in Gesellschaften anders sahen und wünschten als spätere, demokratischer gesinnte Denker. Dabei war schon lange klar, dass Menschen nicht immer gemäß „moralischen" Neigungen handelten, sondern Gewohnheiten, Gefühlen und Leidenschaften folgten. Gerade gegen diese menschlichen Neigungen proklamierten Philosophen und Theologen ja ein tugendhaftes Handeln gemäß Einsicht und Vernunft. Der Streit um diese Verhaltensmotive durchzieht die ganze Religions- und Geistesgeschichte als Gegensätze von Körper und Geist, Natur und Kultur, Gefühl und Vernunft, Leidenschaft und Moral.

Sigmund Freuds (1978, S. 237 ff.) psychologisches Modell von Es, Ich und Über-Ich (d. h. Triebe, Vernunft, Moral) erweiterte dies zu drei Instanzen. Das Misstrauen der Eliten gegen die jeweils erstgenannten Einflussfaktoren, die vor allem den unteren Gesellschaftsschichten zugeschriebenen Leidenschaften, unberechenbaren Verhaltensweisen und Ordnungsstörungen, fand sein Gegenstück im Vertrauen auf die jeweils letztgenannten Faktoren (Geist, Kultur, Vernunft, Moral), die durch Pädagogik gefördert und durch Polizei kontrolliert werden sollten. Solche Moralisierungs- und Bezähmungsversuche existieren seit dem Altertum bis zur Gegenwart. Wie in Frankreich nach der Revolution von 1789 zu sehen ist, verdankt sich auch die Entstehung der Soziologie der Sorge von Intellektuellen über die revolutionäre Leidenschaft der Massen, der durch eine rationale Wissenschaft von der Gesellschaft zu begegnen sei (vgl. Wahl 2000).

Nicht nur die Französische Revolution, auch andere gesellschaftliche Umbrüche eröffneten im Laufe der Geschichte Diskussionen über das Spannungsdreieck zwischen Individuum, Gesellschaft und Staat: In wessen Interesse sollte primär gehandelt werden? Konservatismus, Liberalismus und Sozialismus gaben darauf unterschiedliche Antworten, die als politische Werte wie Traditionalismus, Freiheit und Solidarität debattiert wurden und an die Seite der individuellen Tugenden oder Werte (Weisheit, Mäßigung usw.) traten.

Religion wird in verweltlichten Gesellschaften kaum mehr als Ursprung von Werten, Moral und Recht anerkannt, woher bekommen diese dann ihre Verbindlichkeit?

Auch in modernen Rechtsstaaten versuchen Gesetzgeber und Gerichte, die institutionalisierte Moral, also das Recht, in einer „höheren" Ebene zu verankern. Ähnlich den jahrtausendelangen Bemühungen von Theologen und Philosophen geschieht das durch Verweis auf Ideen oder Werte als Letztbegründung (philosophisch: durch metaphysische Konstruktionen). Doch solche Anstrengungen bleiben ebenso windungsreich wie unvollendet, denn sie gehen in die logische Falle des „Münchhausen-Trilemmas", des Versuchs, sich selbst aus dem Sumpf zu ziehen, wie es der Wissenschaftstheoretiker Hans Albert (1991, S. 15) nennt: Derartige Begründungsversuche scheitern, weil sie entweder (1) im Zirkelschluss münden (z. B. die Moral stammt von Gott, weil alles von Gott stammt. Warum ist er Gott? Weil er alles schöpft, auch die Moral), (2) im unendlichen Regress landen (z. B. eine Norm stammt vom Gesetzgeber, der vom Volk gewählt ist, das der Souverän ist und vernünftig denkt, weil Menschen vernunftbegabt sind usw.) oder (3) an willkürlicher Stelle abbrechen und somit keine Letztbegründungen sind (z. B. eine Norm stammt vom Gesetzgeber, das reicht als Begründung).

Beispiele für solche Begründungs- oder Ableitungsprobleme noch im modernen Recht bildet das „Naturrecht". Das ist ein für Nichtjuristen missverständlicher Begriff, denn er wird nicht mit einer biologisch verstandenen Natur begründet, sondern nimmt überhistorische, unveräußerliche Rechte an, die Menschen schon „von Natur aus" hätten. Das hat sich in der Rechtsentwicklung sicher wohltuend ausgewirkt. Aus philosophischer und soziologischer Sicht nennt man das jedoch eine idealistische Begründung, manchmal wird sie auch noch theologisch fundiert (z. B. Gottesbezug in der Präambel des Grundgesetzes). Pragmatischer erscheint ein anderer Begründungsversuch für Recht, die Konstruktion eines „Sittengesetzes" als einer angenommenen Mehrheitsmoral der Gesellschaft.

> Das „Sittengesetz" kommt im Grundgesetz eher am Rande vor (Art. 2 I GG), nämlich da, wo das Recht auf freie Entfaltung der Persönlichkeit durch drei Schranken begrenzt wird: die Rechte anderer, die verfassungsgemäße Ordnung und eben das Sittengesetz. Allerdings hat der Gesetzgeber nirgends definiert, was dieses „Gesetz" sei, das musste das Bundesverfassungsgericht klären. Dies geschah 1957 in einem Urteil über Homosexualität (BVerfGE 6, 389, 434 f.), deren Ausübung dem Gericht zufolge damals gegen das Sittengesetz verstoßen habe, unabhängig von ihrer möglichen Sozialschädlichkeit, dem persönlichen sittlichen Gefühl des Richters oder der Auffassung einzelner Volksteile. Maßgeblich seien die Lehren der beiden christlichen Konfessionen, denen große Teile des Volkes ihre sittlichen Maßstäbe entnommen hätten. Die Richter gestanden aber zu, dass sich Ansichten über die sittliche Bewertung von Homosexualität – und damit das „Sittengesetz" – ändern könnten (Starck 1974, S. 259 f.). Dementsprechend strich der Gesetzgeber 1994 die Strafbarkeit homosexueller Handlungen (§ 175 StGB).

Philosophisch von außen betrachtet, argumentiert das Gericht 1957 also kaskadenartig von Kirchenlehren über die ihnen moralisch folgenden „großen Teile des Volkes" zum Gericht, das sich diesen anschließt – ein Sittengesetz sozusagen als christlich-demoskopische Konstruktion. Das war nicht alternativlos. Das Gericht hätte z. B. direkt auf eine Bibelstelle verweisen, verschiedene Bibelinterpreten heranziehen, Ansichten anderer Religionen und Atheisten berücksichtigen, Repräsentativbefragungen in der Bevölkerung durchführen oder Gutachten über (Nicht-)Wirkungen von Homosexualität auf Beteiligte anfertigen lassen können. So zeigt sich die Willkür des Versuchs, sich bei einer solchen juristischen Entscheidung auf eine „Letztinstanz" zu beziehen, wie eben ähnliche Versuche stets ins Leere laufen (Bischof 2012, S. 45 ff.). Das macht Rechtsbegründungen nicht einfacher und bezeugt aus soziologischer Sicht, dass der ideell-normative Überbau des gesellschaftlichen Lebens letztlich auf nur geglaubten bzw. lieber nicht so genau thematisierten Gründen beruht.

Fazit

Aus heutiger, wissenschaftlich aufgeklärter Sicht kann es nicht mehr gelingen, moralische und politische Werte (A) und Normen wie in der historischen Tradition aus metaphysischen (religiösen, idealistischen) Ebenen top-down abzuleiten. Ebenso zweifelhaft ist, ob das Lehren solcher Werte zu wertorientiertem Handeln im Alltag führt. Die wirksamen Motive und Orientierungen für menschliches Verhalten stammen wohl aus anderen Quellen, wie die Forschung verschiedener Disziplinen aufgedeckt hat. Der aktuelle wissenschaftliche Kenntnisstand dazu wird in den folgenden Kapiteln präsentiert.

Doch auch wenn Fragezeichen hinsichtlich der Funktion der Werte (A) bleiben: An den Endzielen, auf die diese Werte ausgerichtet sind – ein guten Leben und Zusammenleben –, wird festgehalten. Doch müssen neue Wege dorthin gesucht werden.

Literatur

Adorno, Th. W. (1996). *Probleme der Moralphilosophie*. Frankfurt a. M.: Suhrkamp.

Albert, H. (1991). *Traktat über kritische Vernunft*. Tübingen: Mohr Siebeck.

Ammann, C., Bleisch, B., & Goppel, A. (Hrsg.). (2011). *Müssen Ethiker moralisch sein? Essays über Philosophie und Lebensführung*. Frankfurt a. M.: Campus.

Aristoteles (1969). *Nikomachische Ethik*. Stuttgart: Reclam.

Bayerisches Staatsministerium für Unterricht und Kultus (Hrsg.). (2008). *Werte machen stark. Praxishandbuch zur Werteerziehung*. Augsburg: Brigg Pädagogik.

Bayertz, K. (2005). Antike und moderne Ethik. Das gute Leben, die Tugend und die Natur des Menschen in der neueren ethischen Diskussion. *Zeitschrift für philosophische Forschung, 59*(1), 114–132.

Bischof, N. (2012). *Moral. Ihre Natur, ihre Dynamik und ihr Schatten*. Wien: Böhlau.

Bundesforum Familie (Hrsg.) (2008). *Position beziehen – gesellschaftlichen Dialog gestalten. Berliner Erklärung der Steuerungsgruppe des Bundesforums Familie zur wertorientierenden Erziehung*. Berlin. www.kinder-brauchen-werte.de/images/stories/Kinder %20brauchen%20Werte/Ergebnisse/be_klein.pdf. Zugegriffen: 5.12.2013.

Bundesvereinigung der Deutschen Arbeitgeberverbände (BDA) (o. J.). *Wirtschaft mit Werten – für alle ein Gewinn. Aspekte der Wirtschafts- und Unternehmensethik in einer globalisierten Welt*. Berlin: BDA. www.arbeitgeber.de/www/arbeitgeber.nsf/res/ 429D78F12B75374BC12574EC00310B05/$file/Wirtschaft_mit_Werten.pdf. Zugegriffen: 5.12.2013

DRK (Deutsches Rotes Kreuz) (2013). *Wertebildung in Familien.* www. wertebildunginfamilien.de. Zugegriffen: 6.12.2013

Franklin, B. (1906). Letter to Jonathan Williams, 8.4.1779. In A. H. Smyth (Hrsg.), *The writings of Benjamin Franklin* Bd. VII London: Macmillan.

Freud, S. (1978). *Gesammelte Werke* Bd. XIII. Frankfurt a. M.: Fischer.

Guedes, M. L., & Rios, T. A. (2007). O olhar ético sobre o valor de educar. *Revista de Educação, 22,* 17–24.

Habermas, J. (2012). Diskursethik. In D. Horster (Hrsg.), *Texte zur Ethik* (S. 223–230). Stuttgart: Reclam.

Häußler, G., & Euringer, M. (Hrsg.). (2005). *Forum Ethik. Unterrichtswerk für den Ethikunterricht am Gymnasium. 5. Jahrgangsstufe.* Donauwörth: Auer.

von Hentig, H. (1999). *Ach, die Werte! Über eine Erziehung für das 21. Jahrhundert.* München: Hanser.

Heuss, Th. (1956). *Reden an die Jugend.* Tübingen: Wunderlich.

Hölderlin, F. (1993). *Exzentrische Bahnen.* München: Deutscher Taschenbuch Verlag.

Hugoth, M. (2004). Was bietet noch Orientierung? Wertebildung als Fundament ganzheitlicher Persönlichkeitsentwicklung. *Kompakt spezial,* 46–49. www.katholische-kindergaerten.de/pdf/bensberger.pdf#page=45. Zugegriffen: 6.12.2013

Jung, N. (2012). Natur und Entstehung von Werten. In N. Jung, H. Molitor, & A. Schilling (Hrsg.), *Auf dem Weg zu gutem Leben. Die Bedeutung der Natur für seelische Gesundheit und Werteentwicklung* (Bd. 2, S. 113–136). Opladen: Budrich UniPress.

Kant, I. (1982/1785). *Kritik der praktischen Vernunft.. Grundlegung zur Metaphysik der Sitten.* Frankfurt a. M.: Suhrkamp.

Kluckhohn, C. (1951). Values and value orientations in the theory of action: An exploration in definition and classification. In T. Parson, & E. Shils (Hrsg.), *Toward a General Theory of Action* (S. 388–433). Cambridge: Harvard University Press.

Kriesel, P., Wolf, B., & Wiesen, B. (2008). *Grundwissen Ethik/Praktische Philosophie.* Stuttgart: Klett.

Lovat, T., Toomey, R., & Clement, N. (Hrsg.). (2010). *International research handbook on values education and student wellbeing.* Dordrecht: Springer.

Lübbe, H. (2007). Werte modern – alltäglich und feiertäglich. In L. Mohn et al. (Hrsg.), *Werte. Was die Gesellschaft zusammenhält* (S. 55–66). Gütersloh: Bertelsmann Stiftung.

Luhmann, N. (1988). *Soziale Systeme. Grundriß einer allgemeinen Theorie.* Frankfurt a. M.: Suhrkamp.

Platon (o. J.). *Der Staat.* München: Goldmann.

Schick, A. (2011). *Werte bilden. Werteerziehung in der Grundschule mit „Klarigo".* Weinheim: Beltz.

Schubarth, W. (2010). Die „Rückkehr der Werte": Die neue Wertedebatte und die Chancen der Wertebildung. In W. Schubarth, K. Speck, & L.von Berg (Hrsg.), *Wertebildung in Jugendarbeit, Schule und Kommune. Bilanz und Perspektiven* (S. 21–41). Wiesbaden: VS Verlag für Sozialwissenschaften.

Schwartz, S. H. (2009). *Basic human values. Vortrag bei Cross-national comparison seminar on the quality and comparability of measures for constructs in comparative research:*

Methods and applications. Bozen 10.–13. Juni 2009. http://ccsr.ac.uk/qmss/seminars/
2009-06-10/documents/Shalom_Schwartz_1.pdf. Zugegriffen: 6.12.2013

Schwartz, S. H., & Bilsky, W. (1987). Toward a universal psychological structure of human values. *Journal of Personality and Social Psychology, 53*(3), 550–562.

Standop, J. (2005). *Werte-Erziehung. Einführung in die wichtigsten Konzepte der Werteerziehung.* Weinheim: Beltz.

Starck, Ch. (1974). Das „Sittengesetz" als Schranke der Entfaltung der freien Persönlichkeit. In G. Leibholz et al. (Hrsg.), *Menschenwürde und freiheitliche Rechtsordnung. Festschrift für Willi Geiger zum 65. Geburtstag* (S. 259–276). Tübingen: Mohr.

Stoiber und Maffay werben für Werte (6.3.2007). *Süddeutsche Zeitung.* www.genios. de/presse-archiv/artikel/SZ/20070306/stoiber-und-maffay-werben-fuer-wert/ A40625065.html. Zugegriffen: 16.12.2013.

Vorländer, K. (1963). *Philosophie des Altertums. Geschichte der Philosophie I.* O. O: Rowohlt.

Wahl, K. (2000). *Kritik der soziologischen Vernunft. Sondierungen zu einer Tiefensoziologie.* Weilerswist: Velbrück Wissenschaft.

2

Was treibt unser Verhalten wirklich an?

„In den letzten Jahren hat eine Kontroverse begonnen, [...] nämlich die über das allgemeine Fundament der Moral: Ob sie auf der Vernunft oder auf dem Gefühl beruht, ob wir sie durch eine Kette von Argumenten [...] erkennen oder durch ein unmittelbares Gefühl und einen feineren inneren Sinn" (Hume 1777/2003, S. 4).

2.1 Kann man Werte vom Kopf auf die Füße stellen? – *Bottom-up-Herleitung aus Natur und Gesellschaft*

Während es viele Bücher zu der Frage gab, wie Tugenden und Werte (A) philosophisch begründet und zu Handlungszielen werden, blieb die empirische Frage, ob Werte (A) das Verhalten tatsächlich anleiten oder ob das eher andere Kräfte tun, lange Zeit ohne wissenschaftliche Antwort. Jahrhundertelang spekulierten Philosophen nur, ob – wie Thomas Hobbes (1651/1965) schrieb – der Mensch als aggressiver Egoist geboren sei, der erst in der Gesellschaft zivilisiert und zu friedlichem Zusammenleben erzogen werden müsse, oder ob – wie es Jean-Jacques Rousseau (1755/1993) sah – der Mensch hilfreich und gut auf die Welt käme, um dann von der Gesellschaft verdorben zu werden.

Erst im 20. Jahrhundert wurden solche ebenso kontroversen wie spekulativen Menschenbilder versachlicht. Empirische Forschung darüber, was uns zu egoistischen oder sozial verträglichen Individuen macht, nahm zu. Die untersuchten Faktoren reichten von Erbanlagen über Emotionen und das rationale Abwägen von Zielen und Mitteln bis zum Gruppendruck und Verhaltensregeln in Unternehmen (Compliance). Darum bemühten sich insbesondere die Psychologie und die Soziologie, aber auch biologische Disziplinen von der Genetik bis zur Gehirnforschung.

Die Ausgangsthese dieser empirischen Wissenschaften ist, dass Tugenden, Werte und Moral nicht von geistlichen oder geistigen Himmeln herabsteigen, wie einst auf Moses' Gesetzestafeln oder den Papyrusrollen der Philosophen.

K. Wahl, *Wie kommt die Moral in den Kopf?*, DOI 10.1007/978-3-642-55407-0_2,
© Springer-Verlag Berlin Heidelberg 2015

Der Blick geht in die Gegenrichtung: wie Tugenden und Werte sozusagen von unten her, aus ganz irdischen biotischen und psychischen Bedürfnissen, Neigungen und Gefühlen im Zusammenspiel mit den Anforderungen hervorgebracht werden, die eine Gesellschaft zu ihrem Funktionieren benötigt. Hatte Sokrates einst das Interesse der Philosophie von der Betrachtung der Natur zu Fragen der Ethik gelenkt („sokratische Wende"), wird nun die Blickrichtung wieder umgedreht. Es geht jetzt um die (nicht religiös, sondern naturwissenschaftlich gesehene) Natur des Menschen, um seine Psyche, seine Gehirnfunktionen, um Prozesse in realen (und nicht idealen) Gesellschaften und darum, wie dies alles zur Entstehung von Moral bzw. moralischen Werten beiträgt.

> Gingen früher alle Philosophen vom idealistischen Trugbild aus, dass Menschen stets von Vernunft und Moral geleitet seien?

Nein, auch die moderne Perspektive auf menschliches Verhalten hatte in der Geistes- und Wissenschaftsgeschichte einige Vorläufer, so im 18. Jahrhundert den schottischen Philosophen und Nationalökonomen Adam Smith (1759/2010), der über moralische Gefühle (*moral sentiments*) wie Sympathie und das Hineinversetzen in andere schrieb. Auch sein Landsmann, der Philosoph David Hume (1777/2003) wies entgegen der Tradition in Fragen der Moral nicht der Vernunft, sondern Gefühlen die Hauptrolle zu.

Ein entscheidender Türöffner für einen anderen Blick auf die Herkunft der Moral war der Naturforscher Charles Darwin. Er hatte zunächst in seinem Werk *Über die Entstehung der Arten* (Darwin 1859/2006) eine allgemeine Evolutionstheorie geschaffen, die auf Beobachtungen an Pflanzen und Tieren beruhte. Im Kern ging es darum, dass Nachkommen von Elternpflanzen und -tieren meist kleine Unterschiede untereinander aufweisen. Hat dabei z. B. ein Jungtier eine Variante einer körperliche Eigenschaft, die für das Öffnen von nahrhaften Nüssen in seinem Lebensgebiet besser geeignet ist als die seiner Artgenossen, kann es sich besser ernähren, ist somit durchsetzungskräftiger, vielleicht für Sexualpartner attraktiver und bekommt mehr Nachwuchs. So wird diese körperliche Eigenschaft aufgrund ihrer besseren „Fitness" (Umweltanpassung) durch „natürliche Selektion" bzw. „sexuelle Selektion" häufiger vererbt. Anpassung bedeutet dabei nicht unbedingt ein „Überleben des Stärkeren", auch nicht bei der biologischen Evolution der Moral, auf die Darwin in seinem späteren Buch *Die Abstammung des Menschen* einging (Darwin 1871/2006; hierzu mehr in Abschn. 2.3). An Darwins entzaubernden Theorien kam auch die Philosophie nicht mehr vorbei.

In der deutschen Philosophie war Friedrich Nietzsche (der Darwin kannte, aber nicht in allem folgte) ein wichtiger Wegbereiter eines gewandelten

Blickes. In seinem Werk *Zur Genealogie der Moral* machte er sich „Gedanken über die *Herkunft* unserer moralischen Vorurteile" und fragte, „unter welchen Bedingungen erfand sich der Mensch jene Werturteile gut und böse?" Dazu führte er historische, soziologische und psychologische Analysen durch, in denen er zwei Moralsysteme herauspräparierte: Das eine ist seit der Antike die von „Vornehmen, Mächtigen, Höhergestellten und Hochgesinnten, welche sich selbst und ihr Tun als gut" empfanden, vertretene ritterlich-aristokratische „Herren-Moral". Das andere ist die priesterliche Moral des Judentums und Christentums, eine mit Ressentiments geladene, für die „Unterdrückten, Niedergetretenen, Vergewaltigten" gedachte „Sklaven-Moral" (Nietzsche 1887/1967, S. 177 ff.). Soziologisch könnte man dies als Gegensatz einer Moral „von oben" gegenüber einer Moral „von unten", einer Oberschicht- und Unterschichtmoral, sehen.

Zur Frage, ob die (biologisch, nicht religiös oder metaphysisch gedachte) Natur Moralsysteme hervorbringen könne, gibt es aber auch Warnungen aus der Philosophie, z. B. bereits von David Hume (1739/1888, S. 469) und später von George Moore (1903/1970), der „naturalistische Fehlschluss". Auf unsere Frage bezogen heißt das, dass man aus dem Sein (Natur) kein Sollen (Moral) ableiten dürfe, aus empirisch beobachteten Verhaltensweisen keine moralischen Vorschriften. Natur und Evolution seien keine moralischen Phänomene.

Diesen Fehler beging auch der Biologe Konrad Lorenz (1963), als er evolutiv angepasste Verhaltensweisen als gut und vorbildhaft wertete (z. B. Sport). Bei anderen Autoren kommt der Fehlschluss versteckt daher, indem Sollens-Sätze aus Seins-Sätzen gefolgert werden, die ihrerseits problematische Annahmen enthalten. So geschehen bei der Verurteilung der Empfängnisverhütung durch die katholische Kirche, nach der Sexualität „von Natur aus" der Fortpflanzung dient (Papst Paul 1968; Bischof 2012, S. 15). Hier wird ein metaphysischer Naturbegriff beansprucht. Aus einem biologischen Naturbegriff können moralische Werte nicht abgeleitet werden.

Der Biophilosoph Eckart Voland (2004) weist aber auf ein weiteres Problem dieser Diskussion hin: Das Problem des naturalistischen Fehlschlusses erledige sich zwar dadurch, dass es in der Ethik keine „Letztbegründungen" durch Natur oder Kultur gebe (vgl. das Münchhausen-Trilemma; Abschn. 1.4). Aber ethische Fragen des Sollens seien auf biologische Fragen des Könnens angewiesen, also Normen durchaus von Fakten abhängig. Dieses Argument entspreche auch der modernen Position des Monismus in der evolutionären Anthropologie, die die menschliche Moralität als eine konstruktive Leistung des biologischen Evolutionsgeschehens betrachte (d. h. nicht als Erfindung von Religion oder Philosophie – K. W.). Voland vermutet, dass moralische Werte und Emotionen (u. a. das Gerechtigkeitsgefühl) nicht nur durch Weitergabe zwischen den Generationen (Sozialisation – K. W.) tradiert werden. Er sieht zusätzlich prägungsähnliche Prozesse in der Kindheit, in denen im kindlichen Gehirn angelegte Programme durch anstrengungslose Informationsaufnahme bestätigt würden, ähnlich wie beim Mutterspracherwerb oder der Entstehung von Nahrungsvorlieben. Solchermaßen geprägte Werte – so Voland – „sind Natur", jeweils evolutionär an die wiederkehrenden Probleme in der Auseinandersetzung mit der Umwelt angepasst und bei jeder Person individuell plastisch. Diese Formbarkeit werde dadurch ergänzt, dass Werte auch eine gesellschaftliche Interaktions- und Kommunikationsleistung seien. In Volands Argumentation sind Sein und Sollen, Tatsachen und Normen also nicht mehr strikt getrennt. Gefühlsmäßige Vorlieben seien einfach vorhanden, hinter dem Sollen stecke ein Wollen; es müsse nichts abgeleitet oder legitimiert werden.

> **Definition**
> In der Philosophie und in den Wissenschaften wird seit Langem diskutiert, ob Materie und Geist (bzw. Körper und Seele) zwei getrennte Dinge (**Dualismus**) oder etwas Untrennbares (**Monismus**) seien. Ein prominenter Dualist war der Philosoph René Descartes (1641/2005). Für die meisten heutigen Philosophen haben geistige Erscheinungen (Denken, Gefühle usw.) eine materielle Grundlage (Gehirn). Doch das Verhältnis beider wird unterschiedlich interpretiert.
>
> Die Biowissenschaften, besonders die Gehirnforschung, neigen zum Monismus: Im Gehirn werden geistige Bedeutungen verarbeitet und geschaffen. Wenn Gehirn und Geist als unterschiedliche, nämlich neuronale und psychische Betrachtungsebenen auseinandergehalten werden, können auch Wechselwirkungen zwischen beiden bestehen. So kann eine Aktivität in einer Gehirnregion (z. B. Kategorisierung eines Pilzes als möglicherweise giftig) zu einem subjektiv erlebten Gefühl (Furcht) führen. Das psychische Erleben des Gefühls kann dann wiederum Gehirnprozesse anregen (z. B. Suche nach Lösungsmöglichkeiten im Gedächtnisspeicher, etwa: im Pilzbuch nachschauen).

Jedenfalls kann man empirisch untersuchen, welche Faktoren in Natur und Gesellschaft zur Entstehung von Verhalten und zu seiner moralischen Bewertung durch Menschen ursächlich beitragen. Es geht dann nicht um „Gründe" wie bei einer versuchten logischen Ableitung der Moral aus höheren Ideen oder der Natur, sondern um „Ursachen" empirischer Art, um die Kausalität von natürlichen und sozialen Prozessen, aus denen moralisch bewertetes Verhalten entsteht.

In Abschn. 1.3 wurde die Theorie universaler Typen von Werten von Schwartz (2009) vorgestellt, in der Werte auf drei universale Erfordernisse antworten: biologische Bedürfnisse, soziale Interaktionserfordernisse und das Wohlergehen und Überleben von Gruppen. Im Folgenden werden einige

Erklärungsversuche zu diesen drei Aspekten dargestellt, wie sie die Biowissenschaften, Psychologie und Sozialwissenschaften vorgelegt haben: Stammen empirisch vorgefundene Werte und Moralen letztlich aus biologischen Funktionen und Mechanismen, die sich in der Evolution entwickelt haben? Haben sich solche Evolutionsergebnisse in Gehirnstrukturen und biopsychischen Prozessen niedergeschlagen, die den Umgang zwischen Menschen prägen? Haben sich parallel zur biologischen Evolution in der gesellschaftlichen Entwicklung (Koevolution) orientierende Ideen und normative Strukturen entfaltet, zu denen man Werte rechnen kann? Und schließlich: Wird das Verhalten von Menschen tatsächlich von solchen Werten angeleitet?

2.2   Stehen Werte im Dienste des biologischen Überlebens? – *Evolution der Moral*

Für Schwartz (2009) sind Werte also zunächst eine Antwort auf biologische Bedürfnisse. Organismen, auch Menschen, leben u. a. davon, dass sie die Welt um sich herum dauernd bewerten und sich entsprechend verhalten: Ist diese Pflanze essbar oder giftig? Ist mein Gegenüber für mich hilfreich oder gefährlich? Man kann solche Bewertungen von den Bedürfnissen des Individuums her betrachten (Was dient mir am besten?) oder aus der Sicht der Gemeinschaft (Was dient der Gruppe?).

Zunächst die individuelle Perspektive: Dafür ist der evolutionstheoretische Ansatz des portugiesisch-amerikanischen Gehirnforschers Antonio Damasio (2005) interessant. Für ihn beruhen Werte auf einem neurobiologischen Fundament. Schon biologische Reaktionen, darunter Emotionen, würden Wertungen beinhalten. Mit ihnen unterschieden wir Handlungen in gute oder böse und Dinge in schöne oder hässliche. Zusätzlich hätten dann die sozialen Wechselbeziehungen der Menschen in den Gesellschaften und die Kulturgeschichte zur Verfeinerung, Aufzeichnung und Weitergabe von Werten beigetragen.

Damasio (2005, S. 47 ff.) geht von den in allen Organismen vorhandenen biologischen Systemen aus, die Gleichgewichte zur Gesundheits- und Lebenserhaltung herstellen (Homöostase). Das erfolge durch Vorlieben, Neigungen und Abneigungen, um lebensbedrohliche Dinge abzuwehren, aber überlebensförderliche Bedingungen zu suchen. Diese Bewertungen dienten auch dazu, Schmerzen und Bestrafung zu vermeiden, aber Vergnügen und Belohnung zu erlangen. Denn anhaltender Schmerz und Bestrafung führten zu Krankheit und Tod, anhaltendes Vergnügen und Belohnung zu Gesundheit und Wohlbefinden. Mit diesen Kategorien assoziierten wir gut und böse. Auch für ästhetische

Werte – schön und hässlich – folgt Damasio diesem Gedankengang: Homöostatische Prozesse könnten wirksam oder unwirksam sein, z. B. energiesparend, leicht, glatt, harmonisch oder aber energieverschwendend, unpassend, unkoordiniert, unharmonisch. Mit Objekten, die mit diesen Zuständen assoziiert oder in ursächliche Verbindung gebracht worden seien, hätte man dann die Kategorien schön und hässlich verbunden. Damasio ergänzt seine biologische Argumentation schließlich durch viele kulturgeschichtliche Kriterien, derer es bedurfte, um z. B. die Ästhetik von Bachs Musik oder Rembrandts Bildern differenziert beurteilen zu können.

Die Einhaltung oder Verletzung von Normen und wirkungsvolle bzw. ungenügende Problemlösungen werden nach Damasio durch soziale Emotionen wie Mitleid, Sympathie, Empathie (Einfühlung in andere), Scham, Stolz oder Bewunderung markiert. Das Erleben solcher sozialen Gefühle werde von einem Paket von Ideen begleitet – und auch von ethischen Werten (z. B. sei Mitleid verbunden mit Werten wie Güte, Vergeben, Großzügigkeit). Einige der sozialen Emotionen hätten Vorläufer in der Tierwelt, so etwa das Mitleid bei bestimmten Affen. Eines betont Damasio aus Sicht der Gehirnforschung besonders: Bei emotionalen Bewertungsprozessen würden zuerst moralische Gefühle und Intuitionen hervorgerufen, die uns zu einer Reaktion motivierten. Erst danach würden moralische Argumente aktiviert, eher als nachträgliche Rationalisierungen. Doch Damasio lässt – als Ausnahme – auch das Gegenteil zu: Je nach der konkreten Situation und den dafür geltenden Normen könnte gelegentlich auch moralisches Nachdenken handlungswirksam sein.

Obwohl Damasio die große Bedeutung der Emotionen für das Verhalten hervorhebt, weist er auch auf ihre Wechselwirkungen mit Kognitionen (Denken, Meinungen usw.) hin.

Definition

Unter **Affekt** versteht man eine unbewusst ausgelöste, sehr rasch einsetzende, kurze, heftige körperliche und emotionale Reaktion, z. B. Erschrecken bei plötzlicher Gefahr (z. B. Ansteigen der Pulsfrequenz, Empfindung von Furcht und Erregung). Er kann zu einer Notfallreaktion motivieren (z. B. Flucht, Angriff).

Emotion ist die körperliche und psychische Erregung als Reaktion auf (lebens)wichtige (äußere) Angelegenheiten oder (innere) Gedanken, um Körper und Psyche zu angemessenem Verhalten zu motivieren (z. B. Liebe, um über Partnerschaft zu Fortpflanzung zu kommen; Hass, um einen Feind abzuwehren). Es gibt ein ganzes Spektrum, das von angeborenen Grundemotionen (z. B. Furcht, Ekel, Freude) bis zu kulturell differenzierten Emotionen (z. B. romantische Liebe, Hass auf Andersgläubige) reicht. Die subjektive Empfindung einer Emotion äußert sich als *Gefühl*. Langfristige emotionale Zustände sind *Stimmungen* (z. B. fröhlich, traurig), dauerhafte Stimmungen zeigen sich im *Temperament* einer Person (z. B. ängstlich, depressiv).

> **Kognition** umfasst Denkprozesse (z. B. Sprechen, Überlegen, Entscheiden), Informationsverarbeitung und Inhalte (z. B. Wissen, Werte, Moral) – im Gedächtnis oder aktuell.
>
> Allerdings gibt es in der Psychologie keine Einigkeit über diese Begriffe. Beispielsweise unterscheiden wir Affekte und Emotionen, manchen Autoren zufolge schließen die einen die anderen ein.

Viele Wissenschaftler kennzeichnen das Verhältnis zwischen Affekten bzw. Emotionen und Kognitionen, Fühlen und Denken, Natur und Moral als asymmetrisch. Sie sehen im Gehirn eine Art Nervenautobahn von den Emotionen zu den Denkfunktionen, in umgekehrter Richtung aber nur schmale Pfade. Der polnisch-amerikanische Psychologe Robert Zajonc (1984) spricht vom „Primat der Affekte". Der Schweizer Psychiater Luc Ciompi (1999, S. 74) schreibt, Emotionen und Affekte „mobilisieren und energetisieren alle kognitive Funktionen". Sie fokussierten die Aufmerksamkeit, bewirkten die Speicherung und Aktivierung bestimmter Kognitionen im Gedächtnis, insgesamt seien sie „Komplexitätsreduktoren im potentiell uferlosen Feld der Kognition", machen uns also die komplizierte Welt begreifbar. Einige moderne Philosophen wie Jesse J. Prinz (2006) nehmen die Hume'sche These wieder auf und fundieren Moral in Emotionen.

Auch die evolutionstheoretische Erklärung der Entstehung von Moral durch den Psychologen Norbert Bischof (2012) geht von emotionalen Empfindungen aus, vom „Gespür für Gut und Böse" bei moralischen Entscheidungen, die dann mit Rationalisierungen und Rechtfertigungen ausgestattet würden. Bischof interessiert sich für die „affektive Attraktivität" des Weges, den das Gewissen einschlägt, und den Selektionsdruck, den die menschliche Natur auf die Moral ausübt. Der Autor meint damit wohl, dass die biopsychische Grundstruktur von Menschen (z. B. Bedürfnisse, Emotionen, Reaktionsmechanismen) die Evolution sozialer Regelungssysteme wie Moral begünstigt habe. Als Bezugsrahmen dafür greift Bischof auf sein älteres „Zürcher Modell der sozialen Motivation" zurück, in dem er einige zentrale Faktoren und Prozesse zur Regulierung der Beziehungen zwischen vertrauten und fremden Individuen sowie innerhalb von Hierarchien beschrieben hatte. Zu diesen Prozessen zählt er das Streben nach Sicherheit, Erregung, Autonomie und Sexualität. Bei psychischen Konflikten zwischen Antrieben oder bei Hindernissen in der Umwelt greife u. a. die Moral zur Problembewältigung (psychologisch: Coping) regulierend ein. Moral diene zudem der Bewertung anderer und den Erwartungen an ihr Verhalten. So sei z. B. der Hochrangige moralisch zu Großzügigkeit gegenüber Niederrangigen verpflichtet. Wie Damasio betont Bischof (2012, passim, insbes. S. 111, S. 138,

S. 291 ff., S. 325 f., S. 363 ff., S. 494) die Rolle von Emotionen wie Schuld und Scham als Basis des Gewissens. Ein Schuldgefühl könne anzeigen, dass man spüre, den Gehorsam gegenüber einem Ranghohen oder Gruppennormen wie Verteilungsgerechtigkeit zu verletzen. Andere Wissenschaftler (Hauser 2006; Huebner et al. 2009; kritisch dazu vgl. Prinz 2008) weisen aber auf Forschungslücken zum Zusammenspiel emotionaler und moralischer Entscheidungsfaktoren hin oder vermuten eine angeborene Fähigkeit zu moralischen Urteilen, denen dann Emotionen erst folgten.

Neben solchen Erklärungen der Evolution moralischer Werte, die auf Emotionen setzen, gab es jüngst auch Ansätze, die die Evolution von Kognitionen betonen. So erklärt der spanisch-amerikanische Evolutionsbiologe Francisco Ayala (2010) die biologische Entstehung von moralischem Verhalten als Folge der intellektuellen Fähigkeiten des Menschen (einem Produkt der natürlichen Auslese in der Evolution). Er nennt dafür Fähigkeiten zur Abschätzung der Konsequenzen des eigenen Handelns, zu Werturteilen und zur Entscheidung zwischen alternativen Handlungsabläufen. Ayala sieht das Aufkommen moralischen Verhaltens biologisch nicht als „Adaptation" (evolutiv beste Anpassung an die Anforderungen der Umwelt), sondern als „Exaptation" (Nutzung einer Eigenschaft – hier der Intellektualität – für eine andere als die ursprüngliche Funktion, hier der Moral). Höher entwickelte moralische Codes sieht er dagegen als Ergebnis der Evolution de Kultur.

2.3   Wem helfen wir warum? – *Der Altruismus und seine Grenzen*

Im Mittelpunkt von Diskussionen über Werte und Moral steht der Altruismus, die uneigennützige Hilfe für andere. Während Religionen und Philosophien selbstlose Hilfe moralisch fordern, fragt die empirische Forschung, ob Menschen angeborene, relativ stabile Verhaltensneigungen (Dispositionen) zu Altruismus haben oder ob das durch Erziehung erfolgt.

Definition

Unter **Altruismus** (von lateinisch *alter*, der andere) wird allgemein ein Verhalten verstanden, das auf eigene Kosten anderen hilft, ohne dass der Helfende unmittelbar oder später einen Nutzen davon hat. Altruismus steht im Gegensatz zum Egoismus. In den Wissenschaften gibt es unterschiedliche Theorien darüber, wieweit altruistisches Verhalten unbewusst oder nur als bewusstes, willkürliches Handeln erfolgen kann. Zudem unterscheiden sich die Theorien darin, ob altruistisches Verhalten nicht doch insgeheim auf spätere, indirekte Belohnung durch andere hoffen kann.

Schon bei kleinen Kindern kann altruistisches Verhalten beobachtet werden, also wenn sie noch nicht viel Moralerziehung genossen haben („Gib Lena auch etwas von der Schokolade!"). Hat Altruismus also vorkulturelle Wurzeln, vielleicht schon bei Tieren?

Der am Leipziger Max Planck-Institut für evolutionäre Anthropologie forschende amerikanische Psychologe Michael Tomasello (2009, S. 4 ff.) hat dazu vergleichende Experimente mit 14 bis 18 Monate alten Kindern sowie Schimpansen durchgeführt. Die Tiere waren ohne viel Menschenkontakt aufgewachsen, um Nachahmungs- und Lerneffekte auszuschließen. Ein Mitarbeiter ließ „versehentlich" – und zum Vergleich auch „absichtlich" – einen Gegenstand vom Tisch fallen, sodass er ihn nur schwer erreichen konnte. Im ersten Fall halfen die allermeisten untersuchten Kinder, nicht aber im zweiten Fall. In einer Variante der Studie waren die Mütter dabei und ermunterten ihre Kinder zu helfen. Doch die Kinder verhielten sich völlig unabhängig von den mütterlichen Aufforderungen. Und was machten die Schimpansen? Sie halfen ebenfalls nur dem „versehentlichen" Werfer. Die Affen halfen ihren Artgenossen auch in anderen Situationen, z. B. beim Öffnen einer Tür mittels einer Vorrichtung, die nur sie selbst erreichen konnten. Das geschah auch dann, wenn sie keine Belohnung erwarteten.

Anders als bei solchen praktischen Hilfen gab es aber Unterschiede zwischen Tieren und Menschen bei einer zweiten Form von Altruismus, nämlich hilfreiche Informationen (ohne Sprache) an andere zu übermitteln. Das taten nur die Menschenkinder. Auch bei einer dritten Art von Altruismus, dem Teilen von nützlichen Dingen (z. B. Essen), waren Menschenkinder großzügiger als Schimpansen. Interessanterweise schwächte sich der wohl weitgehend angeborene, natürliche Altruismus des praktischen Helfens bei den Kindern mit zunehmendem Alter ab. Sie wurden bei der Hilfe für andere berechnender. So machten sie das Ausmaß ihrer Hilfe von der Einschätzung abhängig, ob sie von den anderen etwas zurückerhalten könnten, oder davon, wie andere Gruppenmitglieder sie beurteilten, aber auch von bestimmten Normen. Der Einfluss der Sozialisation auf den anfangs natürlichen Altruismus der Kinder scheint zuzunehmen. So haben für Tomasello (2009, S. 14 ff.) am Ende Hobbes *und* Rousseau recht: Menschen kämen altruistisch *und* mit einer Beimengung von Egoismus auf die Welt, die zunehmende Reife und die Gesellschaft machten sie dann egoistisch-berechnender.

Nach dem Blick auf die individuellen biopsychischen Entwicklungen von Moral kommen wir nun zur biologisch-soziologischen Sicht. Für Schwartz (2009: siehe auch Abschn. 1.3) sind ja Werte nicht nur eine Antwort auf individuelle biologische Bedürfnisse, sondern auch auf Erfordernisse der sozialen Interaktion zwischen Menschen und des Wohlergehens und Überlebens von Gruppen. Sie würden also helfen, das Verhalten von Individuen in Gruppen und das Gruppenleben insgesamt zu regeln. Hier kann man Überlegungen von Rai und Fiske (2011) anschließen. Um grundlegende Arten sozialer Beziehungen zu gestalten, sehen diese Autoren kulturübergreifend vier moralische Motive am Werk:

- Einigkeit – für die Sorge um die Eigengruppe und den Schutz ihrer Integrität,
- Hierarchie – als Achtung des Ranges von Oberen, die die Unteren leiten und beschützen müssen,
- Gleichheit – für ausbalancierte Gegenseitigkeit, Gleichbehandlung und gleiche Chancen,
- Proportionalität – für leistungsangemessene Belohnung oder Bestrafung.

Wie konnten sich solche für das Funktionieren einer Gesellschaft wichtigen moralischen Verhaltensmotive in der Stammesgeschichte durchsetzen? Da der Großteil der Evolution wenige kulturelle und kaum schriftliche Spuren hinterließ und der Rückschluss von heutigen Stammesgesellschaften nur bedingt etwas über frühere Evolutionsstufen sagt, müssen auch Wissenschaftler über die lange Vergangenheit spekulieren. Kein Wunder, dass sie untereinander teils widersprüchliche Theorien liefern, dafür aber aufgrund von Forschungsergebnissen jeweils Plausibilität beanspruchen. Doch Irren ist nicht nur menschlich, sondern auch wissenschaftlich. Wir resümieren hier eine Auswahl der Erklärungsversuche.

Blut ist dicker als Wasser. Aber warum helfen wir nicht nur unseren Blutsverwandten?

Die Biologie entdeckte einen alten Mechanismus unter Blutsverwandten: die Verwandtenselektion. Sie besagt, biologisch Verwandte hätten je nach Verwandtschaftsgrad mehr oder weniger Gene gemeinsam. Wer also einem Blutsverwandten helfe, der noch fortpflanzungsfähig sei, erhöhe die Chance, indirekt einen Teil der eigenen Gene zu vererben (Hamilton 1963). Zur positiven Beziehung zu Verwandten, die sich in gegenseitiger Hilfe ausdrückt, gesellt sich als Schattenseite der Nepotismus (übermäßige Bevorzugung von Verwandten), der auch in Deutschland nicht ausgestorben ist, wie der jüngste Skandal um die Verwandtenbeschäftigung durch Abgeordnete des Bayerischen Landtags zeigt.

Wie steht es um das Helfen unter nicht verwandten Menschen, die sich vielleicht nicht einmal kennen? Eine wichtige Theorie dazu lieferte wiederum Darwin (1871/2006, S. 799 f.). Er befreite die Frage nach Tugenden und

Werten von Metaphysik und nahm an, dass auch Moral ein Produkt der biologischen Evolution sei. Schon vormenschliche Affen und Urmenschen hätten soziale Gefühle gehabt, die sie zueinander trieben, einander vor Gefahren warnten und bei Angriff und Verteidigung unterstützen ließen – Gefühle und Motive wie Sympathie, Treue und Mut. Beim Zusammentreffen menschlicher Stämme hätten sich jene durchgesetzt, die diese sozialen und moralischen Eigenschaften hatten und dann vererbten. Was Darwin hier anspricht – das selbstlose Verhalten von Individuen zum Nutzen der Gruppe, die sich dadurch gegenüber anderen stärker durchsetzen und ihre Gene eher weitergeben kann –, wurde später als Gruppenselektion bezeichnet (Wynne-Edwards 1962). Noch später wurde diese Theorie bestritten. Sie widerspricht nämlich Darwins grundlegender Annahme der individuellen Selektion, nach der sich egoistische Individuen gegenüber altruistischen, sich für die Gruppe aufopfernden Individuen bei der Fortpflanzung stärker durchsetzten.

In jüngerer Zeit gab es Versuche, die Theorie der Gruppenselektion wieder ins Recht zu setzen. Einige Autoren (z. B. Wilson 1998) sehen wie Darwin den Beginn moralischer Prinzipien bei frühen Jäger-Sammler-Gruppen im Vorteil der kooperativen Jagd und im Bedürfnis, die Beute zu teilen. Andere Wissenschaftler (z. B. Fehr und Fischbacher 2003; de Almeida und Abrantes 2012) gehen von gruppenselektiven Mechanismen aus, die im Sinne der kulturellen Evolution arbeiten, und vermuten, dass Verhaltensmuster kulturell weitergegeben werden und ihre Nichtbeachtung bestraft wird. Dritte vermuten, dass biologische Selektion auf mehreren Ebenen stattfindet – und in gegenläufiger Richtung: Für den amerikanischen Soziobiologen Edward O. Wilson (Wilson und Wilson 2007; Wilson 2013, S. 289 ff.) führt der Überlebens- und Fortpflanzungswettbewerb zwischen den Mitgliedern einer Gruppe zur Individualselektion, die den Egoismus, das Verhalten im reinen Eigeninteresse, unterstützt. Aus dieser für Individuen vorteilhaften Entwicklung entsprängen auch Innovationen und Erfindungen. Dagegen führe der Wettkampf zwischen verschiedenen Gesellschaften zur Gruppenselektion, die den Altruismus, die selbstlose Hilfe für die Mitglieder der Eigengruppe, fördere. Hierbei würden gute Taten belohnt, die einen Vorteil für den eigenen Stamm böten. Das Fazit sei für Individuen und Gruppen unterschiedlich: Egoistische Individuen seien altruistischen Individuen in der eigenen Gruppe überlegen, aber Gruppen von Altruisten seien egoistischen Gruppen überlegen. Beide Prozesse der Selektion wirkten parallel und hätten nicht zu einem Sieg einer Seite geführt. Auch nach dem Aufkommen von Dorfgemeinschaften und Stammesfürstentümern vor ca. 10.000 Jahren, die größer, differenzierter und sozial instabiler gewesen seien als Gruppen in den Jäger-Sammler-Zeiten davor, suchten die Menschen als „Stammestiere" immer noch Gruppen in Familien, Religionsgemeinschaften, ethnischen Gruppierungen und Vereinen.

Doch auch die wechselseitige Hilfe in Gruppen hat ihre dunkle Seite: den Ethnozentrismus (Bevorzugung der eigenen Gruppe, des Stammes, der Nation). Als Pendant gehört dazu der Ausschluss von Gruppenfremden von altruistischen Handlungen oder sogar die Bekämpfung solcher Fremder als Feinde oder Ketzer (Wahl et al. 2001). Ethnozentrismus ist – in geminderter oder rassistischer Gestalt – bekanntlich noch heute verbreitet, vom bayerischen „Mia san mia"-Slogan bis zu „Ausländer raus"-Parolen.

Zur Erklärung von Ethnozentrismus und seinen Verhaltens- und Wertsystemen für das Verhältnis zwischen Eigen- und Fremdgruppen gibt es noch weitere Theorien, auch biologische. Thornhill et al. (2009) untersuchten die Verbreitung von 22 Infektionskrankheiten in verschiedenen Ländern. In den Staaten, in denen solche Krankheiten herrschten, fanden sich mehr Fremdenfurcht und Ethnozentrismus. Die Autoren vermuten, dass die Abkehr von fremden Personen dort eine alte evolutive Strategie widerspiegle, nämlich die Übertragung von krankheitsverursachenden Parasiten zu vermeiden. Parallel dazu herrschten in solchen Staaten Werte wie Kollektivismus, Konservatismus, Autokratie, Unterordnung und sexuelle Beschränkung von Frauen. Dagegen dominierten in Ländern mit wenig Parasitenbelastung Werte wie Individualismus, Liberalismus, Demokratie, Frauenrechte und mehr Gelegenheitssex. Die Autoren möchten mit diesen biologisch-medizinischen Aspekten den Einfluss wirtschaftlicher und sozialer Faktoren auf Ethnozentrismus nicht ersetzen, sondern nur ergänzen. Jedenfalls verweist die Studie auf selten geprüfte Zusammenhänge zwischen Natur und Ideologie.

Wie die Verbreitung von Krankheiten und andere Umweltgegebenheiten das Verhalten in moralisch relevanten Situationen prägen können, fragte auch der Berliner Psychologe Gerd Gigerenzer (2010). Für ihn neigen Menschen bei Zeitdruck und mangelnder Information zu einfachen Denkprozessen mit „begrenzter Rationalität". Ein solches Denken, das große Teile der verfügbaren Information aus der Welt gar nicht zur Kenntnis nehme, nennt er Heuristik. Es berechne nicht langwierig maximale Lösungen, sondern begnüge sich mit raschen, für die Situation aber ausreichend befriedigenden Lösungen. Um das entsprechende Verhalten zu ändern, könnte es vielversprechender sein, nicht auf das Denken einzuwirken, sondern die Umgebung zu verändern, die dann ein anderes Verhalten hervorrufen könne. Auf den ermittelten Zusammenhang zwischen Fremdenfeindlichkeit und ansteckenden Krankheiten angewandt, heißt das: Aus der Sicht der Bevölkerung sind solche Einstellungen eine „befriedigende" Heuristik, die das Risiko, sich bei Fremden anzustecken, herabsetzt. Zwar würden dazu heute Impf- und Hygienemaßnahmen reichen, aber psychologische und soziale Mechanismen der Selbstbestärkung und Sündenbocksuche machen aus Fremdenscheu oder Fremdenfurcht schnell Fremdenfeindlichkeit. Diese (aus aufgeklärt-moderner Sicht negative) Moral würde, nimmt man Gigerenzers Argument, möglicherweise in eine positivere umschlagen, wenn eine erfolgreiche Gesundheitspolitik betrieben, also die Umwelt verändert würde.

―――― ? ――
Helfen wir ohne Hintergedanken? Ist Altruismus nicht auch egoistisch?
――

Ein weiterer biologischer Mechanismus hinter moralischem Verhalten wird im „reziproken Altruismus" gesehen, der gegenseitigen selbstlosen Hilfe unter Nichtblutsverwandten (Trivers 1971). Der Theorie zufolge ist der Verhaltensaufwand des Altruisten gegenüber dem Anderen zwar größer als sein unmittelbarer Nutzen, aber er bekommt dies langfristig ausgeglichen und hat in der Gesamtbilanz einen Vorteil, weil seine Fortpflanzungschancen höher sind. Um dies zu ermöglichen, sind zusätzliche Mechanismen am Werk, z. B. das Aufdecken und Bestrafen von Betrügern, die das Prinzip des gegenseitigen Gebens und Nehmens verletzen, z. B. Schwarzfahrer. Doch genau besehen geht es hier um eine Art russischer Matrjoschka (Puppe in der Puppe): Im reziproken Altruismus versteckt sich Egoismus, denn letztlich hofft die altruistische Tat auf spätere Entgeltung. Dies liegt auch der in Religionen verbreiteten Goldenen Regel zugrunde, andere so zu behandeln, wie man selbst von anderen behandelt werden möchte. Auch Kants kategorischer Imperativ verpflichtet zu einem Handeln nach Prinzipien, die für alle gelten könnten, was auch für den Handelnden selbst als Empfänger solcher Handlungen anderer vorteilhaft wäre (Abschn. 1.4).

Für die Entstehung der Moral könnte eine Evolutionsstufe zwischen Affen und Menschen besonders wichtig sein: Bei Affen scheint der evolutive Druck, auf das Vorgehen anderer zu achten, weniger ausgeprägt als bei Menschen, für die Nachahmung wichtig ist, auch zur Identifikation mit der Gruppe (Fischer 2012, S. 129 f.). Tatsächlich zeigen Menschen einen hohen Konformitätsdruck, den schon kleine Kinder weitergeben: Dreijährige pochten in einer Studie selbst dann auf die Einhaltung von Normen durch andere, wenn dies keine funktionale Bedeutung hatte. Sahen die Kinder z. B. zunächst ein Spiel mit einer Puppe und trat anschließend eine andere Puppe auf, die das angesagte Spiel auf abweichende Weise ausführte, drückten die Kinder nicht nur ihr eigenes Missvergnügen daran aus, sondern gaben normative Erklärungen ab: „Das geht nicht so", „Man kann das nicht so machen" (Tomasello 2009, S. 36 ff.).

Einige Wissenschaftler kombinieren biologische mit sozial- und kulturwissenschaftlichen Erklärungen von Werten und Moral. So der amerikanische Anthropologe Christopher Boehm (2011) für die Entwicklung einer Gruppenmoral mit Schwerpunkt auf dem Gleichheitsprinzip: Bis zum Beginn der Großwildjagd durch unsere Vorfahren vor mindestens 250.000 Jahren hätten Alpha-Männer geherrscht und bei Konflikten Frieden durchgesetzt. Damit das Fleisch friedlich geteilt werden konnte, hätte diesen Chefs von der Gruppe (als Selbsthilfe) Einhalt geboten werden müssen. Das sei die Geburt des Egalitarismus gewesen, der Gleichbehandlung aller in einer Gemeinschaft. Kam es dennoch zu Konflikten, sei anstelle der Gewalt des Anführers die gegenseitige Vergeltung zwischen Gleichen getreten („reziproke Negativität" als Gegenpol zum wechselseitigen Altruismus). Aus diesem Muster zur Konfliktaustragung unter Gleichen seien mit dem Sesshaftwerden der Menschen in meist landwirtschaftlichen Kulturen vor ca. 12.000 Jahren institutionalisierte Rache- und Fehdesysteme geworden. Diese hätten auch durch die dann aufkommenden hierarchischen Staatsstrukturen nur schwer zurückgedrängt werden können.

Boehm (2008) untersuchte auch eine Stichprobe von zehn bis heute noch nicht sesshaft gewordenen Wildbeuterkulturen auf verschiedenen Kontinenten. Ihre Gruppenjagd auf Großwild erfordere gute Kooperation und friedliche Teilung des Fleisches. Dazu passend habe man ein durchgängiges „egalitäres Syndrom" gefunden, d. h. schwache Führungsstrukturen und eine Hochschätzung von Großzügigkeit untereinander. Das egalitäre Ethos in diesen Gruppen werde durch Sanktionen gegen Abweichler durchgesetzt, bis hin zu Gruppenausschluss oder Tötung, was die Fortpflanzung der Abweichenden begrenze. Diejenigen Individuen dagegen, die sich selbst kontrollierten, die Gruppenregeln besser verinnerlicht hätten und einhielten, würden eher gefördert und hätten so einen biologischen Fitnessgewinn (würden sich also öfter fortpflanzen). Die psychologische Entwicklung eines entsprechenden Gewissens erfolgte zeitgleich zur Evolution eines großen Stirnhirns (präfrontaler Cortex), in dem wichtige Prozesse der Handlungsplanung und Emotionskontrolle ablaufen. Boehm sieht in diesem Muster eine Gene-Kultur-Koevolution für die Herausbildung von Altruismus.

Neben den evolutiven Tendenzen zum Altruismus betont Boehm (2000, S. 214) indes die soziale Ambivalenz der menschlichen Natur, die „eine große Dosis Egoismus, eine kräftige Dosis Nepotismus, aber zumindest eine bescheidene und sozial bedeutsame Dosis Altruismus" beinhalte. Jedenfalls sind bis heute aufgrund der tief in uns verankerten Moralsysteme, die die Eigengruppe bevorzugen, wirkungsvolle universelle Moralanstrengungen (z. B. für Solidarität mit fernen Opfern über karitative Spenden hinaus, wie Asylangebote) schwer durchzusetzen. Andererseits hat es in der Evolution auch einen gewissen Selektionsdruck gegeben, beim sozialen Umgang mit anderen die Grenzen der Verwandtschaft zu übersteigen, nämlich bei der Suche nach Sexualpartnern. Diese sollten nicht zu eng blutsverwandt sein, um Inzucht zu vermeiden. Daher erfolgt im Jugendalter mit der Erlangung der Geschlechtsreife auch eine Abkehr von Blutsverwandten, begleitet von einem aufkommenden Interesse an anderen (Bischof 2012, S. 211).

Insgesamt bleibt, dass Darwins Nachfolger in der Biologie nicht nur das gesamte Verhalten von Organismen als Ergebnis natürlicher Selektion und Anpassung an die Umwelt sahen, sondern auch Vorbedingungen und Vorstufen der Moral (Protomoral) bei einigen Tieren und der Moral bei Menschen. Trotz Unterschieden im Detail der verschiedenen evolutionstheoretisch angeregten Erklärungsversuche – heißen sie Verhaltensbiologie, Soziobiologie, Humanethologie oder Evolutionäre Psychologie –, stets setzt sich die besser an die jeweilige Umwelt angepasste Art von Moral evolutiv durch (Bischof 2012). Edward O. Wilson (1975, S. 562) drückt den Anspruch seiner Soziobiologie in der für ihn typischen Deutlichkeit so aus: Die Zeit sei gekommen, um die Ethik den Philosophen vorübergehend aus den Händen zu nehmen und zu biologisieren.

?

Steht uns unsere Steinzeitmoral heute nicht im Weg?

Norbert Bischof (2012) nennt es das „Paradox der Moral": Etliche urwüchsige Verhaltensregulative aus früheren Zeiten der Evolution (die damals eine wichtige Funktion hatten) seien nicht fähig, moderne Herausforderungen zu bewältigen. Manchmal wird Moral auch für aggressive Zwecke in den Dienst genommen, als Kampfmoral wie bei der Ausrufung „Heiliger Kriege". Hier wird eine Ambivalenz im Ursprung der Moral sichtbar, die Verteidigung des Eigenen gegen das Fremde.

Dieses Phänomen erinnert auch an die alte Liebe zu körperlichen Wettbewerben von Individuen und Gruppen. Sie erscheinen als Vorbereitung oder Ersatz für reale Aggression und hatten früher teilweise religiöse Bezüge (noch heute erscheinen Eröffnungen Olympischer Spiele wie verweltlichte Religionszeremonien). Von indianischen Stammesritualen über antike Spiele und Gladiatorenkämpfe bis zum modernen Sport wird die Lust an körperlichen Konkurrenzen als aktiver und passiver Teilnehmer befriedigt; die Verhaltensbiologie spricht von agonistischem Verhalten. Dabei werden – historisch vor allem männliche – Hochleistungen belohnt, Hierarchien von Siegern und Verlierern geschaffen, körperliche Fitness vor dem anderen Geschlecht präsentiert, emotionale Unterhaltung geboten und soziale Anhängerschaften (Eigenund Fremdgruppen) verfestigt. Die kaum übersehbare Verwandtschaft der bei Jagd, Kriegertum und Sport geforderten Fähigkeiten und Körpertechniken verweist auf Tugenden wie Leistung, Siegeswillen und Mut, gepaart mit ei-

niger Rücksicht auf Wettbewerbsregeln (Fairness). Auch der Lohn in beiden
Bereichen ist vergleichbar, z. B. Ehre, Orden, Medaillen und Sex-Appeal (vgl.
Blanchard 1995; Behringer 2012). Daneben wird offizieller Sport teils von
informellen Formen begleitet, wie bei den Ersatzkriegen von aggressionsbe-
dürftigen Hooligans um Fußballspiele herum.

Während die Evolutionstheorie die Fortentwicklung des Verhaltens als pas-
sives Ergebnis betrachtet – die Lebewesen mit den besser umweltangepassten
Formen und ihre entsprechenden Gene überlebten eher als die weniger an-
gepassten Formen –, nahmen jüngere Theorien eine aktivere Rolle der Organismen an. Lebewesen konstruieren ihre Umwelt ja teilweise selbst wie die
Biber, die durch Baumfällen Stauseen als ihren Lebensraum schaffen (Lewontin 1983, S. 100). Die größten Konstrukteure sind Menschen, die auch ihre
soziale Umwelt durch Bewertungssysteme gestalten, etwa durch Heiratsvor-
schriften für die Partnerwahl (Konfession, Kaste usw.). So können dann über
die sozialen Fortpflanzungsmuster zwischen den Generationen bestimmte Arten von Moral weitergegeben oder gestoppt werden. Eine andere aktive Art
der Weiterentwicklung von Verhaltensweisen läuft über die Selbstorganisation oder Selbstregulierung. Sie tritt bei Lebewesen durch Aktivitäten und
Rückkoppelungen zwischen ihnen auch ohne äußere Einwirkungen auf (vgl.
Bayertz 1993, S. 354 ff.). So kann eine Gruppe von Menschen, die sich vorher
nicht kannten, eigene Regeln für ihre Zusammenarbeit schaffen, z. B. wenn
ihr Flugzeug auf einer einsamen Insel notlandet: die sogenannte Emergenz
eines neuen Systems sozialer Normen.

Fazit

Während Religion und Philosophie ein vernunft- und moralgesteuertes
Handeln der Menschen erhofften und forderten, versuchen Psychologie,
Natur- und Sozialwissenschaften die tatsächlichen Ursachen menschlichen
Verhaltens und seiner Regulierungen aufzuklären. Was unseren Vorfahren
in der Evolution überlebenswichtig war, hat sich in emotionalen Bewertungsschemata für alles Mögliche in der Umwelt, auch für das Verhalten
anderer, niedergeschlagen. Solche Emotionen und intuitiven Bewertungen
können auch Keimzellen für die Entstehung der Moral sein.

Eine Grundfähigkeit für das friedliche Zusammenleben ist die mehr
oder weniger selbstlose Hilfe für andere, der Altruismus, der in vielen Gesellschaften zu einem fundamentalen Wert erhoben wurde. Aber in alten
Zeiten bewährte Moralregeln können auch mit Erfordernissen moderner
Gesellschaften in Konflikt geraten.

Literatur

de Almeida, F. P. L., & Abrantes, P. C. C. (2012). A teoria da dupla herança e a evolução da moralidade. *Principia, 16*(1), 1–32.

Ayala, F. J. (2010). The difference of being human: Morality. *Proceedings of the National Academy of Sciences, 107*(Supplement 2), 9015–9022.

Bayertz, K. (1993). Autonomie und Biologie. In K. Bayertz (Hrsg.), *Evolution und Ethik* (S. 327–359). Stuttgart: Reclam.

Behringer, W. (2012). *Kulturgeschichte des Sports. Vom antiken Olympia bis ins 21. Jahrhundert.* München: Beck.

Bischof, N. (2012). *Moral. Ihre Natur, ihre Dynamik und ihr Schatten.* Wien: Böhlau.

Blanchard, K. (1995). *The anthropology of sport. An introduction.* Rev. ed. Westport, CT: Greenwood.

Boehm, Ch. (2000). Group selection in the upper palaeolithic. *Journal of Consciousness Studies, 7*(1–2), 211–215.

Boehm, Ch. (2008). Purposive social selection and the evolution of human altruism. *Cross-Cultural Research, 42,* 319–352.

Boehm, Ch. (2011). Retaliatory violence in human prehistory. *The British Journal of Criminology, 51*(3), 518–534.

Ciompi, L. (1999). Affekte als grundlegende Organisatoren des Denkens – Argumente für die Affekthypothese der Schizophrenie aus der Sicht der „fraktalen Affektlogik". In W. Machleidt, H. Haltenhof, & P. Garlipp (Hrsg.), *Schizophrenie – eine affektive Erkrankung? Grundlagen, Phänomenologie, Psychodynamik und Therapie* (S. 69–83). Stuttgart: Schattauer.

Damasio, A. (2005). The neurobiological grounding of human values. In J.-P. Changeux, A. R. Damasio, W. Singer, & Y. Christen (Hrsg.), *Neurobiology of human values* (S. 47–56). Berlin: Springer.

Darwin, Ch. (1859/1871/2006). *Gesammelte Werke.* Frankfurt a. M.: Zweitausendeins.

Descartes, R. (1641/2005). *Meditationes de prima philosophia.* Paris: Soly. www.wright. edu/~charles.taylor/descartes/medl.html. Zugegriffen: 6.1.2014.

Fehr, E., & Fischbacher, U. (2003). The nature of human altruism. *Nature, 425,* 785–791.

Fischer, J. (2012). *Affengesellschaft.* Berlin: Suhrkamp.

Gigerenzer, G. (2010). Moral satisficing: Rethinking moral behavior as bounded rationality. *Topics in Cognitive Science, 2,* 528–554.

Hamilton, W. D. (1963). The evolution of altruistic behavior. *The American Naturalist, 97*(896), 354–356.

Hauser, M. D. (2006). *Moral minds: How nature designed our universal sense of right and wrong.* New York: Ecco.

Hobbes, Th. (1651/1965). *Leviathan.* Reinbek: Rowohlt.

Huebner, B., Dwyer, S., & Hauser, M. (2009). The role of emotion in moral psychology. *Trends in Cognitive Sciences, 13*(1), 1–6.

Hume, D. (1739/1888). *A treatise on human nature.* Oxford: Oxford University Press.

Hume, D. (1777/2003). *Eine Untersuchung über die Prinzipien der Moral.* Hamburg: Meiner.

Lewontin, R. C. (1983). The organism as the subject and object of evolution. *Scientia*, *118*, 65–82.

Lorenz, K. (1963). *Das sogenannte Böse. – Zur Naturgeschichte der Aggression.* Wien: Borotha-Schoeler.

Moore, G. E. (1903/1970). *Principia Ethica.* Stuttgart: Reclam.

Nietzsche, F. (1967/1887). *Werke in zwei Bänden.* 2. Bd. München: Hanser.

Papst Paul VI. (1968). *Enzyklika „Humanae Vitae" (Über die rechte Ordnung der Weitergabe menschlichen Lebens), Abschnitt 16.* http://stjosef.at/dokumente/humanae_vitae. htm. Zugegriffen: 6.12.2013

Prinz, J. J. (2006). The emotional basis of moral judgements. *Philosophical Explorations*, *9*(1), 29–43.

Prinz, J. J. (2008). Is morality innate? *Moral psychology*, *1*, 367–406.

Rai, T. S., & Fiske, A. P. (2011). Moral psychology is relationship regulation: Moral motives for unity, hierarchy, equality, and proportionality. *Psychological Review*, *118*(1), 57–75.

Rousseau, J.-J. (1755/1993). *Diskurs über die Ungleichheit.* Paderborn: Schöningh.

Schwartz, S. H. (2009). *Basic human values. Vortrag bei Cross-national comparison seminar on the quality and comparability of measures for constructs in comparative research: Methods and applications. Bozen 10.–13. Juni 2009.* http://ccsr.ac.uk/qmss/seminars/ 2009-06-10/documents/Shalom_Schwartz_1.pdf. Zugegriffen: 6.12.2013

Smith, A. (1759/2010). *Theorie der ethischen Gefühle.* Hamburg: Meiner.

Thornhill, R., Fincher, C. L., & Aran, D. (2009). Parasites, democratization, and the liberalization of values across contemporary countries. *Biological Reviews*, *84*(1), 113– 131.

Tomasello, M. (2009). *Why we cooperate.* Cambridge, MA: MIT Press.

Trivers, R. L. (1971). The evolution of reciprocal altruism. *Quarterly Review of Biology*, *46*(1), 35–57.

Voland, E. (2004). Genese und Geltung – Das Legitimationsdilemma der Evolutionären Ethik und ein Vorschlag zu seiner Überwindung. *Philosophia naturalis*, *41*(1), 139– 153.

Wahl, K., Tramitz, C., & Blumtritt, J. (2001). *Fremdenfeindlichkeit. Auf den Spuren extremer Emotionen.* Opladen: Leske + Budrich.

Wilson, D. S., & Wilson, E. O. (2007). Rethinking the theoretical basis of sociobiology. *The Quarterly Review of Biology*, *82*(1), 327–348.

Wilson, E. O. (1975). *Sociobiology. The new synthesis.* Cambridge: Belknap/Havard University Press.

Wilson, E. O. (1998). The biological basis of morality. *Atlantic Monthly*, *281*(4), 53–70.

Wilson, E. O. (2013). *Die soziale Eroberung der Erde. Eine biologische Geschichte des Menschen.* München: Beck.

Wynne-Edwards, V. C. (1962). *Animal dispersion in relation to social behaviour.* Edinburgh: Oliver & Boyd.

Zajonc, R. B. (1984). On Primacy of Affect. In K. Scherer, & P. Ekman (Hrsg.), *Approaches to emotion* (S. 259–270). Hillsdale: Erlbaum.

3

Warum lohnt sich der Blick ins Gehirn?

3.1 Was geschieht im Gehirn? – *Von Spekulationen zu Forschungsergebnissen*

Im Alltag sind wir alle Psychologen, auch ohne Studium. Wir bewerten ständig (auch unbewusst) andere Menschen als sympathisch oder unsympathisch, moralisch oder unmoralisch, wir machen uns Gedanken darüber, warum wir oder andere dies oder jenes tun. Max hat etwas gestohlen, schlimm – es musste ja so kommen, weil er ... Tina hat schon ein Kind bekommen, peinlich – kein Wunder, weil sie ... Der Minister hat einen Umschlag mit Geld eingesteckt – typisch, weil er ... Früher hätte die Gesellschaft solche Verhaltensweisen als Sünden gebrandmarkt, den Teufel verdächtigt, später den schlechten Charakter. Heute würden manche den Werteverfall dafür verantwortlich machen. Populärwissenschaftliche Medien bieten allerlei als Erklärung: die Gene, die Erziehung, die Umgebung. An widersprüchlichen Annahmen über Motive des Verhaltens hat es auch in der Geschichte der Psychologie nicht gemangelt – von der Black Box der Behavioristen (sie interessierte nicht, was im Kopf vorgeht) bis zu den bilderreichen Theorien der Psychoanalytiker (die viel in den Kopf hineininterpretieren).

Da könnte ein anderer Blick helfen, aber auch der ist umstritten: Der Blick ins Gehirn hat Konjunktur. Zeitschriften, Fernsehen und Internetseiten sind voller bunter Bilder, die Hirnaktivitäten anzeigen. Es wimmelt nur so vor Neuromarketing, Neuroökonomie, Neuroästhetik, Neurotheologie und Co. – wann kommt der Neurofußball? Doch bei aller Neuro-Mode ist unbestritten: Alle unsere Wahrnehmungen, Emotionen, Gedanken und Verhaltensmotive finden im Gehirn statt. Bewertungen und Entscheidungen für jegliches Tun und Lassen gehören zu seinen Dauerbeschäftigungen: Esse ich eine Suppe oder einen Salat? Nehme ich die U-Bahn oder das Auto? Erkläre ich meinem Kind, was es falsch gemacht hat, oder schreie ich es an? Befürworte ich einen Militäreinsatz zugunsten einer bedrängten Minderheit in Afrika, oder lehne ich ihn ab?

K. Wahl, *Wie kommt die Moral in den Kopf?*, DOI 10.1007/978-3-642-55407-0_3,
© Springer-Verlag Berlin Heidelberg 2015

Die Neurowissenschaften setzen den philosophischen und alltagspsychologischen Spekulationen über die Motivation des Verhaltens empirische Forschungsergebnisse entgegen. Man hört ja manchmal Behauptungen wie „Er
hat grundlos zugeschlagen", „Er hat sie beleidigt, ohne es zu wollen" oder „Sie
hat gedankenlos Geld ausgegeben". Hier wird das Gehirn unterschätzt. Denn
jedes Verhalten geht auf Ursachen in unserem Denkorgan zurück, auch wenn
die Motive unbewusst bleiben. Auch über „wertebasiertes" Handeln wird viel
spekuliert. Aber nur wenn sich zu moralischen oder politischen Verhaltensweisen entsprechende Hirnaktivitäten („neuronale Korrelate") entdecken lassen,
spricht das für tatsächliche Motivationsprozesse jenseits der Spekulationen.
Außerdem erkennt man so, ob bei solchen Entscheidungen eine Hierarchie
von Gehirnbereichen mit Werten (A) an der Spitze aktiv ist oder ob anders
gebaute neuronale Netzwerke ihre Arbeit tun.

Unser Gehirn und seine Tätigkeiten sind ein Ergebnis der Evolution in sozialen Umgebungen. Schon Affen leben in komplexen sozialen Systemen, mit
Paarbindungen, Freunden usw. In so anspruchsvollen Netzwerken zurechtzu-
kommen, fordert ihren Gehirnen erhebliche Leistungen ab. Das dürfte sich
im relativ großen Gehirnvolumen dieser Tiere niedergeschlagen haben, so die
„Hypothese vom sozialen Gehirn" (Dunbar 1998; Dunbar und Shultz 2007).
Bei der Menschwerdung hat die gemeinsame Evolution von Wirtschaftsformen, Gesellschaftsstrukturen und Gehirnen dann auch protomoralische und
moralische Regelungssysteme für das soziale Leben erfordert und gebracht.
Das müsste sich also in entsprechenden Gehirnstrukturen und -prozessen niedergeschlagen haben, in denen die Motivation des Verhaltens erfolgt.

Evolutionswissenschaftler erzählen dazu eine Geschichte aus Forschungsergebnissen verschiedener Disziplinen, die etwa so lautet: Stellen wir uns unsere
Vorfahren der Art *Homo sapiens* vor, die vor etwa 100.000 Jahren unter der
Sonne Afrikas auf der Jagd herumstreiften. Sie glichen in Körperbau und Ge-
hirnaufbau uns Heutigen so sehr, dass sie – in moderne Kleidung gesteckt
und frisiert – in der Vielfalt menschlicher Gestalten in einer Großstadt kaum
auffallen würden. Der *Homo sapiens* und seine Vorfahren lebten die längste Zeit-
strecke in kleinen umherziehenden Jäger- und Sammlergruppen. Erst vor etwa
10.000 Jahren begann die Sesshaftigkeit mit Ackerbau und Viehzucht, in Mitteleuropa noch später (Bollongino et al. 2013). Nach und nach wurden dann
Gemeinden und Städte gegründet und differenzierte Lebens- und Kulturfor-
men erfunden (z. B. Schreiben).

Die Evolutionswissenschaften nehmen daher an, dass viele grundlegende
Emotionen, Denk- und Verhaltensweisen sich in der langen Epoche der Jäger-
Sammler-Gruppen bewährt und fortgepflanzt haben. So seien sie in unserem
Gehirn als Grundmechanismen einprogrammiert und bis heute bei uns wirk-
sam. Sie dienten als Autopilot für die täglichen Routinen, bei denen sie uns
langes Nachdenken ersparen, aber auch als Notfallprogramm für Situationen,

in denen wir uns schnell, besonders bei Gefahr und Stress, für ein bestimmtes Verhalten entscheiden müssen. Vielleicht würden sie auch in sehr komplexen, unübersichtlichen Situationen als simple Lösungen wirksam.

Unser modernes Gehirn enthält danach sehr alte Tiefenstrukturen, die uns im Alltag an die Hand nehmen, aber auch anspringen, wenn unser modernes Wissen aus Schule, Studium und Beruf nicht mehr so schnell weiter weiß oder wenn wir in Gefahr und Stress sind. Auch das von uns erwartete moralische Verhalten muss von diesem Gehirn bewältigt werden – und folgt dabei einfachheitshalber zu einem guten Teil diesen alten, in der Evolution eingeschliffenen Bahnen.

Wie also tickt unser Gehirn? Mit welchen Verfahren kann man dem Gehirn bei der Arbeit zuschauen?

Um das Gehirn bei seinen Aktionen zu beobachten, um zu untersuchen, was darin bei moralischen Emotionen, Einstellungen und Verhaltensanstößen geschieht, hat die Gehirnforschung eine Reihe von Methoden entwickelt. Sie unterscheiden sich nach ihrem Aufwand, insbesondere aber auch nach dem zeitlichen und räumlichen Auflösungsvermögen für die beobachteten Vorgänge. Einige der wichtigsten Verfahren seien hier kurz vorgestellt.

Manche Patienten kennen die Kurven der Elektroenzephalographie (EEG) von ärztlichen Untersuchungen. Dabei werden durch Elektroden an der Kopfhaut Schwankungen elektrischer Spannung in bestimmten Gehirnarealen gemessen und aufgezeichnet, die auch mit psychischem Geschehen einhergehen. Die Messung erfolgt in Echtzeit, doch die räumliche Erfassung ist unscharf, denn die Spannungsveränderungen vieler Neuronen werden nur als Summe erfasst. In der Forschung lassen sich mittels EEG z. B. Aktivitäten von Gehirnbereichen während der Entscheidung für oder gegen eine aggressive Handlung messen. Wenn Versuchspersonen verschiedene EEG-Muster zeigen, lässt das auf unterschiedliche Bewertungsfaktoren schließen (Wiswede et al. 2011), z. B. moralische Werte hinsichtlich Gewaltanwendung. Ebenfalls eine gute zeitliche Auflösung bietet die Magnetoenzephalographie (MEG), die die schwachen magnetischen Signale der elektrischen Ströme der Nervenzellen aufzeichnet.

Die auch in den Massenmedien verbreiteten Farbfotos von Gehirnaktivitäten stammen meist von bildgebenden Verfahren wie der funktionellen Magnetresonanztomographie (fMRT, englisch *fMRI*). Die Farben markieren jene Hirnbereiche, die bei bestimmten Emotionen, Denk- oder Verhaltensweisen gegenüber dem Ruhezustand aktiviert sind. Die Aktivierung wird aus Durchblutungsänderungen in diesen Bereichen ermittelt, die mit magnetischen Veränderungen einhergehen; sie werden gemessen und in Bilder übersetzt. Die räumliche Auflösung ist präziser als beim EEG, aber die zeitliche Auflösung beschränkter: Man sieht genauer, wo etwas stattfindet, aber nicht exakt in der Millisekunde.

Solche Verfahren deuten zunächst nur auf Zusammenhänge zwischen Hirnprozessen einerseits und körperlichem Geschehen, psychischem Erleben oder Verhalten andererseits hin. Doch selbst starke Zusammenhänge (statistisch: Korrelationen) müssen noch nichts über eine tatsächliche Verursachung sagen und nichts über die Richtung der Verursachung. So kann mit diesen Verfahren nicht eine alte Streitfrage der Psychologie entschieden werden, ob ein äußeres Geschehen (z. B. Begegnung mit einem Tiger) zunächst physiologische Reaktionen (z. B. Zittern) auslöst, die dann als Emotion (Furcht) interpretiert werden, oder ob zuerst die Emotion erfolgt, die dann zur physiologischen Reaktion führt. Zur Prüfung, ob eine Verursachung vorliegt und gegebenenfalls, in welche Richtung diese wirkt (Kausalanalyse), wird auf andere Methoden zurückgegriffen:

Studien an Menschen mit Hirnverletzungen zeigen, welche psychische Fähigkeit durch die Schädigung des betreffenden Gehirnareals wegfällt, ein Hinweis auf seine ursächliche Wirkung. Ähnliche Analysen ermöglicht die transkraniale Magnetstimulation (TMS), bei der bestimmte Hirnteile durch Magnetspulen von außen aktiviert oder deaktiviert werden, was entsprechende psychische Funktionen auslöst oder unterbricht. Die Stärke der magnetischen Stimulation ist aber noch nicht exakt kontrollierbar, auch die räumlichen Effekte sind diffus.

Eine höhere räumliche, zeitliche und funktionelle Auflösung liefert die intracorticale Mikrostimulation (ICMS), bei der durch Stromstöße über Mikrosonden im Gehirn eine bestimmte Menge von Neuronen gereizt wird, um zu prüfen, was daraus für das Verhalten folgt.

Aus der genetischen Forschung stammen optogenetische Verfahren. Hierbei werden Tieren lichtempfindliche Proteine in die neuronale Schaltkreise eingebaut. Diese Proteine können durch Licht von außen aktiviert werden, um dann die Verhaltensfolgen zu beobachten (Corrado et al. 2009, S. 467 f.).

Definition

Die Neurowissenschaften haben für den komplexen dreidimensionalen **Aufbau des Gehirns** ein kompliziertes Begriffssystem. Der Großteil gliedert sich in eine linke und rechte Hälfte, viele Module gibt es damit paarweise, z. B. die Amygdala (Mandelkern). Die unter der Schädeldecke liegende Großhirnrinde wird in „Lappen" eingeteilt: Stirn-, Scheitel-, Schläfen-, Hinterhauptlappen (Frontal-, Parietal-, Temporal- und Okzipitallappen). Viele Bereiche werden weiter untergliedert, z. B. nach vorn/hinten (anterior/posterior), oben/unten (superior/inferior bzw. dorsal/ventral) und seitlich/mittig (lateral/medial).

Wie der folgende Forschungsüberblick zeigt, gibt es keine oberste Zentralinstanz für moralische oder politische Werte im Gehirn, keine Hierarchie mit Werten an der Spitze, die unser Alltagsverhalten regieren. Vielmehr sind bei verschiedenen Arten von Bewertungsprozessen zahlreiche Regionen und neuronale Verbindungen aktiv, teils auch in Konkurrenz zueinander. Eine kleine Auswahl solcher Bereiche zeigt Abb. 3.1.

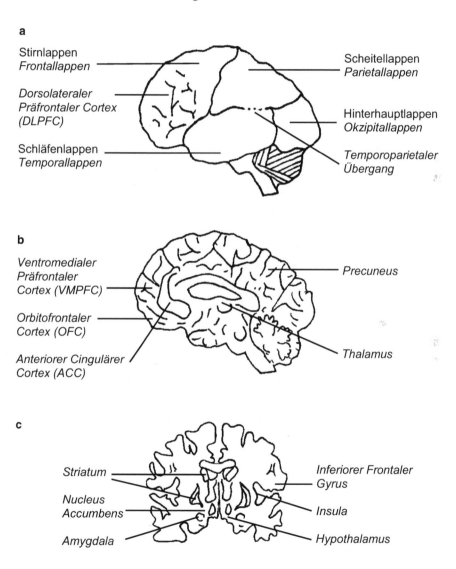

Teile und Funktionen

Abb. 3.1 Drei Ansichten vom Gehirn: Es gibt darin kein Werte- oder Moralzentrum, bei Bewertungsprozessen sind viele Bereiche aktiv (kleine Auswahl). **a** Außenansicht der linken Gehirnhälfte (Stirn liegt links). **b** Längsschnitt entlang Mittellinie. **c** Querschnitt durch Mitte

3.2 Warum bewerten wir ständig, alles und schnell? – *Gehirnstrukturen und -prozesse bei der Arbeit*

Tagein, tagaus müssen wir uns entscheiden und Bewertungen treffen: Kaufe ich ein weißes oder blaues Hemd? Spende ich für Flutopfer oder Kriegsflüchtlinge? Erbitte ich in der Patientenverfügung lebensverlängernde Maßnahmen oder nicht? Wähle ich eine linke oder rechte Partei? Es geht um harmlose und hochmoralische Entscheidungen, um Alternativen zwischen subjektiven Wünschen oder Werten (B) und um innere, nicht bewusste Bewertungen (C), seltener um die idealisierten Werte (A). Für unser Gehirn ist das viel bewusste und noch viel mehr unbewusste Arbeit.

> Beginnen wir mit einem scheinbar einfachen Beispiel, der sprichwörtlichen „Angst des Tormanns beim Elfmeter". Was geschieht in seinem Gehirn, jenseits der emotionalen Spannung, bei der Entscheidung, was er tun soll? Vor dem Schuss muss er entscheiden, nach links oder rechts zu springen oder stehen zu bleiben, also diesen Möglichkeiten jeweils einen Nutzen oder Wert zuweisen. Dazu helfen auch Erinnerungen an bisherige Elfmeterschüsse des Gegners. Nach dem Schuss wird dessen Erfolg oder Misserfolg in die späteren Berechnungen des Torwarts eingehen, die bestimmten Sprüngen Werte für künftige Elfmeter zuweisen.
>
> Bei einer ungefähr nach diesem Modell entworfenen amerikanischen Untersuchung, in der zwischen verschiedenen körperlichen Handlungen (Augen- und Handbewegung) entschieden werden musste, um eine Belohnung zu erhalten, zeigten sich u. a. Unterschiede von zwei Wertesignalen im Gehirn: Die einen waren vorab auf den Wert der einzelnen Handlung bezogen und drückten sich in Aktivitäten einer Hirnregion im mittleren Scheitelbereich aus, in der körperliche Bewegungen geplant werden (supplementärer motorischer Cortex). Andere Signale erfolgten erst nach der Auswahl einer bestimmten Handlung, berechneten den Unterschied zwischen der geplanten Handlung und ihrem Erfolg und drückten sich im Stirnbereich (ventromedialer präfrontaler Cortex) aus. In dieser Region finden Vorher-nachher-Vergleiche statt. Auch ein oberer Stirnbereich (dorsomedialer frontaler Cortex) war bei der Entscheidung eingeschaltet (Wunderlich et al. 2009).

Je nach der Situation, in der sich Entscheidungen aufgrund von Bewertungen abspielen, können weitere Gehirnareale aktiv sein. Im Torwart-Beispiel herrscht eine relativ stabile Situation, in der man direkt aus den Folgen der gewählten Handlung (Vorhersagefehler, wenn der Ball ins Tor geht) lernen kann. Das ermöglicht hochgradig automatisierte Entscheidungen. Doch in Situationen mit bislang unbekannten Aufgaben muss das Gehirn anders arbeiten. Bei einem entsprechenden Experiment wurden die Versuchspersonen intensiv trainiert, sich in einer Art Irrgarten bei jeder Gabelung für einen von zwei Wegen zu entscheiden, um Ziele mit unterschiedlichen Belohnungen zu erreichen. Bei jeder Gabelung trafen abwechselnd ein Computer und dann wieder die Versuchsperson die Wegeauswahl. Die Spieler mussten also für ihre Entscheidungen Wahrscheinlichkeiten berechnen, am Ende des Weges eine bestimmte Belohnung (Wert) zu erhalten. In einer anderen Variante des Experiments blieben die Spieler ohne vorheriges Training, die Aufgabe war ihnen also unbekannt. In der fMRT-Beobachtung waren bei den Routineaufgaben des ersten Typs und bei den planerisch-berechnenden Aufgaben des zweiten Typs unterschiedliche Teile des Striatums (im Zentralbereich des Gehirns) aktiv. Bei wertebezogenen Entscheidungen waren neben Teilen des präfrontalen Cortex somit weitere Systeme im menschlichen Gehirn parallel und unabhängig voneinander am Werk (Wunderlich et al. 2012).

Wo sitzen die moralischen Werte im Gehirn?

Wenn schon für nüchterne Entscheidungen zwischen Torwartaktionen oder Wegen eines Labyrinths relativ komplizierte Hirnaktivitäten notwendig sind, wird es bei Entscheidungen über moralische Alternativen, bei denen meist auch Emotionen mitspielen, noch aufwendiger.

Ein buchstäblicher Knall startete die Erforschung der Gehirnteile, die für moralisches Verhalten besonders wichtig sind: eine Sprengstoffexplosion bei einem Berufsunfall des amerikanischen Eisenbahnbauarbeiters Phineas Gage im Jahre 1848. Bei der Vorbereitung einer Sprengung entzündete er versehentlich eine Ladung Dynamit. Durch die Explosion schoss ein Eisenstab durch seinen Kopf und zerstörte Teile des vorderen Gehirns. Gages Intelligenz und die körperlichen Fähigkeiten blieben erhalten, aber sein moralisches und soziales Verhalten änderten sich (z. B. impulsiv, verantwortungslos). Fast 150 Jahre später konnte ein Forscherteam um Hanna und Antonio Damasio (H. Damasio et al. 1994) anhand von Gages Schädel die zerstörten Areale mit modernen Analyseverfahren genauer bestimmen: Teile der linken und rechten präfrontalen Cortices (Stirnbereich), die für die Verhaltenssteuerung zuständig sein mussten.

Später wurden viele Verletzungen am Denkorgan, die den Betroffenen die moralische Orientierung raubten, genauer untersucht. Immer wieder wurde dabei die entscheidende Rolle von vorderen Gehirnbereichen bestätigt. Doch auch andere Areale erwiesen sich als wichtig. So entdeckte ein Team des italienischen Neurowissenschaftlers Giacomo Rizzolatti, dass bei einer Voraussetzung für moralische Gedanken und Verhaltensweisen, dem Einfühlen in die Gefühle anderer (Empathie), ein besonderes neuronales Netzwerk aktiv ist, die Spiegelneuronen. Diese produzieren bei der Wahrnehmung anderer Personen in uns eine Art Gefühlsansteckung – wir spiegeln ihr Fühlen und Verhalten. Es sind die gleichen Neuronen aktiv, wie wenn wir selbst dieses Gefühl hätten oder so handelten (Rizzolatti et al. 1996).

Damasio hat an seine in Abschn. 2.2 dargestellte evolutionstheoretische Erklärung von moralischen und ästhetischen Werten auch eine Hypothese über das Gehirn angeschlossen. Zur Erinnerung: Damasio (2005, S. 47 ff.) geht vom biologischen Homöostasesystem zur Regulierung der Lebenserhaltung, Gesundheit usw. aus, die man als ursprünglichste Werte bezeichnen könnte. Dieses System versuche, Gefahren für Leben und Gesundheit abzuwehren, indem es entsprechende Risiken und Verhaltensweisen emotional abwerte, gesundheitsförderliche Dinge und Verhaltensweisen hingegen emotional gut bewerte. Die Emotionen seien auch mit moralischen Werten assoziiert. Wo spielen sich diese Prozesse im Gehirn ab? Damasio (2005, S. 55 ff.) weist zunächst vor allem auf Teile des vorderen Gehirns hin, wie im Falle des Phineas Gage. Eine wichtige Rolle bei der Auslösung sozialer Gefühle wie auch beim Lernen und Erinnern von sozialem Wissen spielen der ventromediale präfrontale Cortex sowie weitere corticale und subcorticale Regionen (u. a. die Amygdala). Als zweites Gehirnsystem, das soziale Emotionen als soziale Gefühle erleben lasse, komme insbesondere die Insula in Betracht. Ein drittes Gehirnsystem, das die Aktivierung der angeborenen und erworbenen Skripte (eine Art Drehbuch für das Verhalten in einer Situation – K. W.) zu den emotionalen Emotionen steuere, sei vor allem in den höherrangigen präfrontalen Cortices angesiedelt.

Neben Damasio haben viele weitere Hirnforscher ermittelt, dass Emotionen eine Schlüsselrolle bei Entscheidungen über moralische Verhaltensweisen spielen. Beliebt sind dabei Studien, bei denen die Versuchspersonen ein moralisches Dilemma entscheiden sollen, das emotionale Erregung auslöst. Solche Zwangsentscheidungen, mit denen die Testpersonen konfrontiert werden, klingen oft recht konstruiert, aber die harten Gegensätze ermöglichen es, die entsprechenden Gehirnprozesse markanter wahrzunehmen.

Wenn Sie selbst Ihre spontanen moralischen Wertungen testen möchten, überlegen Sie nur ganz kurz, wie Sie sich in diesen Situationen entscheiden würden:

(a)   Ein Waggon rast ungebremst auf Schienen auf fünf Personen zu, die er zu töten droht. Durch rasches Umstellen einer Weiche könnten Sie den Waggon auf ein anderes Gleis umlenken, wo er nur eine Person statt fünf Personen töten würde. Stellen Sie die Weiche um?

(b)   Und wenn die fünf Personen nur gerettet werden können, indem Sie eine große Person (größer als Sie) von einer Brücke hinunter vor den Waggon stoßen, was diese Person tötet, aber die anderen rettet? Würden Sie das tun?

Wenn Sie sich entschieden haben, dürfen Sie weiterlesen.

In diesen Dilemmata sind viele philosophische Fragen versteckt, zunächst das Abwägen von Quantitäten: Darf der Tod eines Menschen dazu dienen, mehrere zu retten? Einmal geht es um indirektes Handeln, das andere Mal um direktes. Was bedeutet das für die Entscheidung? Kann eine Ethik der Pflicht (deontologische Ethik) eine Lebensrettung vorschreiben, um den Preis, andere zu töten? Eine andere Ethik, die auf die Handlungsfolgen und den Nutzen achtet (utilitaristische Ethik), müsste einen opfern, um mehrere zu retten. Aber in der realen Situation hätten wir kaum Zeit, über all diese philosophischen Probleme nachzudenken. Unser Gehirn würde (und müsste) viel schneller eine Entscheidung herbeiführen.

Was hierbei im Menschenhirn passiert, hat ein Team des amerikanischen Psychologen Joshua Greene erforscht. Interessant: Obwohl die beiden obigen Fragen ähnlich erscheinen – die meisten Versuchspersonen bejahten Frage (a) und verneinten Frage (b). Die Wissenschaftler vermuten, dass das Dilemma (b) die Kandidaten persönlicher betraf, weil sie selbst und gegen eine konkrete Person aktiv werden mussten. Das Dilemma (a) – das Umlenken des Waggons – erschien unpersönlicher, weil es nur um das Umlenken einer bestehenden Gefahr ohne Betonung der eigenen Urheberschaft der Handlung ging. Bei der fMRT-Beobachtung der Gehirntätigkeiten beim Lösen solcher Aufgaben fanden die Forscher unterschiedliche Aktivitätsmuster: Bei den persönlichen Moral-Dilemmata vom Typ (b) waren insbesondere für Emotionen wichtige Regionen wie der mediale frontale Gyrus aktiv. Bei den unpersönlichen Moralproblemen vom Typ (a) und bei anderen, nichtmoralischen Entscheidungen waren es eher dorsolaterale präfrontale und parietale Bereiche, die mit dem Arbeitsgedächtnis verbunden und für kognitive Leistungen zuständig sind (Greene et al. 2001; Greene und Haidt 2002).

Mittlerweile gibt es viele Studien zu kognitiven und emotionalen Hirnaktivitäten bei solchen Entscheidungen (Christen et al. 2005). Je nach der betreffenden Situation können die einzelnen Funktionen unterschiedlich stark aktiviert sein, kognitiv oder affektiv, bewusst-rational oder intuitiv. Jedenfalls bleibt ein moralisches Urteil das Produkt eines komplexen Zusammenspiels mehrerer Gehirnsysteme. Der Output der konkurrierenden Systeme muss durch weitere Gehirnsysteme abgeglichen werden (Cushman et al. 2010). Bei vielen moralischen Alltagsentscheidungen haben wir allerdings wenig Zeit für sorgfältige Abwägungen, dann weisen unsere stark emotional motivierten

Reaktionen, Routinen, alte Mechanismen aus der Evolution und früheren Erfahrungen die Richtung.

Es geht bei werteorientierten Entscheidungen aber nicht nur um das Mit- oder Gegeneinander von Emotion und Vernunft, Gefühl und Moral und die entsprechenden Gehirnfunktionen. Eine Reihe von Forschern nimmt an, dass soziale Wertungen zwei Quellen haben: zum einen moralische Empfindungen, die aus der Situation und dem Kontext entspringen (z. B. Stolz), zum anderen soziale Ideen, die über eine Situation hinausreichen (z. B. Ehre, Großzügigkeit). In einem entsprechenden Experiment in den USA sollten die Versuchspersonen sich ihre mit Stolz oder Scham assoziierten und mit Werten übereinstimmenden oder nicht übereinstimmenden Handlungen gegenüber anderen Personen vorstellen. Ebenso sollten sie sich die entsprechenden Handlungen anderer ihnen gegenüber vorstellen, bei denen sie Dankbarkeit oder Scham bzw. Ärger empfanden. Die fMRT-Aufzeichnung während dieser gedanklichen Phasen demonstrierte, dass kontextabhängige moralische Gefühle bestimmten frontal-mesolimbischen Regionen entstammten. Soziale Bewertungen kamen dagegen von aktivierten Repräsentationen stabiler abstrakter Ideen im oberen vorderen Schläfenlappen. Diese neuronale Architektur könnte es nach Ansicht der Forscher ermöglichen, dass wir über Kulturen hinweg über die Bedeutung sozialer Werte kommunizieren können, aber flexibel genug sind, ihre emotionale Interpretation der Situation anzupassen (Zahn et al. 2009). Die situativen emotional-moralischen Empfindungen und die übersituativen sozialen Werte können natürlich in Konflikt geraten, davon künden nicht nur Dramen wie Schillers *Kabale und Liebe*, in denen die Liebe den Standesnormen widerspricht.

Was moralisch und politisch als Kampf um die „richtigen" Werte diskutiert wird – auch zwischen den idealisierten Werten (A) der nach Werteerziehung Rufenden und den subjektiven Werten (B) von jedermann und jederfrau – und was wir psychisch als Wertekonflikte erleben, stellt sich im Gehirn als Konkurrenz zwischen neuronalen Schaltkreisen dar, die bei moralischen Entscheidungen beteiligt sind. Sie schicken gleichzeitig Impulse für gegensätzliche Verhaltensweisen aus (Funk und Gazzaniga 2009), die unser Verhalten manchmal uneinheitlich, instabil oder neurotisch erscheinen lassen.

Wo stecken unsere wirtschaftsmoralischen Wertmaßstäbe im Gehirn?

Der tägliche Konflikt beim Einkauf: Darf es ein Billigprodukt sein, oder tue ich etwas gegen die Niedriglöhne in Asien? Neurowissenschaftliche Studien haben auch Bewertungsprozesse im Gehirn aufgehellt, die bei (teils moralisch aufgeladenen) Kaufentscheidungen ablaufen (Moll et al. 2008). Die

Wirtschaftswissenschaften nahmen lange an, dass der Käufer zuerst berechnet, welchen relativen subjektiven Wert eine Ware gegenüber einer anderen hat: Mag er lieber Kartoffeln oder Nudeln? (Berechnung des Ziels oder Objekts der Handlung). Er müsste auch den zeitlichen, körperlichen und finanziellen Aufwand für den Kauf berechnen, z. B. ob er den kurzen Weg zum Supermarkt mit Billigprodukten oder den längeren zum Bioladen mit teurer Nahrung gehen will (Berechnung der Kosten zur Zielerreichung, auch der psychischen Kosten eines schlechten Gewissens). Die Wirtschaftswissenschaften hatten dazu theoretische Annahmen über das wirtschaftliche Handeln von Menschen aufgestellt – das bekannteste Modell war der *Homo oeconomicus*. Er hatte klare Vorlieben für bestimmte Waren, kannte den Markt mit seinen Anbietern und Nachfragern, war generell gut über alles informiert, was für eine Kaufentscheidung wichtig war, und entschied schließlich ganz rational, um seinen Nutzen zu vermehren.

Doch in den letzten Jahren haben die empirische Wirtschaftsforschung und die Neuroökonomie dieses Modell des informierten, rationalen Wesens empirisch überprüft und studiert, inwieweit Egoismus, Altruismus und Fairness bei ökonomischen Entscheidungen leitend sind. Dazu wurden Gehirnprozesse bei wirtschaftlichen Entscheidungen untersucht (vgl. z. B. Seymour und McClure 2008; Glimcher et al. 2009) und forschungsgestützte theoretische Modelle für solche Prozesse entworfen (Larsen 2008). Man schaut dabei den Gehirnen der Versuchspersonen bei Experimenten wie dem Diktator- oder dem Ultimatumspiel zu.

Definition
Entgegen ihrer dramatischen Namen geht es in diesen Spielen relativ friedlich zu. Beim **Diktatorspiel** bekommt die Versuchsperson etwas Geld geschenkt und wird gefragt, ob sie freiwillig etwas davon einer unbekannten abwesenden Person abgeben möchte. Die Forschungsfrage ist, wie groß der abgegebene Teil ist – in Mitteleuropa im Durchschnitt 20–30 %.

Beim **Ultimatumspiel** kann der Geldempfänger reagieren. Lehnt er das Angebot ab, bekommen beide Spieler nichts. Man muss also das Verhalten des anderen einschätzen. Angeboten werden in Mitteleuropa im Durchschnitt 40–50 %, Offerten unter 30 % werden oft abgelehnt. Diese Spiele setzt die Forschung auch in weiteren Varianten ein.

Züricher Forscher studierten in neuroökonomischen Experimenten die bei solchen Spielen auftretenden Gehirnprozesse. Bei den Spielen, in denen geschenktes Geld zwischen Unbekannten geteilt werden soll, fordert die Norm der Fairness in westlichen Kulturen eine gleiche Verteilung. In einer anderen Spielvariante wussten die Teilnehmer, dass der Partner sie für unfaires Teilen bestrafen konnte. Wenn nun der rechte laterale präfrontale Cortex bei den Spielen von außen leicht elektrisch angeregt wurde, stieg die Normeinhaltung, wenn eine Sanktion drohte. Stand keine Sanktion in Aussicht, wurde die Norm also freiwillig befolgt, sank dagegen die Normeinhaltung während der Stimulation. Die neuronale Stimulierung wirkte sich somit auf das Verhalten aus; dieser Bereich des Stirnhirns steuert daher wohl normkonformes Handeln. Aber die Wahrnehmung der Fairnessnorm wurde nicht beeinflusst.

Insgesamt verwiesen die Experimente auf unterschiedliche Gehirnmechanismen für das Wissen über Normen, subjektive Sanktionserwartungen und normkonformes Verhalten. Wichtig war das Ergebnis, dass die Fähigkeit zur Unterscheidung von „richtig" und „falsch" nicht die Fähigkeit einschloss, solche Normen beim Verhalten auch einzuhalten (Ruff et al. 2013; Universität Zürich 2013).

?

Stimmt es, dass wir als politisch aufgeklärte Menschen unsere Wahlentscheidungen wertebewusst und mit abwägender Vernunft treffen? Was sagt der Blick ins Gehirn?

Nicht nur zu moralischen Neigungen, sondern auch zu politischen Einstellungen wurden entsprechende Gehirnfunktionen gefunden. Das gelang u. a. in amerikanischen und britischen Studien (Amodio et al. 2007; Kanai et al. 2011), in denen die politischen Einstellungen der Versuchspersonen auf einer Skala von „konservativ" bis „liberal" erfragt wurden (das amerikanische „liberal" entspricht in Europa eher „Mitte-links" oder „sozialdemokratisch"). Zudem wurden die Aktivität des anterioren cingulären Cortex (ACC) sowie das Volumen der grauen Gehirnsubstanz von ACC und Amygdala dieser Personen gemessen. Das Ergebnis: Zwischen dem Ausmaß an liberalen Einstellungen, der Aktivität des ACC und seinem Volumen bestand ein signifikanter (d. h. statistisch nicht zufälliger) Zusammenhang. Ebenso hing der Grad an konservativen Einstellungen mit dem Volumen der rechten Amygdala zusammen. Den Forschern zufolge ist der ACC z. B. für den Umgang mit Ungewissheit zuständig. Daher könnte es sein, dass Individuen mit einem größeren ACC mehr Kapazität haben, mit Ungewissheit und Konflikten umzugehen, und eher zu liberalen Ansichten neigen. Auf der anderen Seite ist die Amygdala u. a. zuständig für den Umgang mit Furcht. Eine größere Amygdala ist sensibler für Furcht, und damit ausgestattete Individuen könnten daher eher zu konservativen Ansichten tendieren.

Diese und weitere Untersuchungen machen deutlich, dass es bei der Abwägung von politisch relevanten Werten nicht so nüchtern-rational zugeht, wie es politische Philosophen empfehlen und wie es in Wahlkämpfen vorgegaukelt wird („nur die Inhalte zählen"). Es herrscht auch nicht nur das „kalte" Kalkulieren der individuellen Nützlichkeit einer Handlung, sondern eher die neuronal bedingte emotionale Grundstimmung. Oft brechen Emotionen sogar sehr stark in das Motivationsgefüge für politisches Verhalten ein (Groenendyk 2011).

Im Gehirn gibt es nicht nur spezifische Netzwerke für Bewertungsprozesse. Sind auch Botenstoffe für unsere Entscheidungen wichtig?

Neurowissenschaftler haben ermittelt, dass etliche Hormone und Neurotransmitter bei moralischen Emotionen, Werten und Entscheidungen im Spiel sind, u. a. Dopamin, Oxytocin, Cortisol und Prolaktin (Damasio 2009, S. 212). Sie sind bei Prozessen der Belohnung, der sozialen Bindung oder bei Stress aktiv. Voraussetzungen für das Verhalten gegenüber anderen, so die soziale Wahrnehmung anderer Personen und das Vertrauen in sie, werden durch Oxytocin und Arginin-Vasopressin reguliert (Heinrichs et al. 2009).

Betrachten wir beispielsweise das Hormon Oxytocin. Es beeinflusst viele Prozesse im Körper und steht in Wechselwirkung mit anderen Hormonen und Neurotransmittern. Besonders bekannt ist es als Stoff, der bei Frauen verschiedene Aspekte der Fortpflanzung reguliert (Geburtseinleitung, Milchproduktion) und die Mutter-Kind-Bindung aktiviert. Das Hormon wirkt sich auch generell auf das Vertrauen zwischen Personen, auf Empathie und altruistisches Verhalten aus, es hilft, Fremdheitsgefühle zu überwinden und sich anderen anzunähern (Churchland und Winkielman 2012).

Bei neuroökonomischen Experimenten an der Universität Zürich sollten die Versuchspersonen als Investoren einem anonymen Gegenspieler (Treuhänder) Geld überlassen, ohne zu wissen, welche Summe sie zurückhielten. Danach wurden die Rollen umgekehrt. Wenn beide einander vertrauten und Geld in den anderen investierten, konnten sie Gewinne machen – aber mit dem Risiko, nichts zurückzubekommen. Nun wurde einem Teil der Versuchspersonen vor dem Spiel Oxytocin in die Nase gesprüht, einer Kontrollgruppe dagegen nur ein biologisch unwirksames Placebospray. Die Gruppe unter dem Oxytocineinfluss zeigte deutlich mehr Vertrauen in den unbekannten Treuhänder als die andere und investierte höhere Geldbeträge (Kosfeld et al. 2005). Vielleicht könnte ja auch ein zerstrittenes Ehepaar, statt gleich zum Familientherapeuten zu gehen, mit einem Spritzer aus der Oxytocindose friedlicher miteinander verhandeln?

Das Vertrauen wird durch Oxytocin gespeist, und dessen Prozesse sind genetisch gesteuert. Forscher der Universität Bonn fanden, dass eine bestimmte Variante des regulatorischen Bereichs eines Oxytocin-Rezeptor-Gens Einfluss auf moralische Urteile zu haben scheint: Personen mit dieser Genvariante verurteilten ein unabsichtlich zugefügtes Leid signifikant als tadelnswerter als

Personen ohne diese Genvariante (Walter et al. 2012). Kein Wunder, dass Oxytocin aufgrund seiner Eigenschaft, das soziale Verhalten zu beeinflussen, sogar als eine Art „Moralmolekül" bezeichnet wurde (Zak 2009).

3.3   Kopf oder Herz? – *Die Konkurrenz von Verhaltensmotiven*

Stellen Sie sich vor, Sie haben gerade mit Kollegen zu Mittag gegessen und spazieren zurück zu Ihrem Arbeitsplatz. Sie kommen an einer Konditorei vorbei, die als Angebot des Tages mit verführerischen Schokoladentörtchen wirbt. Das Wasser läuft Ihnen im Mund zusammen – doch dann pocht das Gewissen von innen an Ihre Stirn: Sie wollten doch auf Ihre Gesundheit achten und abnehmen. Sie stecken also im Konflikt zwischen kurzfristiger Lust (auf ein Törtchen, genossen im Kreis netter Kollegen) und dem langfristigen Wert Gesundheit (weshalb Sie abnehmen wollen).

Um herauszufinden, was bei so einem Dilemma zwischen Lust (Hedonismus) und Maßhalten im Gehirn passiert, erforschte eine Wissenschaftlergruppe am California Institute of Technology in Pasadena die Selbstkontrolle angesichts verschiedener Nahrungsmittel. Die Versuchspersonen sollten im ersten Schritt eine Anzahl von Nahrungsmitteln nach ihrem Geschmack und Gesundheitswert bewerten. Im zweiten Schritt sollten sie entscheiden, welches davon sie wirklich essen wollten. Bei diesen Entscheidungsprozessen wurden ihre Gehirnaktivitäten mittels funktionaler Magnetresonanztomographie (fMRT) beobachtet. Bei den Bewertungen der unterschiedlichen Nahrungsmittel im ersten Schritt war ein Gehirngebiet im Stirnbereich (ventromedialer präfrontaler Cortex, VMPFC) aktiv. Doch wie stark beim zweiten Schritt, den Essensentscheidungen, die Geschmacks- und die Gesundheitswerte wirkten, hing von einem anderen Stirnbereich (dorsolateraler präfrontaler Cortex, DLPFC) ab. Dieser ist u. a. für Inhalte zuständig, die nur in der Vorstellung des Arbeitsgedächtnisses existieren (hier: der Wert Gesundheit). In den Fällen, in denen die Versuchspersonen erfolgreich Selbstkontrolle ausübten, war eine Region des DLPFC stärker aktiviert; dagegen war ein Bereich des VMPFC (der das Schokotörtchen mochte) dann weniger aktiv. Der psychisch erlebte Konflikt zwischen der Lust am unmittelbaren Essensgenuss und dem langfristigen Wert der Gesundheitserhaltung spielt sich also zwischen verschiedenen Teilen des Gehirns ab (Hare et al. 2009; vgl. auch Spitzer 2009).

Ergänzend dazu fand ein Forschungsteam der Universitäten Regensburg und München für ähnliche Konflikte zwischen persönlichen Wünschen und moralischen Standards, dass bei hedonistischen (lustbezogenen) Entscheidungen Teile des vor allem für emotionale Prozesse zuständigen limbischen Systems (Amygdala, Parahippocampus) aktiv waren. Bei moralischen Konflikten waren es insbesondere corticale Bereiche (medialer frontaler und temporaler Cortex, temporoparietaler Übergang, hinterer cingulärer Cortex) (Sommer et al. 2010).

Bei Fragen nach dem Muster der in Abschn. 3.2 geschilderten moralischen Dilemmata (ein Leben opfern, um mehrere Leben zu retten) ermittelten Forscher in Frankreich, dass der DLPFC eine spezifische Kontrollfunktion ausübt. Er bringt gegenüber der spontanen ersten emotionalen Reaktion (Leben des Einzelnen retten) auch sekundäre Emotionen ins Spiel. Die treten z. B. dann auf, wenn das Gehirn die langfristigen Folgen des Verschonens des Einzelnen berechnet, nämlich den Tod vieler. Daher vermuten die Wissenschaftler eine durch die Evolution hervorgebrachte mehrstufige Art der Entscheidungsfindung, bei der gleichzeitig drei Gehirnmechanismen am Werk sind: (1) ein primitiver Entscheidungsmechanismus im Dienste des Selbstinteresses, (2) ein eher automatischer Mechanismus im Dienst des Wohles der Mitglieder der Verwandtschafts- oder Eigengruppe und (3) ein eher bewusster Mechanismus, der die Normen zum Wohl größerer Gruppen berücksichtigt (Tassy et al. 2012).

Mit diesen Überlegungen könnten wir – um ein moralisch weniger dramatisches Beispiel zu nehmen – unsere Szene vor der Konditorei weiter ausmalen. Der erste der Gehirnmechanismen erweckt in Ihnen die Lust, sofort ein Schokotörtchen zu essen (Hedonismus). Der zweite sagt Ihnen, den Kollegen würde es auch Spaß machen, das zu tun, und Sie wollen kein Spielverderber sein (soziale Erwartungen, Gruppendruck). Der dritte Mechanismus erinnert Sie dann aber an die möglichen Langzeitfolgen des Törtchenverzehrs, nämlich die Zunahme Ihres Taillenumfangs, die gerunzelte Stirn Ihres Arztes und die Belastung der Krankenversicherung (der Wert Gesundheit). Welches Motiv gewinnt schließlich bei Ihnen?

Hierbei klingt noch ein weiterer Konflikt an: zwischen individualistischen und kollektivistischen Werten, zwischen der Selbstentfaltung und dem Wirken für die Gruppe. Eine Studie der Technischen Hochschule Aachen verglich zwei Gruppen von Personen, die jeweils einem dieser Wertesysteme zuneigten. Bei Entscheidungen zwischen entsprechenden Wertebegriffen (z. B. einerseits Erfolg und Leistung, andererseits Familie und Harmonie) waren unterschiedliche Hirnareale zuständig. Die „Individualisten" verfolgten eine einfache Strategie: Sie wogen nicht lange das Für und Wider ab, sondern schätzten emotional und egozentrisch die Gefahr einer Entscheidung für ihren sozialen Status ein. Dabei war das vor allem für Emotionen zuständige limbische System (insbesondere die linke Amygdala) aktiv. Bei den (altruistischen) „Kollektivisten", die eine balancierende, abwägende Strategie verfolgten, waren es eher die für rationale Entscheidungen zuständigen Scheitel- und Stirnlappen. Das zeigte einen Zusammenhang zwischen Moralkonzepten, Strategien und neuronalem Mechanismen (Caspers et al. 2011).

Fazit

Wie wir die Welt um uns herum wahrnehmen und bewerten und wie wir unser Verhalten motivieren – all das findet in unserem Gehirn statt. Anstelle jahrtausendelanger Spekulationen darüber, was das menschliche Verhalten verursacht, kann man diese Prozesse heute im Gehirn ansatzweise und in Echtzeit sichtbar machen. Untersuchungen zeigen, dass dabei zahlreiche Gehirnbereiche tätig sind und viele, auch konkurrierende, Bewertungsprozesse stattfinden, um unser Tun und Lassen zu motivieren. Der größte Teil unseres alltäglichen Verhaltens erfolgt unbewusst und automatisch. Sorgfältig-bewusste Entscheidungen, auch moralischer oder politischer Art, sind selten.

Literatur

Amodio, D. M., Jost, J. T., Master, S. L., & Yee, C. M. (2007). Neurocognitive correlates of liberalism and conservatism. *Nature Neuroscience, 10*, 1246–1247.

Bollongino, R., et al. (2013). 2000 years of parallel societies in stone age central Europe. *Science, 342*(6157), 479–481.

Caspers, S., Heim, S., Lucas, M. G., Stephan, E., Fischer, L., Amunts, K., & Zilles, K. (2011). Moral concepts set decision strategies to abstract values. *Public Library of Science ONE, 6*(4), e18451.

Christen, Y., Changeux, J.-P., Damasio, A., & Singer, W. (2005). Introduction: Neurobiology of human values. In J.-P. Changeux, A. R. Damasio, W. Singer, & Y. Christen (Hrsg.), *Neurobiology of human values* (S. IX–XV). Berlin: Springer.

Churchland, P. S., & Winkielman, P. (2012). Modulating social behavior with oxytocin: How does it work? What does it mean? *Hormones and behavior, 61*(3), 392–399.

Corrado, G. S., Sugrue, L. P., Brown, J. R., & Newsome, W. T. (2009). The trouble with choice: Studying decision variables in the brain. In P. W. Glimcher, C. F. Camerer, E. Fehr, & R. A. Poldrack (Hrsg.), *Neuroeconomics: Decision making and the brain* (S. 461–478). London: Academic Press.

Cushman, F., Young, L., & Greene, J. D. (2010). Our multi-system moral psychology: Towards a consensus view. In J. M. Doris, F. Cushman, & The Moral Psychology Research Group (Hrsg.), *The moral psychology handbook* (S. 47–71). Oxford: Oxford University Press.

Damasio, A. (2005). The neurobiological grounding of human values. In J.-P. Changeux, A. R. Damasio, W. Singer, & Y. Christen (Hrsg.), *Neurobiology of human values* (S. 47–56). Berlin: Springer.

Damasio, A. (2009). Neuroscience and the emergence of neuroeconomics. In P. W. Glimcher, C. F. Camerer, E. Fehr, & R. A. Poldrack (Hrsg.), *Neuroeconomics: Decision making and the brain* (S. 209–214). London: Academic Press.

Damasio, H., Grabowski, T., Frank, R., Galaburda, A. M., & Damasio, A. R. (1994). The return of Phineas Gage: Clues about the brain from the skull of a famous patient. *Science, 264*, 1102–1105.

Dunbar, R. I. M. (1998). The social brain hypothesis. *Evolutionary Anthropology, 6*, 178–190.

Dunbar, R. I. M., & Shultz, S. (2007). Evolution in the social brain. *Science, 317*, 1344–1347.

Funk, C. M., & Gazzaniga, M. S. (2009). The functional brain architecture of human morality. *Current Opinion in Neurobiology, 19*, 678–681.

Glimcher, P. W., Camerer, C. E. F., Fehr, E., & Poldrack, R. A. (Hrsg.). (2009). *Neuroeconomics: Decision making and the brain.* London: Academic Press.

Greene, J., & Haidt, J. (2002). How (and where) does moral judgment work? *Trends in Cognitive Sciences, 6*(12), 517–523.

Greene, J. D., Sommerville, R. B., Nystrom, L. E., Darley, J. M., & Cohen, J. D. (2001). An fMRI investigation of emotional engagement in moral judgment. *Science, 293*, 2105–2108.

Groenendyk, E. (2011). Current emotion research in political science: How emotions help democracy overcome its collective action problem. *Emotion Review, 3*(4), 455–463.

Hare, T. A., Camerer, C. F., & Rangel, A. (2009). Self-control in decision-making involves modulation of the vmPFC valuation system. *Science, 324*(5927), 646–648.

Heinrichs, M., von Dawans, B., & Domes, G. (2009). Oxytocin, vasopressin, and human social behavior. *Frontiers in Neuroendocrinology, 30*, 548–557.

Kanai, R., Feilden, T., Firth, C., & Rees, G. (2011). Political orientations are correlated with brain structure in young adults. *Current Biology, 21*(8), 677–680.

Kosfeld, M., Heinrichs, M., Zak, P. J., Fischbacher, U., & Fehr, E. (2005). Oxytocin increases trust in humans. *Nature, 435*(7042), 673–676.

Larsen, T. (2008). *A neuroeconomic model.* Paper presented at IAREP/SAPE 2008 in Rome. http://static.luiss.it/iarep2008/programme/papers/136.pdf. Zugegriffen: 6.12.2013

Moll, J., de Oliviera-Souza, R., & Zahn, R. (2008). The neural basis of moral cognition: Sentiments, concepts, and values. *Annals of the New York Academy of Science, 1124*, 161–180.

Rizzolatti, G., Fadiga, L., Gallese, V., & Fogassi, L. (1996). Premotor cortex and the recognition of motor actions. *Cognitive Brain Research, 3*, 131–141.

Ruff, C. C., Ugazio, G., & Fehr, E. (2013). Changing social norm compliance with noninvasive brain stimulation. *Science, 342*(6157), 482–484.

Seymour, B., & McClure, S. M. (2008). Anchors, scales and the relative coding of value in the brain. *Current Opinion in Neurobiology, 18*(2), 173–178.

Sommer, M., Rothmayr, C., Döhnel, K., Meinhardt, J., Schwerdtner, J., Sodian, B., & Hajak, G. (2010). How should I decide? The neural correlates of everyday moral reasoning. *Neuropsychologia, 48*(7), 2018–2026.

Spitzer, M. (2009). Selbstkontrolle. Die Rolle der Werte bei Entscheidungen. *Nervenheilkunde, 28*, 487–490.

Tassy, S., et al. (2012). Disrupting the right prefrontal cortex alters moral judgement. *Social Cognitive and Affective Neuroscience, 7*(3), 282–288.

Universität Zürich (2013). *Hirnstimulation beeinflusst Einhaltung von Normen.* Medienmitteilung vom 03.10.2013. www.mediadesk.uzh.ch/articles/2013/hirnstimulation-beeinflusst-einhaltung-von-normen.html. Zugegriffen: 6.12.2013

Walter, N. T., Montag, C., Markett, S., Felten, A., Voigt, G., & Reuter, M. (2012). Ignorance is no excuse: Moral judgments are influenced by a genetic variation on the oxytocin receptor gene. *Brain and Cognition, 78*(3), 268–273.

Wiswede, D., Taubner, S., Münte, T., Roth, G., Strüber, D., Wahl, K., & Krämer, U. M. (2011). Neurophysiological correlates of laboratory-induced aggression in young men with and without a history of violence. *Public Library of Science ONE, 6*(7), 1–10. e22599.

Wunderlich, K., Dayan, P., & Dolan, R. J. (2012). Mapping value based planning and extensively trained choice in the human brain. *Nature Neuroscience, 15*(5), 786–791.

Wunderlich, K., Rangel, A., & O'Doherty, J. P. (2009). Neural computations underlying action-based decision making in the human brain. *Proceedings of the National Academy of Sciences, 106*(40), 17199–17204.

Zahn, R., Moll, J., Paiva, M., Garrido, G., Krueger, F., Huey, E. D., & Grafman, J. (2009). The neural basis of human social values: Evidence from functional MRI. *Cerebral Cortex, 19*(2), 276–283.

Zak, P. J. (2009). *The moral molecule.* Vortrag bei Gruter Institute Squaw Valley Conference 2009: Law, Behavior & the Brain. http://ssrn.com/abstract=1405393. Zugegriffen: 6.12.2013

4

Die Persönlichkeit und ihre Werte: Gut für Überraschungen?

4.1 Bestimmen die Gene und das Temperament die Werte? – *Persönlichkeit, Moral und Politik*

Bislang ging es um Strukturen und Prozesse im Gehirn, die mit subjektiven moralischen und politischen Werten (B) sowie großteils unbewussten, aber verhaltensentscheidenden Bewertungen (C) zusammenhängen. Dann müsste es – weil sich Psychisches ja im Gehirn abspielt – auch Zusammenhänge zwischen psychischen Aspekten (Persönlichkeitseigenschaften, Temperament) und politischen Werten und Vorlieben geben.

Das erforschen Psychologie und Sozialwissenschaften. Auch deren Forschungsmethoden haben Vor- und Nachteile. Persönlichkeitseigenschaften, Verhaltensneigungen (Dispositionen), Einstellungen, subjektive Werte (B) usw. werden meist mit Fragebogen oder Interviews ermittelt. Den Befragten werden dabei Listen mit Aussagen vorgelegt, denen sie zustimmen oder die sie ablehnen können. So bezieht sich die Aussage „Ich stehe gerne im Mittelpunkt" auf das Persönlichkeitsmerkmal „Extraversion", also nach außen gewandt sein (Satow 2012, S. 36). Die Befragten sollen den Grad ihrer Zustimmung bzw. Ablehnung hinsichtlich der Aussage auf einer Stufenskala ankreuzen. Politische Präferenzen werden oft mit einer zehnstufigen Skala zwischen „links" und „rechts" oder durch das Ankreuzen der bevorzugten Partei erhoben.

Diese Verfahren sind relativ preiswert, zumindest wenn es nicht um Repräsentativbefragungen einer ganzen Gesellschaft geht (in Deutschland mindestens etwa 1000 Befragte) oder komplizierte, mehrschichtige Interpretationsversuche von Interviews folgen. Aber die Methoden haben auch Nachteile. So werden manchmal Dinge erfragt, über die sich die Befragten noch nie Gedanken gemacht haben oder die für sie nicht relevant (psychologisch: salient) sind, z. B. ihre Ansicht über ein kompliziertes Gesetz oder den Nutzen von Eurobonds. Bei den so hervorgerufenen Antworten werden dann eher zufällige Stimmungen oder schwankende Oberflächenmeinungen erfasst (Urban und

K. Wahl, *Wie kommt die Moral in den Kopf?*, DOI 10.1007/978-3-642-55407-0_4,

Mayerl 2013, S. 259 f.). Je nach Typus der Fragen, z. B. „warum" man sich so oder so verhalten habe, liegen auch mehr oder weniger starke Rationalisierungen, Legitimierungen oder sozial erwünschte Antworten nahe (Scott und Lyman 1968). Das müssen keine bewussten Lügen sein, die Befragten sehen sich beispielsweise oft selbst positiver, als andere sie wahrnehmen. So schrieben sich bei einer Befragung deutscher Eliten die Entscheidungträger selbst deutlich positivere Handlungsmotive zu als den anderen Elitenangehörigen (Bunselmeyer und Holland-Cunz 2013).

Zudem bevorzugt die Soziologie als Ausgangsmaterial ihrer Analysen weniger Beobachtungen tatsächlichen Verhaltens von Menschen oder Gruppen, sondern Texte, z. B. verschriftlichte Interviews oder Tagebücher. Solche Texte laden dazu ein, jeglichem, auch unüberlegt-spontanem Verhalten oder Sprechen der untersuchten Person einen Sinn (Bedeutung) zuzuschreiben – durch die Untersuchten selbst oder die Forscher. Diese (Re-)Konstruktion von Sinn darf aber nicht ohne Weiteres mit der real wirksamen Motivation des Verhaltens gleichgesetzt werden, zu der insbesondere unbewusste, affektive und emotionale Prozesse gehören (Wahl 2000, S. 259 f.). Gängige psychologische und sozialwissenschaftliche Forschungsmethoden erfragen somit nicht unbedingt Ursachen des Verhaltens (tatsächlich wirksame, kausale Zusammenhänge), sondern eher Gründe (verstehbare, nur logische Zusammenhänge, oft nur nachgeschobene). Solche Forschungsverfahren liefern also nur Vermutungen über wirksame Motivationen von Verhaltensweisen. Daher empfiehlt es sich, den Fragen interdisziplinär mit unterschiedlichen Forschungsmethoden nachzugehen, um zutreffendere, mehrschichtige Ergebnisse über die Verhaltensmotivation zu erhalten. Doch das ist teuer, und Forschungsgelder für interdisziplinäre Studien sind schwer zu bekommen.

Solche methodischen Vorbehalte einmal zurückgestellt, finden sich in vielen Studien über Beziehungen zwischen Persönlichkeitsaspekten, Verhaltenstendenzen und subjektiven Werten (B) (Rokeach 1973) klare Zusammenhänge (Korrelationen) (Bilsky und Schwartz 1994). So korrelierte z. B. die persönliche Eigenschaft Freundlichkeit mit den Werten Wohlwollen und Traditionsorientierung. Offenheit korrelierte mit den Werten Selbstregulierung und Universalismus (Roccas et al. 2002). Vegetarier und Veganer zeigten höhere Grade an Neurotizismus (angespannt, nervös, deprimiert usw.) als Fleischesser, die wiederum extrovertierter, gewissenhafter, aber auch weniger offen für neue Erfahrungen waren (Wolf 2012). Das Ausmaß des Wertes Altruismus, d. h. wie groß der Kreis von Personen war, dem man die eigene Hilfe zukommen ließe, hing mit anderen Arten von prosozialem (helfendem) Verhalten zusammen: Studien zeigten, dass Menschen, die ihren Altruismus auf Familienangehörige und Freunde beschränken möchten, im Gegensatz zu solchen, die auch Fremden helfen wollen, auch sonst eingeschränktere Verhaltensweisen und praktizierte Werte aufwiesen (z. B. weniger ehrenamtliche Arbeit leisteten oder Spenden gaben; Einolf 2010).

Nun sind Persönlichkeitseigenschaften und Werte (B) für manche Wissenschaftler schon theoretisch eng verwandte und im Lebenslauf stabile Konstrukte. Andere Forscher betonen dagegen die Unterschiede zwischen dem beobachtbaren Verhalten der Persönlichkeit und ihren Wünschen oder Werten. So sehen Olver und Mooradian (2003) Persönlichkeitszüge eher als von der inneren Veranlagung herrührende (endogene) Merkmale, während sie individuelle Werte als stark von der Umwelt beeinflusste, gelernte Anpassungen betrachten. Diesen Autoren zufolge können die Werte eines Individuums durch Persönlichkeitseigenschaften wie Offenheit, Freundlichkeit, Gewissenhaftigkeit und – eingeschränkt – durch Extraversion vorhergesagt werden.

?

Wie wachsen die Moralvorstellungen von Kindern?

Eltern wissen, dass die moralischen Vorstellungen ihrer Kinder nach und nach differenzierter werden. Zwei Klassiker der Kinderforschung haben das wegweisend beschrieben (Wahl 2007, S. 109 ff.): Der Schweizer Entwicklungspsychologe Jean Piaget (1983) sah im Verlauf der kindlichen Entwicklung den Übergang von einer außen- zu einer innengesteuerten Moral, d. h. Regeln würden von jüngeren Kindern äußeren Autoritäten zugeschrieben und seien starr. Später würden sie als selbst bzw. von der Gruppe gemacht und als flexibel betrachtet. Sein amerikanischer Kollege Lawrence Kohlberg (1995) nahm eine über mehrere Komplexitätsstufen ansteigende Entwicklung von Moralvorstellungen bei Kindern und Jugendlichen an: von einer Orientierung an Gehorsam und Strafe in jüngeren Jahren zu einer Ausrichtung an universellen Prinzipien mit zunehmendem Alter.

Heute weiß man, dass der Verlauf nicht immer so linear ist und einige der Zwischenschritte solcher Entwicklungen früher erfolgen, als diese Klassiker annahmen (z. B. schon vor oder im Kindergartenalter statt im Schulalter). So wurde entgegen Piagets These, kleine Kinder seien egozentrisch, in späteren Studien frühe Empathie festgestellt (Eisenberg et al. 2007; Wahl 2013, S. 137 f.). Sozialpädagogische Versuche, die kindliche Persönlichkeitsentwicklung zu beeinflussen, müssen also früh beginnen.

?

Stecken unsere politischen Einstellungen oder Werte in den Genen, oder lernen wir sie erst?

Um das zu beantworten, greift man auf Zwillings- und Adoptionsstudien zurück, mit der die Auswirkungen von Genen und Umwelt statistisch einigermaßen getrennt werden können. Im Idealfall findet man eineiige Zwillinge, deren Gene also fast übereinstimmen und die kurz nach der Geburt von sozial ganz unterschiedlichen Familien adoptiert wurden (z. B. Christen vs. Atheisten, Handwerker vs. Akademiker). Stimmen die Persönlichkeiten der Zwillinge dann nach vielen Jahren noch stark überein, spricht das für einen starken Einfluss der Gene, die sich auch in unterschiedliche Umwelten durchsetzen. Sind aus den Zwillingen aber sehr unterschiedliche Personen geworden, spricht das für das starke Gewicht der verschiedenen Umwelten bei ihrer Entwicklung. Mit solchen Studien wurde ermittelt, dass Persönlichkeitsmerkmale, wie sie mit politischen Vorlieben und Einstellungen zusammenhängen, teilweise genetisch bzw. vom Wechselspiel zwischen Anlagen und Umwelt geprägt sind (Alford et al. 2005).

Ergänzend deckten Längsschnittstudien über Lebensgeschichten auf, dass man anhand der Art des Temperaments im frühen Kindesalter mit einer gewissen Wahrscheinlichkeit die spätere Vorliebe für bestimmte politische Ideologien vorhersagen konnte (Block und Block 2006; Fraley et al. 2012). Emotionale Aspekte und Verhaltensmuster einer Person wie Bedrohungsgefühle, Unsicherheit, Vorsicht, Rigidität und Ordnungsliebe waren mit politischem Konservatismus assoziiert, Selbstvertrauen, Resilienz (Widerstandsfähigkeit gegen Stress), Neugier und Veränderungsbereitschaft dagegen mit Liberalismus (im amerikanischen Sinne).

In politischen Weltbildern und Ideologien sind Werte (A) eingebettet. Sie werden den Heranwachsenden von der gesellschaftlichen Umwelt angeboten, die je nach ihrer Persönlichkeitsstruktur an solche Werte und politischen Richtungen ankoppeln oder dazu opponieren, um ihre subjektiven Werte (B) zu entwickeln.

Eine vergleichende Untersuchung in Deutschland und vier weiteren europäischen Ländern deckte auf, dass die Persönlichkeitseigenschaft „Offenheit" mit der Neigung zu linken Parteien, die Eigenschaft „Gewissenhaftigkeit" dagegen mit einer Neigung zu rechten Parteien zusammenhing (Vecchione et al. 2011). Offene Menschen sahen überkommene Moralvorstellungen kritisch, legten Wert auf erfüllende Beziehungen zu anderen, auf Selbstverwirklichung und das Wohlergehen auch fernstehender Menschen. Sie waren liberaler gegenüber Lebensformen von Minderheiten, plädierten für Zuwanderung und Abtreibungen. Gewissenhafte Menschen hatten dazu spiegelbildliche Neigungen zu traditioneller Moral, zu Werten der Bewahrung, einer klaren Unterscheidung von „richtig" und „falsch" sowie zu militanter Außenpolitik (Schoen 2012).

Nach Studien in den USA und Großbritannien wirkten sich Persönlichkeitsmerkmale auch indirekt über Werte auf politische Vorlieben und Einstellungen aus: Beispielsweise waren mit den Persönlichkeitsaspekten „Offenheit" und „Verträglichkeit" Werte (B) wie Fairness gegenüber anderen verbunden; mit dem Persönlichkeitsmerkmal „Gewissenhaftigkeit" Werte wie die Loyalität zur Eigengruppe und ein starker Hang zu Reinheit. Diese Werte sagten dann die politische Orientierung auf der für das politische Spektrum der USA typischen Skala zwischen *conservative* und *liberal* signifikant voraus (Lewis und Bates 2011).

In einer italienischen Untersuchung unterschieden sich die Wählergruppen nach ihren Persönlichkeitszügen: Mitte-links-Wähler waren freundlicher und offener als Mitte-rechts-Wähler, die dafür energischer und selbstkontrollierter waren. Wähler des Mitte-links-Lagers vertraten stärker die Werte Universalismus, Wohlwollen und Selbststeuerung als die des Mitte-rechts-Lagers. Bei den Werten Sicherheit, Macht, Leistung, Konformität und Tradition war es umgekehrt. Von Persönlichkeitszügen und Werten ließ sich auf das Wahlverhalten schließen. Die Werte konnten das Wahlverhalten und seine Änderungen sogar besser erklären als die Persönlichkeitseigenschaften (Caprara et al. 2006), vermutlich weil Werte und Wahlpräferenzen verwandte Konstrukte sind und Werte das Verbindungsglied zur Persönlichkeit bilden.

Als Zwischenresümee bleibt: Die idealisierten Werte (A) und die subjektiven Wünsche oder Werte (B) entstammen mehreren Quellen. Schon die Evolution hat in uns natürliche Bedürfnisse und (relativ stabile) Verhaltensdispositionen erhalten, die für die Gesundheit, das Leben und Zusammenleben förderlich waren und daher positiv bewertet und zu (proto)moralischen Verhaltensorientierungen wurden. Diese Bewertungsschemata – verhaltenssteuernde Werte (C) – haben sich in der Architektur und Dynamik unserer Gehirne niedergeschlagen, wobei Emotionen und unbewusste Wertungen Hauptrollen spielen. Die entsprechende neuronale Grundstruktur wird bei jedem Menschen durch die Kombination der elterlichen Gene, durch Umwelteinflüsse in der Schwangerschaft und Erfahrungen in der Kindheit individuell weiter geformt. Daraus ergibt sich die Persönlichkeit eines Kindes, sein Temperament, seine Grundstimmung, die Art, wie es der Welt begegnet. Das Kind sieht sich dann einer Gesellschaft gegenüber, in der frühere Generationen bereits einen Vorrat von Werten (A) und (B) sowie Normen hinterlassen haben. Die Gesellschaft und ihre Teile (Familie, Kindertagesstätte, Schule, Freunde usw.) erwarten, dass das Kind dieses normative Gefüge lernt und sich daran hält. Das Ergebnis ist die individuelle Mischung der Werte (B), die bei Umfragen ermittelt wird.

4.2   Werte und Verhalten: Eine fragwürdige Beziehung? – *Die Macht der Emotionen*

Bisher ging es um biotische, psychische und soziale Faktoren, die unsere persönlichen, subjektiven Werte (B) prägen. Doch beeinflussen diese Werte auch unser Verhalten? Die Verfechter der „höheren" Werte (A), wie sie etwa der Ethikunterricht lehren soll, hoffen ja sogar, dass ihre Werte (A), ausgestattet mit einer religiösen oder idealistischen Weihe, das Verhalten anleiten. Eine Variante dieses Arguments zieht noch eine Zwischenebene ein: Werte als Leitsterne von Normen, die dann das Verhalten regulieren sollen.

Besteht dieser Optimismus den Faktencheck? Der letzte Teil des Arguments erscheint zutreffend: Hörer der Matthäus-Passion sitzen still in der Kirche. Fußballfans schreien sich im Stadion die Lungen aus dem Leib. Vor der roten Ampel halten Autofahrer meist an, Fußgänger und Fahrradfahrer nicht immer. Kurz: Meistens verhalten wir uns gemäß gesellschaftlichen Erwartungen, Normen und Gesetzen – in dieser Reihenfolge zunehmend, weil Verbindlichkeit und Sanktionierung steigen. Ob auch die oberhalb davon gedachten Werte (A) unser reales Verhalten motivieren, bleibt aber empirisch zu untersuchen und ist entscheidend für die Frage, ob Werteerziehung die Lösung gegen vorgeblichen Werteverfall und alle möglichen Krisen sein kann.

> Was sagt die Forschung darüber, ob die Werte (A), (B) und (C) und das menschliche Verhalten zusammenhängen, und wenn ja, wie stark?

Die Antwort der Wissenschaften: Es kommt darauf an! Zunächst auf die Art, wie danach gefragt wird, auf die Situation und die Konkretheit von Werten wie z. B. Friedlichkeit und Gewaltfreiheit. Lehnt der friedliche Herr Maier allgemein Gewalt ab oder tut er das nicht mehr, wenn jemand sein Kind entführen will? Auch je nach Wertebereich schwankt die Stärke der statistischen Zusammenhänge (Korrelationen) zwischen Werten und Verhalten. Nach Studien mit der universalen Werteliste von Schwartz (Bardi und Schwartz 2003) hingen Werte wie Traditionalismus stark mit entsprechendem Verhalten zusammen. Die Werte Hedonismus, Macht, Universalismus und Selbstlenkung passten weniger zu dem Verhalten. Bei Werten wie Sicherheit, Konformität und Leistung waren die Korrelationen nur sehr schwach. Das mag vom normativen Druck herrühren, ein bestimmtes Verhalten auszuführen, ungeachtet persönlicher Wertebekundungen.

Unsere Erfahrung kennt ebenfalls den großen Graben zwischen Wollen und Handeln: Diätpläne und Liebesschwüre können kurze Halbwertszeiten haben. Auch Überblicke über viele Untersuchungen (Metaanalysen) zeigten, dass Zusammenhänge zwischen allgemeinen Einstellungen, Werten usw. und dem Verhalten im Durchschnitt nur mäßig stark sind (statistisch: Korrelationen selten über .30). Daher sagen allgemeine Einstellungen wenig über das Verhalten aus. Noch komplizierter wird es, weil stillschweigende und geäußerte Einstellungen verschiedene Verbindlichkeiten haben (Fishbein und Ajzen 2011, S. 255 ff., S. 273) – das dürfte auch für Werte gelten.

?

Dass Werte und Verhalten nicht übermäßig zusammenhängen, erstaunt wenig. Haben die Wissenschaften da nicht noch eine Überraschung parat?

Selbst wenn einzelne Studien stärkere Zusammenhänge zwischen moralischen oder politischen Werten (B) und dem Verhalten ermittelten, über die Richtung der Verursachung sagten sie meist nichts. Es könnte ja sein, dass nicht die Werte dem Verhalten vorausgehen, sondern ein umgekehrter Prozess vorliegt. Menschen können ihr wie auch immer motiviertes Verhalten durch passende Werte nachträglich rechtfertigen. Anders gesagt, Personen, die sich auf bestimmte Weise verhalten, reden sich und anderen dazu passende Werte ein, um konsistent zu erscheinen. Eine konsistente Selbstdarstellung oder „Identität" wirkt für eine Person und ihre soziale Umgebung positiv. Leider lädt die beliebte Forschungsmethode der Interviews zu konsistenten Selbstdarstellungen mit geschönten Angaben zu Verhaltensmotiven ein. Entgegen der Annahme der Alltagspsychologie würde dann der Pfeil der Verursachung in die andere Richtung stärker: zuerst das Verhalten, dann der dazu passende Wert. Es könnten auch Wechselwirkungen zwischen beiden stattfinden, oder der Kontext könnte gleichzeitig Werte und Verhalten fördern (Dinh et al. 2012), wie beim Leben in einem gefährlichen Land.

Da sozialwissenschaftliche und psychologische Studien meist nur statistische Zusammenhänge zwischen Werten und Verhalten messen, aber nicht die Verursachung, kann die Gehirnforschung weiterhelfen. Sie kann aufhellen, wie Werte im Gehirn prozessiert werden und wie Verhalten motiviert wird. Dies ist beispielsweise dann möglich, wenn bestimmte Gehirnteile durch Unfälle, Krankheiten oder Operationen zerstört oder geschädigt sind (wie im historischen Beispiel des Phineas Gage; Abschn. 3.2). Auch durch Methoden der Magnetstimulation (TMS, ICMS; Abschn. 3.1) können die Funktionen einzelner Gehirnareale unterbrochen oder aktiviert werden. Solche Studien zeigten nach der Ausschaltung spezifischer Hirnbereiche Veränderungen der Persönlichkeit, des (auch moralischen) Verhaltens und politischer Vorlieben (Jotterand und Giordano 2011). Das weist auf ursächliche Wirkungen von Gehirnarealen und -prozessen auf moralisch bzw. politisch relevante Emotionen, Denk- und Verhaltensweisen hin. Doch wo ist dabei der Platz der Werte (A) und (B)?

Wie bereits gezeigt, herrschte traditionell nicht nur in der Alltagspsychologie, sondern auch in der Philosophie, Soziologie, Wirtschaftswissenschaft, selbst oft in der Psychologie, die Annahme vor, menschliches Handeln erfolge wertbezogen-rational geplant (z. B. Ajzen 1991; kritisch: Wahl 2000). Die Gehirnforschung sieht das differenzierter. Im Hirn laufen alle Bewertungsprozesse und Entscheidungen ab, die wir zur Bewältigung des Alltags brauchen, von moralisch neutralen (z. B. „Ziehe ich den blauen oder grünen Pullover an?") bis zu gesellschaftlich vehement diskutierten Streitfragen (z. B. „Darf ich Fleisch essen?", „Soll man Kredite an arme EU-Länder ablehnen?").

Ein großer Teil solcher (selbst wichtiger) Bewertungen erfolgt unbewusst. Dazu zählen die spontanen Bewertungen positiv/angenehm/sicher gegenüber negativ/unangenehm/bedrohlich. Das dürfte auf evolutive Entwicklungen zurückzuführen sein, wonach sehr rasche und daher gar nicht ins Bewusstsein tretende Wahrnehmungen von Objekten und Situationen sowie entsprechende Verhaltensreaktionen zeitsparend und gehirnökonomisch sind. In Gefahrensituationen sind schnelle unbewusst-automatisierte Bewertungen und Verhaltensreaktionen (Flucht, Kampf, Totstellen usw.) sogar überlebensdienlich. Das klassische Beispiel: Sehe ich im Urwald ein gewundenes Objekt vor mir auf dem Boden, löst schon die erste vage Wahrnehmung (es könnte eine Schlange sein) einen schnellen automatischen Gehirnmechanismus aus (Furchtreaktion), der in einem kurzen Schaltkreis über die Amygdala meine Körperfunktionen hochfährt (z. B. Blutdruck, Muskelanspannung). Das ermöglicht eine rasche motorische Reaktion und lässt mich wegspringen. Erst danach wird mir über einen längeren Schaltkreis im Gehirn (Umweg über corticale Regionen) klar, ob es wirklich eine Schlange oder nur ein gebogener Ast war (Phelps und LeDoux 2005). Hätten meine Vorfahren in solchen Situationen zunächst bewusst überlegt, ob es wirklich eine Giftschlange ist oder nur ein Ast, wäre es manchmal zu spät gewesen – die Schlange hätte sie getötet, und sie hätten weniger Nachkommen gehabt. Die unbewusste Furchtreaktion hat sich in der Evolution als nützlich erwiesen und im Gehirn gefestigt.

Solche Spontanbewertungen erfolgen bereits, wenn Objekte nur für wenige Millisekunden präsentiert werden, sodass die Versuchspersonen sie nicht bewusst wahrnehmen und nicht benennen können, was sie gesehen haben. Selbst diese unterschwelligen Wahrnehmungen (Masling et al. 1991; Bornstein und Pittman 1992) beeinflussen unsere Einstellungen, Beurteilungen und unser Verhalten (Smith und McCulloch 2012).

Hinken Werteentscheidungen flinken Emotionen hinterher?

Wenn uns eine Katze vor das Auto läuft, bremsen wir intuitiv und schnell. Wenn ein Kind hinfällt und weint, trösten wir es spontan. Wenn die Kassiererin im Supermarkt versehentlich zu viel Wechselgeld herausgibt, machen viele Kunden sie darauf aufmerksam. In solchen Alltagssituationen verhalten wir uns intuitiv, ohne lange nachzudenken, nach Mustern, wie sie auch die Moral als Regeln ausformulieren würde.

Derartige intuitiv-moralische Bewertungen erfolgen bereits, bevor in einer wahrgenommenen Situation rational-abgewogene moralische Urteile und Handlungsentscheidungen gefällt werden. Emotionen und die angenommenen Wertungen aus der sozialen Umwelt spielen dabei entscheidende Rollen. Wir dürfen uns daher nicht der Illusion hingeben, unsere moralischen Urteile folgten meist moralischem Denken – das wäre, als ob der Schwanz mit dem Hund wackle, sagt der amerikanische Psychologe Jonathan Haidt (2001) –, vielmehr wackle der emotionale Hund mit dem rationalen Schwanz.

In einer niederländisch-amerikanischen Studie wurden christlichen und atheistischen Versuchspersonen Aussagen pro und contra Euthanasie vorgelegt; dabei wurden mittels EEG ihre Hirnströme gemessen. Schon 200–250 ms nach der Präsentation des Satzes gab es unbewusste Reaktionen im Gehirn (ereignisbezogene Potenziale) auf Wörter, die aus der jeweiligen weltanschaulichen Sicht emotionalisierend waren, z. B. „akzeptieren" bzw. „nicht akzeptieren" von Euthanasie. Diese unbewusste affektive Reaktion erfolgte, noch bevor die genauere Bedeutung des betreffenden Satzes erfasst wurde. Offenbar sind also in weltanschaulich unterschiedlichen Gruppen mit ihren voneinander abweichenden Werten auch bereits unbewusste schnelle emotionale Wertungsprozesse am Werk, bevor die intensivere kognitive Verarbeitung entsprechender Reize erfolgt (van Berkum et al. 2009).

Auf ähnliche Weise scheint das Gehirn auch bei ästhetischen Bewertungen zunächst sehr rasch und vorbewusst zu reagieren. Ein spanisches Forscherteam (Cela-Conde et al. 2013) ermittelte, dass bei der Vorführung mehr oder weniger schöner Objekte bei den Versuchspersonen nacheinander zwei verschiedene ästhetisch-neuronale Bewertungsnetzwerke aktiv wurden: In einem Zeitfenster zwischen 250 und 750 ms sprang ein spontanes neuronales Netzwerk insbesondere im Hinterhauptlappen mit Ausstrahlung zum orbitofrontalen Cortex an. Wenn dann das Objekt von diesem Netzwerk als schön klassifiziert wurde, startete nach 1000–1500 ms ein zweites Netzwerk in der linken Gehirnhälfte (vom Hinterhaupt- über den Scheitel- bis zum Frontallappen), das analysierte, warum das Objekt intuitiv als schön empfunden wurde, z. B. aufgrund seiner Originalität. Dies löste dann auch eine Art ästhetischen Aha-Effekt aus, der die Schönheit ins Bewusstsein hob.

Viele der unал und affektiv gesteuerten Verhaltensentscheidungen werden im limbischen System (u. a. Amygdala) und in den Basalganglien gesteuert. Auch bei Entscheidungen, in denen „höhere" kognitive Leistungszentren und gelernte Kulturinhalte im Gehirn ins Spiel kommen, werden Entscheidungen letztlich von unbewusst-emotional aktiven Arealen getroffen (Roth 2007, S. 179; Roth 2009, S. 12). Das gilt wohl großenteils auch für folgenschwere Entscheidungen in Politik, Medizin, Wirtschaft oder in Ethik-kommissionen. In diesen Fällen kann zwar mit erheblichem Aufwand über Wertmaßstäbe, Umstände, Bedingungen, Konsequenzen und Nebenfolgen einer Entscheidung, über Pro- und Contra-Argumente diskutiert, der Grad der Rationalität also erhöht werden – die persönlichen Letztanstöße für die Auswahl unter den Alternativen kommen dennoch wohl aus unbewussten Hirnprozessen.

Das gilt auch für die intuitiven „moralischen Emotionen" (Hume 1777/ 2003; Schulz 2011), vom Mitleid für die von einer Entscheidung Betroffenen bis zur Gesichtswahrung vor anderen Kommissionsmitgliedern. Allerdings gibt es wohl im Leben vieler Ausnahmesituationen, in denen sie sich – wenn möglich – Zeit nehmen, gründlicher und eventuell anhand moralischer Werte (A) über alternative Handlungsmöglichkeiten nachzudenken, etwa bei Grundsatzentscheidungen: Sollen für einen unheilbaren Angehörigen lebensverlängernde Maßnahmen angewandt werden? Soll ein afrikanisches Kind adoptiert werden? Wie soll ein Parlamentarier ohne Fraktionszwang abstimmen?

Im Übrigen sind typische Muster unserer moralischen Urteile (z. B. Töten ist schlimmer als Sterbenlassen) auch von nichtmoralischen psychischen Mechanismen abhängig, z. B. ob wir anderen Personen die Absicht und Verursachung hinsichtlich eines Ereignisses zuschreiben (Cushman und Young 2011). Das könnte etwa bei einem Verkehrsunfall unterschiedlich erfolgen.

Insgesamt benennen also schon die bisherigen neurowissenschaftlichen Forschungsergebnisse in diesem Buch zahlreiche Gehirnareale und ihre Vernetzungen, die bei unbewussten und bewussten Bewertungen und moralischen Entscheidungen aktiv sein können. Das verdeutlicht die Komplexität dieser Prozesse, in denen die von vielen Politikern und Pädagogen beschworenen Werte (A) offenbar keine zentrale oder oberste Funktion haben. Sie stellen nur ein Element unter vielen dar und sind als Verhaltensursache meist nachrangig. Denn unter Zeitdruck, emotionaler Erregung, Stress, Ablenkung, aber auch in Routinesituationen und wenn unser Gehirn als „ökonomisch" arbeitendes Organ anstrengende Überlegungen scheut, erfolgen unsere meisten Entscheidungen durch unbewusste Bewertungen, in die alle möglichen persönlichkeits-, erfahrungs-, stimmungs-, situations- und erwartungsbedingten Motive eingehen, aber wenig Platz bleibt für bewusste Werteentscheidungen.

Da Werte die ganze Bandbreite vom persönlich bis gesellschaftlich Wünschbaren umfassen, ist anzunehmen, dass die Werte (B) und (C), die eher die eigenen (egoistischen) Bedürfnisse und Interessen repräsentieren, eher Chancen auf Realisierung haben als die am Wohlergehen anderer orientierten (altruistischen) Werte (A): Der Schutz der eigenen Familie fällt leichter als universalistische Hilfe für ferne Völker. Das legen die geschilderten Evolutionstheorien der Moral nahe. Von den universellen Werten der Schwartz'schen Liste (Schwartz und Bilsky 1987; Schwartz 2009) dürften Sicherheit, Genuss, Macht, Unabhängigkeit und Abwechslung zum egoistischen Bereich gehören, Prosozialität und Universalismus hingegen zum altruistischen. Doch selbst im Hinblick auf die Evolution könnten beide Wertebereiche überlebensförderlichen Bedürfnissen und Antrieben dienen: für Individuen *und* Gruppen, Gemeinschaften und Gesellschaften.

?

Unser Gehirn trifft viele Entscheidungen unbewusst. Wo bleibt da der freie Wille?

Wir fühlen uns als selbstbestimmte Menschen mit freiem Willen sowie guten moralischen Gründen, so oder so zu handeln. Doch zahlreiche Gehirnforscher und einige Philosophen bestreiten unsere tatsächliche Freiheit und die Unabhängigkeit unserer Entscheidungen (Felsen und Reiner 2011).

Neu angestoßen wurde diese alte Diskussion um den freien Willen durch ein ebenso berühmtes wie umstrittenes Experiment des amerikanischen Physiologen und Neurowissenschaftlers Benjamin Libet (1985). Er wollte damit die zeitliche Abfolge von Gehirnprozessen und der Empfindung, eine Willensentscheidung zu treffen, messen. Libets Versuchspersonen sollten irgendwann im Zeitrahmen des Experiments gemäß einer von ihnen spontan empfundenen Entscheidung eine Handbewegung machen. Zudem sollten sie anhand eines fein skalierten und vor ihren Augen laufenden Sekundenzeigers bekannt geben, bei welcher Stellung des Zeigers sie den Willen zu der Handlung gespürt hatten. So wurde die Zeit zwischen dem empfundenen Bewegungswunsch und der tatsächlichen Bewegung messbar. Interessanterweise ergaben EEG-Messungen dann aber auch, dass sich schon etwa 300 ms vor Bewusstwerdung der Willensentscheidung ein elektrophysiologisches Bereitschaftspotenzial im Gehirn zeigte, das auf eine vorbewusste (und damit unwillkürliche) Handlungsentscheidung hindeutete. Eine bewusste Verhaltensentscheidung und der „freie Wille" dazu erschienen nur als nachträgliche Illusionen.

Nach vielerlei Kritik an diesem Experiment, seiner Methode und Deutung setzten andere Forscher kompliziertere Versuchsvarianten ein. In Deutschland machte sich dabei ein Forschungsteam um John Dylan Haynes (Soon et al. 2008) einen Namen. Mit einer komplizierten Vorrichtung maßen die Wissenschaftler sogar schon bis zu 10 s vor der bewussten Entscheidung für unterschiedliche motorische Handlungen Hirnaktivitäten in corticalen Regionen (frontopolarer und parietaler Cortex), von denen die entsprechenden Bewegungen vorhergesagt werden konnten.

Der Gehirnforscher Gerhard Roth (2009, S. 12) ergänzt, dass auch diese handlungsplanenden Areale allein den motorischen Cortex nicht zu Bewegungen veranlassen können. Sie benötigten ebenfalls völlig unbewusst arbeitende Basalganglien außerhalb der Großhirnrinde, in denen erfolgreiche Handlungsweisen gespeichert seien. Die Basalganglien würden wiederum vom ebenfalls unbewusst aktiven limbischen System kontrolliert, das mit den Emotionen und dem Gedächtnis operiere und das „letzte Wort" bei Entscheidungen habe. Dennoch hätten wir bei der Vorbereitung unserer Handlungen das Gefühl des „Ich will das jetzt" als eine ins Bewusstsein kommende Meldung des neurophysiologischen Vorgangs, dass die Schleife zwischen cortikalen und limbischen Bereichen durchlaufen wurde und Vollzugszentren der Großhirnrinde mit dem limbischen System sich damit „ausreichend befasst" hätten (Roth 1997, S. 303 ff.; Roth 2001, S. 442 ff.). Was bleibt, erscheint somit nur als „Gefühl" der Freiheit.

Für andere Gehirnforscher (z. B. Singer 2005) bedarf es nicht einmal solcher Experimente, um die Idee der Willensfreiheit zu verwerfen. Sie betonen, dass das Gehirn ohnehin deterministisch-naturgesetzlich aktiv ist, wenngleich nicht linear und stets vorhersagbar. Daher liefen auch Rettungsversuche für die Willensfreiheit ins Leere, die z. B. in Gehirnprozessen quantenphysikalische Unbestimmtheiten (Indeterminiertheit) für möglich hielten (Eccles 1994), denn die hier entscheidenden Gehirnprozesse könnten nach der bisherigen Forschung durchaus makrophysikalisch beschrieben werden. Auch die Annahme der Verteidiger von Willensfreiheit (z. B. Nida-Rümelin 2005), es gebe Zufallsentscheidungen oder chaostheoretisch nicht vorhersagbare Gehirnaktivitäten helfen nicht. Denn Zufall wäre ja gerade kein Zeichen für Freiheit, und nicht vorhersagbare Wirkungen können durchaus determiniert sein (Roth 2001, S. 431 ff.; Wahl 2006) – wie die chaotischen Bewegungen eines Doppelpendels, d. h. eines an einem Pendel befestigten weiteren Pendels: Seine Bewegungen haben Ursachen, aber die nächsten Drehungen sind nicht vorhersagbar.

?

Warum schreiben wir uns trotz wissenschaftlicher Einwände subjektiv Willensfreiheit zu?

Trotz der Kritik vieler Gehirnforscher unterstellen wir im Alltag uns und anderen ebenso Willensfreiheit wie Richter es gegenüber Angeklagten tun. Zu diesem Paradoxon werden mehrere Hypothesen diskutiert. Der Biophilosoph Voland (2007) nimmt an, dass die Evolution bei Affen in Richtung Fremdverstehen und nicht in Richtung Selbsterkenntnis wirkte – später auch bei Menschen. Das Wissen über die anderen Personen der Umgebung, wie es aus der Beobachtung ihrer Verhaltensmuster geschöpft wurde, sei für das eigene Verhalten förderlich gewesen (z. B. zur Berechenbarkeit oder Manipulierbarkeit der anderen) und mit einer Vorstellung von deren „Wollen" oder „Wille" verbunden worden. Als „frei" sei der Wille gedacht worden, weil die zunächst unüberschaubare Variationsbreite möglichen Verhaltens das nahelegte. Soziale Rückkoppelungen zwischen den Individuen hätten dann zu Annahmen darüber geführt, was andere über einen selbst denken, und so auch zur Selbstzuschreibung freien Willens.

Andere Wissenschaftler (z. B. Nichols 2004) führen die alltagspsychologische Vorstellung von Willensfreiheit auf angeborene Strukturen zurück. Vorsichtiger ist die Annahme, diese Idee entstehe im Lauf der kindlichen Persönlichkeitsentwicklung: Für Entwicklungspsychologen besteht das Selbst in der Säuglingsphase in ersten Wahrnehmungen einer eigenen unabhängigen Existenz. Später werde das Selbst als immer eigenständiger wahrgenommen und von der Kontrolle über eigene Handlungsimpulse begleitet. Das Kind bemerke, wie andere auf seine inneren Zustände reagierten, und behaupte sich ab dem zweiten Lebensjahr durch das Selbermachenwollen gegen Ältere. Auch das wachsende Gefühl der Selbstwirksamkeit könnte das Gefühl von Willensfreiheit fördern (Wahl 2006).

Für wieder andere Forscher (z. B. Singer 2002, S. 73 ff.; Tetens 2004) sind es die Eltern oder Dritte, die in der Sozialisation Kindern ein entsprechendes Menschenbild vermitteln. Ihre These: Kinder lernen das meiste über sich und ihr Handeln aus Fremdkommentaren anderer, die sie als Selbstkommentare ihres Verhaltens übernehmen. Auf diese Weise könnte dann die Ich-Perspektive entstehen und damit der Eindruck, frei zu handeln.

Jedenfalls scheinen unsere Vorstellungen von moralischer Verantwortung aus freiem Willen auf grundlegenden psychischen Mechanismen zu beruhen, die sich in der Evolution bewährt haben: Wir schreiben dem Verhalten anderer Absicht, Verursachung und Wirkungskraft zu, weil uns das in der komplexen sozialen Welt Orientierung liefert, auch wenn diese Vorstellungen neurowissenschaftlich gesehen Illusionen sein sollten (Pizarro 2011). Der Blick des *Homo sapiens* ist eben primär auf seine Lebenswelt gerichtet, also die Menschen seiner Umgebung, das Gelände, das Wetter. Hier verorten wir naheliegende Ursachen der beobachtbaren Prozesse („Jemand bedroht mich, weil er etwas von mir will", „Der Fluss ist reißend, weil es geregnet hat"). Aber wir können nur mit wissenschaftlicher Anstrengung die tieferliegenden Ursachen im Mikro- und Makrokosmos aufdecken – von den Gehirnprozessen bis zu Wetterphänomenen.

Zudem sind wir allerlei Täuschungen ausgesetzt und sehen beispielsweise den geraden Stab im Wasser als geknickt oder eine Serie von Standbildern als Bewegung im Kino. Kurz: Unser Gehirn produziert kein vielschichtiges, objektives Abbild der Welt, sondern konstruiert eines, das in der Evolution für große Teile der Alltagsbewältigung ausgereicht hat. Der Blick in Details der Motivationsprozesse im Gehirn war dazu nicht nötig. Man hat daher jahrtausendelang über diese Black Box nur spekuliert und erst in jüngster Zeit begonnen, sie auszuleuchten. Das brachte Ergebnisse, die teilweise für unseren auf die Lebenswelt beschränkten Blick ungewohnt sind, so zu Willensentscheidungen und zur Motivation moralischen Verhaltens.

4.3 Werte: Nur Rationalisierung des Verhaltens? – *Noch eine kopernikanische Wende*

Die Gehirnforschung hat uns also das Gefühl gelassen, frei zu handeln, allerdings keine tatsächlich wirksame Freiheit des Willens. Und Neurowissenschaftler sorgen für eine weitere Kränkung unseres Ichs und Alltagsverstands – auch wieder bei der Frage, ob Werte unser Verhalten verursachen. Sie überraschen mit einer umgekehrten Richtung der Kausalität zwischen Werten und Verhalten. Der amerikanische Gehirnforscher Michael Gazzaniga (1985, S. 5) deckte in seinen Studien das Paradoxon auf, dass oft nicht das Denken das Verhalten beeinflusst, sondern umgekehrt das Gehirn dem wie auch immer motivierten Verhalten Gründe oder Rationalisierungen hinterherschickt.

Zur Annahme solcher nachträglichen Erklärungen kam Gazzaniga (2000; 2009) durch Experimente mit Patienten, deren Gehirnhälften operativ getrennt worden waren (bei schweren Fällen von Epilepsie). Diese Versuchspersonen bekamen Objekte so vorgeführt, dass sie jeweils nur für das linke oder rechte Auge sichtbar waren. Bekanntlich werden die Eindrücke der beiden Augen über Kreuz in den beiden Hirnhälften verarbeitet. Wurde also dem rechten Auge z. B. ein Hühnerfuß vorgeführt, registrierte das die linke Hirnhemisphäre. Als der Patient dann aufgefordert wurde, aus einer Auswahl von Objekten das passende zuzuordnen, nannte er korrekterweise ein Huhn. Das war möglich, weil in der linken Hirnhälfte auch für Sprachbildung besonders wichtige Bereiche sowie Module liegen, die Gazzaniga als „Interpreten" bezeichnet, wo Zusammenhänge zwischen Gesehenem und Gefragtem hergestellt würden. Wurde dann dem linken Auge des Patienten z. B. eine Schneelandschaft gezeigt, bemerkte das seine rechte Hirnhälfte. Wurde der Patient dann aufgefordert, den passenden Gegenstand zuzuordnen, zeigte er richtigerweise auf eine Schneeschaufel. Er konnte diese aber nicht mit seiner Sprache benennen, weil seine abgetrennte linke, für Sprache besonders wichtige Hemisphäre ja unwissend war. Doch der links liegende „Interpret" erfand dann eine scheinbar passende Erklärung, z. B. die Schneeschaufel diene zum Ausmisten des Hühnerstalles – eine nachträgliche Rationalisierung für das Motiv, mit der Hand auf die Schneeschaufel gedeutet zu haben, von der sein Sprachzentrum nichts wissen konnte.

Weitere Unterstützung für Gazzanigas These entstammt Versuchen, in denen die rechte Hirnhälfte durch entsprechende Reize in schlechte Stimmung versetzt wurde, von denen die abgetrennte linke Hälfte nichts wissen konnte, aber dennoch frei erfundene Erklärungen für die Gefühlslage lieferte. In anderen Studien wurden gesunde Versuchspersonen per Hypnose trainiert, bei bestimmten neutralen Wörtern Ekel zu empfinden. Als sie später Berichte von Personen hörten, in denen diese Wörter vorkamen, verdammten sie diese Personen, obwohl ihnen der Anlass dafür wegen der Hypnose nicht bewusst war. Dennoch äußerten sie fantasievolle moralische Gründe, um ihre Verdammungsurteile zu rechtfertigen. Solche Rationalisierungen und Erzählungen dieser „Interpreten"-Module produzieren dem Gazzaniga-Team zufolge einen Sinn, den sie der sozialen Umgebung und selbst widersprüchlichen Wahrnehmungen entnehmen. Sie bauten Brücken zwischen den subjektiven Elementen der laufenden Bewusstseinserfahrungen und den expliziten Überzeugungen und Ideen. Aus solchen Ideen könne sich dann sogar die ideologische Infrastruktur einer Gesellschaft herauskristallisieren, die ihrerseits per Rückkopplung über Lernmechanismen in die individuellen neuronalen Schaltkreise zurückwirke (Gazzaniga 2000).

Gazzaniga und seine Mitarbeiter gehen von der Hypothese aus, der Hauptzweck des menschlichen Gehirns sei, Antworten auf alles zu liefern, was ihm in der Umgebung begegne, z. B. mit wem es umgehen oder ob es etwas in eine Beziehung investieren soll. Dazu bewerte das Gehirn dauernd andere Menschen über soziale Emotionen wie Ekel, Furcht oder Vergnügen, um Annäherung oder Vermeidung zu empfehlen (das ähnelt der Theorie von Damasio 2005; Abschn. 2.2). Diese soziale Bewertung sei so fundamental, dass sie schon im Gehirn kleiner Kinder als fest verdrahtet erscheine. Dementsprechend konstruierte Gazzanigas Team aus Ergebnissen der Gehirnforschung ein Modell, wie automatisch arbeitende, parallele neuronale Schaltkreise, die mit sozialen Emotionen verbunden sind, Handlungen und Absichten beurteilen und verursachen. Diese Aktivität werde dann bewusst als subjektiver moralischer Sinn für richtig oder falsch erfahren, und ein Interpretationsprozess biete nachträgliche Erklärungen der Handlung an. Moralisches Denken erscheine somit nur als nachträglicher Versuch, Ursachen und Folgen unserer moralischen Intuitionen zu erklären, wozu das Gehirn alle verfügbaren Informationen der Situation heranziehe (Funk und Gazzaniga 2009; Gazzaniga und Miller 2009).

――――― ?

Hat die Gehirnforschung damit empirisch nachgewiesen, was psychologische Theorien schon ahnten?

Ja, scheinbar vernünftige Begründungen – Rationalisierungen – sind in der Psychologie alte Bekannte. Die Psychoanalytikerin Anna Freud (1980, S. 191 ff.) hatte im Anschluss an ihren Vater Sigmund Freud (1976, S. 266) die Theorie der Abwehrmechanismen ausgebaut, wozu sie auch die Rationalisierung zur Bewältigung psychischer Konflikte zählte: Aus unbewussten Impulsen motiviertes Verhalten wird nachträglich als vernünftig geplant vorgeführt. Das ist schon bei schwachen psychischen Konflikten zu beobachten, wenn es etwa gilt, widersprüchliche Wahrnehmungen zu überbrücken, unserem für andere Menschen merkwürdigen Verhalten nachträglich Sinn zu verleihen oder uns als konsistent Handelnde darzustellen. Derartige Erzählungen zur Selbsterklärung und -rechtfertigung (*accounts*) sind ständige Begleiter unserer täglichen Kommunikation (Scott und Lyman 1968).

Auch die Soziologie huldigte lange Zeit wie ihre Eltern Philosophie und Ökonomie einem Menschenbild, das Vernunft, Werte und Normen als handlungsleitend annahm. Später erlaubte sie zaghaft noch ein paar Emotionen (vgl. Wahl 2000). Dann entdeckte etwa zur gleichen Zeit wie Freud der italienische Wirtschaftswissenschaftler und Soziologe Vilfredo Pareto (1962) Rationalisierungen nicht nur in der Psyche von Individuen, sondern auch in ganzen Gesellschaften und Kulturen. Leider benutzte er recht verwirrende Begriffe, und seine Theorie geriet in Vergessenheit. Im Kern ging es ihm darum, dass Menschen von Instinkten und Gefühlen geleitet seien. Die Gesellschaft überforme diese grundlegenden Kräfte (bei Pareto „Residuen") aber in ihren Glaubenssystemen durch pseudologische Erklärungen (bei Pareto „Derivationen"). „Nichtlogische" Handlungen würden auf gesellschaftlich-kultureller Ebene durch logische Erklärungen gedeutet – die gesellschaftliche Parallele zu den individuellen Rationalisierungen.

Pareto (1962; Wahl 2000, S. 151 ff.) sah vor allem in der politischen und religiösen Rhetorik viele pseudologische Argumente. Er liefert auch Beispiele für die Vielfalt oder Beliebigkeit des ethischen Überbaus über einfachen moralischen Normen: „Ein Chinese, ein Mohammedaner, ein calvinistischer Christ, ein Katholik, ein Kantianer, ein Hegelianer, ein Materialist lehnen alle gleicherweise das Stehlen ab, aber jeder gibt für sein Verhalten eine unterschiedliche Begründung. Es sind Derivationen, die ein Residuum, das in allen vorhanden ist, mit einer Schlussfolgerung verknüpfen, die alle akzeptieren" (Pareto 1962, S. 104). Verallgemeinert deutet das auf einen über viele Kulturen und Zeiten hinweg geltenden Kernbereich von Sozialregeln, Moral und Werten, der in sehr unterschiedlichen Glaubenssystemen, Weltanschauungen oder Rationalisierungen verkleidet daherkommt. Paradoxerweise werden trotz des gemeinsamen Kerns die kulturellen Differenzierungen zur Rechtfertigung ideologischer Kämpfe und verlustreicher Kriege benutzt. Auch manche neueren Soziologen räumen ein, dass Vernunft, Wille, Gefühl usw. nur nachträgliche Interpretationen neurologischer Operationen, aber nicht ausschlaggebende Ursache menschlichen Verhaltens seien (Luhmann 1997, S. 25, Fußnote 15).

Denk- und Glaubenssysteme oder Ideologien gehen also dem entsprechenden Verhalten nicht unbedingt voraus. Sie folgen ihm oft und legitimieren es. Das zeigt nicht nur der zeitliche Kurzbereich wie bei den Experimenten Gazzanigas, sondern auch der Lebenslauf. Längsschnittstudien stellten fest, dass ein kleiner Prozentsatz von Kindern und Jugendlichen (insbesondere Jungen) von der frühen Kindheit bis ins Erwachsenenalter ziemlich durchgängig aggressiv ist (Wahl und Metzner 2012). Ein Teil dieser anhaltend Aggressiven, oft Mehrfach- oder Intensivgewalttäter, übernimmt etwa ab der Pubertät, wenn ihr politisches Bewusstsein beginnt, eine dazu passende Ideologie wie Rassismus oder Rechtsextremismus. Das dient ihnen als politische Rechtfertigung für das Ausleben ihrer Gewaltbereitschaft. Wie wenig solche Ideologien allerdings ihre Aggressivität „erklären", zeigt sich darin, dass ein Großteil dieser „politischen" Täter zuvor schon ganze Listen „unpolitischer" Delikte begangen hat, die also andere als ideologische Ursachen haben mussten (Wahl 2003; Wahl 2007).

Fazit

Die Forschung hat Zusammenhänge zwischen (teils ererbten, teils erworbenen) psychologischen Persönlichkeitseigenschaften einerseits und individuellen Wünschen bzw. Werten (B), politischen Neigungen und dem Wahlverhalten andererseits festgestellt. Dabei geht die vorherrschende Verursachungsrichtung von den ersteren zu letzteren.

Die Zusammenhänge zwischen allgemeinen Werten oder Einstellungen von Menschen und ihrem tatsächlichen Verhalten sind meist relativ schwach. Stattdessen hat die neurologische und psychologische Forschung andere Kräfte aufgedeckt, die unser Verhalten häufiger und stärker motivieren. Dies sind rasche, unbewusst-spontane, moralisch relevante Emotionen und Intuitionen. Sie sind zeitlich bereits wirksam, bevor bewusste moralische Gedanken, Werte oder (vermeintlich freie) Willensentscheidungen nachhinken und die Spontanentscheidung nachträglich begründen (rationalisieren). Ausnahmen können wenige, vor allem lebens(lauf)wichtige Entscheidungen sein, bei denen wir Gründe und Werte bewusster abwägen.

Auch in den Biografien von Kindern und Jugendlichen ist zu beobachten, wie früh entwickelte Verhaltensneigungen später, z. B. durch Ideologien, rationalisiert und subjektiv legitimiert werden: Die entsprechenden Werte gehen dem Verhalten nicht voraus, sie folgen ihm.

Literatur

Ajzen, I. (1991). The theory of planned behavior. *Organizational behavior and human decision processes, 50*(2), 179–211.

Alford, J. R., Funk, C. L., & Hibbing, J. R. (2005). Are political orientations genetically transmitted? *American Political Science Review, 99*(2), 153–167.

Bardi, A., & Schwartz, S. H. (2003). Values and behavior: Strength and structure of relations. *Personality and Social Psychology Bulletin, 29*(10), 1207–1220.

Berkum, J. J. A. van, et al. (2009). Right or wrong? The brain's fast response to morally objectionable statements. *Psychological Science, 20*(9), 1092–1099.

Bilsky, W., & Schwartz, S. H. (1994). Values and personality. *European Journal of Personality, 8*, 163–181.

Block, J., & Block, J. H. (2006). Nursery school personality and political orientation two decades later. *Journal of Research in Personality, 40*, 734–749.

Bornstein, R. F., & Pittman, T. S. (Hrsg.). (1992). *Perception without awareness: Cognitive, clinical, and social perspectives*. New York: Guilford.

Bunselmeyer, E., & Holland-Cunz, M. (2013). Für wen die Verantwortung zählt. Was Deutschlands Entscheidungsträgern wichtig ist und was sie antreibt. *WZB Mitteilungen, 141*, 36–39.

Caprara, G. V., Schwartz, S., Capanna, C., Vecchione, M., & Barbaranelli, C. (2006). Personality and politics: Values, traits, and political choice. *Political Psychology, 27*(1), 1–28.

Cela-Conde, C. J. (2013). Dynamics of brain networks in the aesthetic appreciation. *Proceedings of the National Academy of Sciences, 110*(Supplement 2), 10454–10461.

Cushman, F., & Young, L. (2011). Patterns of moral judgment derive from nonmoral psychological representations. *Cognitive Science, 35*(6), 1052–1075.

Damasio, A. (2005). The neurobiological grounding of human values. In J.-P. Changeux, A. R. Damasio, W. Singer, & Y. Christen (Hrsg.), *Neurobiology of human values* (S. 47–56). Berlin: Springer.

Dinh, J. E. et al. (2012). *Implicit and explicit values as a predictor of ethical decision-making and ethical behavior*. Proceedings of the New Frontiers in Management and Organizational Cognition Conference. Maynooth: National University of Ireland.

Eccles, J. C. (1994). *Wie das Selbst sein Gehirn steuert*. München: Piper.

Einolf, C. J. (2010). Does extensivity form part of the altruistic personality? An empirical test of Oliner and Oliner's theory. *Social Science Research, 39*, 142–151.

Eisenberg, N., Losoya, S., & Spinrad, T. (2007). Affect and prosocial responding. In J. Th Oord (Hrsg.), *The altruism reader: Selections from writings on love, religion, and science* (S. 285–312). West Conshohocken, PA: Templeton Foundation Press.

Felsen, G., & Reiner, P. B. (2011). How the neuroscience of decision making informs our conception of autonomy. *American Journal of Bioethics, Neuroscience, 2*(3), 3–14.

Fishbein, M., & Ajzen, I. (2011). *Predicting and changing behavior. The reasoned action approach.* New York: Psychology Press.

Fraley, R. C., Griffin, B. N., Belsky, J., & Roisman, G. I. (2012). Developmental antecedents of political ideology. A longitudinal investigation from birth to age 18 years. *Psychological Science, 23*(11), 1425–1431.

Freud, A. (1980). *Die Schriften der Anna Freud* Bd. 1. München: Kindler.

Freud, S. (1976). *Gesammelte Werke* Bd. VI. Frankfurt a. M.: Fischer.

Funk, C. M., & Gazzaniga, M. S. (2009). The functional brain architecture of human morality. *Current Opinion in Neurobiology, 19*, 678–681.

Gazzaniga, M. S. (1985). *The social brain. Discovering the networks of the mind.* New York: Erlbaum.

Gazzaniga, M. S. (2000). Cerebral specialization and interhemispheric communication: Does the corpus callosum enable the human condition? *Brain, 123*(7), 1293–1326.

Gazzaniga, M. S. (2009). Two brains – my life in science. In P. Rabbitt (Hrsg.), *Inside psychology. A science over 50 years* (S. 103–118). New York: Oxford University Press.

Gazzaniga, M. S., & Miller, M. B. (2009). The left hemisphere does not miss the right hemisphere. In S. Laureys, & G. Tononio (Hrsg.), *The Neurology of Consciousness. Cognitive Neuroscience and Neuropathology* (S. 261–270). London: Academic Press.

Haidt, J. (2001). The emotional dog and its rational tail: A social intuitionist approach to moral judgement. *Psychological Review, 108*(4), 814–834.

Hume, D. (1777/2003). *Eine Untersuchung über die Prinzipien der Moral.* Hamburg: Meiner.

Jotterand, F., & Giordano, J. (2011). Transcranial magnetic stimulation, deep brain stimulation and personal identity: Ethical questions, and neuroethical approaches for medical practice. *International Review of Psychiatry, 23*(5), 476–485.

Kohlberg, L. (1995). *Die Psychologie der Moralentwicklung.* Frankfurt a. M.: Suhrkamp.

Lewis, G. J., & Bates, T. C. (2011). From left to right: How the personality system allows basic traits to influence politics via characteristic moral adaptations. *British Journal of Psychology, 102*(3), 546–548.

Libet, B. (1985). Unconscious cerebral initiative and the role of conscious will in voluntary action. *Behavioral and Brain Sciences, 8*(4), 529–539.

Luhmann, N. (1997). *Die Gesellschaft der Gesellschaft.* Frankfurt a. M.: Suhrkamp.

Masling, J. M., et al. (1991). Perception without awareness and electrodermal responding: A strong test of subliminal psychodynamic activation effects. *Journal of Mind and Behavior, 12*(1), 33–47.

Nichols, S. (2004). The folk psychology of free will: Fits and starts. *Mind & Language, 19*(5), 473–502.

Nida-Rümelin, J. (2005). *Über menschliche Freiheit.* Stuttgart: Reclam.

Olver, J. M., & Mooradian, T. A. (2003). Personality traits and personal values: a conceptual and empirical integration. *Personality and Individual Differences, 35*(1), 109–125.

Pareto, V. (1962). *System der allgemeinen Soziologie*. Hrsg. G. Eisermann. Stuttgart: Enke.

Phelps, E. A., & LeDoux, J. E. (2005). Contributions of the amygdala to emotion processing: From animal models to human behavior. *Neuron, 48*(2), 175–187.

Piaget, J. (1983). *Das moralische Urteil beim Kinde*. Stuttgart: Klett-Cotta.

Pizarro, D. (2011). Why Neuroscience Does Not Pose a Threat to Moral Responsibility. *AJOB Neuroscience, 2*(2), 1.

Roccas, S., Sagiv, L., Schwartz, S. H., & Knafo, A. (2002). The Big Five personality factors and personal values. *Personality and Social Psychology Bulletin, 28*(6), 789–801.

Rokeach, M. (1973). *The nature of human values*. New York: Free Press.

Roth, G. (1997). *Das Gehirn und seine Wirklichkeit. Kognitive Neurobiologie und ihre philosophischen Konsequenzen*. Frankfurt a. M.: Suhrkamp.

Roth, G. (2001). *Fühlen, Denken, Handeln. Wie das Gehirn unser Verhalten steuert*. Frankfurt a. M.: Suhrkamp.

Roth, G. (2007). Gehirn: Gründe und Ursachen. *Deutsche Zeitschrift für Philosophie*, Sonderband 15, 171–185.

Roth, G. (2009). Willensfreiheit und Schuldfähigkeit aus der Sicht der Hirnforschung. In G. Roth, & K.-J. Grün (Hrsg.), *Das Gehirn und seine Freiheit. Beiträge zur neurowissenschaftlichen Grundlegung der Philosophie* (S. 9–28). Göttingen: Vandenhoeck & Ruprecht.

Satow, L. (2012). *Big-Five-Persönlichkeitstest (B5 T): Test und Skalendokumentation*. www.drsatow.de/tests/persoenlichkeitstest.html. Zugegriffen: 6.12.2013

Schoen, H. (2012). Persönlichkeit, politische Präferenzen und politische Partizipation. *Aus Politik und Zeitgeschichte, 62*(49–50), 47–52.

Schulz, K. (2011). *Moralische Emotionen*. Diss., Fakultät für Human- und Sozialwissenschaften der Technischen Universität Chemnitz. Chemnitz.

Schwartz, S. H. (2009). *Basic human values*. Vortrag bei Cross-national comparison seminar on the quality and comparability of measures for constructs in comparative research: Methods and applications. Bozen 10.–13. Juni 2009. http://ccsr.ac.uk/qmss/seminars/2009-06-10/documents/Shalom_Schwartz_1.pdf. Zugegriffen: 6.12.2013

Schwartz, S. H., & Bilsky, W. (1987). Toward a universal psychological structure of human values. *Journal of Personality and Social Psychology, 53*(3), 550–562.

Scott, M. B., & Lyman, S. M. (1968). Accounts. *American Sociological Review, 33*(1), 46–62.

Singer, W. (2002). *Der Beobachter im Gehirn. Essays zur Hirnforschung*. Frankfurt a. M.: Suhrkamp.

Singer, W. (2005). Codierte Freiheit. Interview in 3Sat, 17.12.2005.

Smith, P. K., & McCulloch, K. (2012). Subliminal perception. In V. S. Ramachandran (Hrsg.), *Encyclopedia of human behavior* (S. 551–557). London: Elsevier.

Soon, C. S., Brass, M., Heinze, H.-J., & Haynes, J.-D. (2008). Unconscious determinants of free decisions in the human brain. *Nature Neuroscience, 11*(5), 543–545.

Tetens, H. (2004). Willensfreiheit als erlernte Selbstkommentierung. Sieben philosophische Thesen. *Psychologische Rundschau, 55*(4), 178–185.

Urban, D., & Mayerl, J. (2013). Politische Einstellungen: Gibt es die denn überhaupt? Warnung vor einer „schlechten" Praxis politischer Einstellungsforschung. In S. I. Keil & S. I. Thaidigsmann (Hrsg.), *Zivile Bürgergesellschaft und Demokratie*. (S. 259–272). Wiesbaden: Springer Fachmedien.

Vecchione, M., Schoen, H., Castro, J. L. G., Cieciuch, J., Pavlopoulos, V., & Caprara, G. V. (2011). Personality correlates of party preference: The Big Five in five big European countries. *Personality and Individual Differences, 51*(6), 737–742.

Voland, E. (2007). Wir erkennen uns als den anderen ähnlich. Die biologische Evolution der Freiheitsintuition. *Deutsche Zeitschrift für Philosophie, 55*(5), 739–749.

Wahl, K. (2000). *Kritik der soziologischen Vernunft. Sondierungen zu einer Tiefensoziologie.* Weilerswist: Velbrück Wissenschaft.

Wahl, K. (Hrsg.). (2003). *Skinheads, Neonazis, Mitläufer. Täterstudien und Prävention.* Opladen: Leske + Budrich.

Wahl, K. (2006). Das Paradoxon der Willensfreiheit und seine Entwicklung im Kind. *Diskurs Kindheits- und Jugendforschung, 1*(1), 117–139.

Wahl, K. (2007). *Vertragen oder schlagen? Biografien jugendlicher Gewalttäter als Schlüssel für eine Erziehung zur Toleranz in Familie, Kindergarten und Schule.* Mannheim: Cornelsen Scriptor.

Wahl, K. (2013). *Aggression und Gewalt. Ein biologischer, psychologischer und sozialwissenschaftlicher Überblick.* Heidelberg: Spektrum Akademischer Verlag.

Wahl, K., & Metzner, C. (2012). Parental influences on the prevalence and development of child aggressiveness. *Journal of Child and Family Studies, 21*(2), 344–355.

Wolf, M.-K. (2012). *Persönlichkeit und Ernährungsverhalten.* Psychologische Diplomarbeit. Universität Wien.

5

Wie kultiviert die Gesellschaft Werte und Normen?

5.1 Soziale Erfahrungen als Wertelieferant? – *Tradierung und Wandel von Werten*

Bislang ging es um die individuelle Entwicklung und Übernahme von Werten. Doch wie etablieren und verändern ganze Gesellschaften ihre Werte und Moralvorstellungen? Der amerikanische Soziologe Talcott Parsons (1951, S. 12) beschrieb einen Wert als Element eines mit anderen Menschen geteilten Systems von Symbolen, das als Auswahlkriterium oder -standard zwischen den in einer Situation möglichen alternativen Orientierungen diene. Oft behandelt die Soziologie dieses gesellschaftliche Orientierungsystem auch als kollektiven Verbund von „Werten und Normen". Formal könnte man Normen als (an Werten ausgerichtete) Verhaltenserwartungen definieren, deren Formulierung und Verbindlichkeit von privaten Erwartungen bis zu staatlichen Gesetzen reichen. Ihre Beachtung wird bei uns durch Belohnungen (Anerkennung, Lohn usw.) und Bestrafungen (Tadel, Freiheitsstrafe usw.) reguliert. Daneben gibt es Normen ohne klaren Wertbezug, z. B. technische Vorschriften.

Zur gesellschaftlichen Entstehung und Veränderung der Werte (A) und (B) (Wertewandel) bietet die Soziologie unterschiedliche Theorien. Manche Autoren räumen ein, dass Werte in der biologischen Evolution wurzelten, darüber hinaus werden historische oder aktuelle soziale Bedingungen wie Klasse, Rasse, Religion, Arbeitsteilung und gesellschaftliche Differenzierung genannt (Durkheim 1977; Hitlin und Piliavin 2004). Während die Biowissenschaften betonen, dass sich Anpassungen an die Umwelt in der Hundertausende Jahre langen Jäger-Sammler-Zeit stärker in Genen und Gehirnen niederschlugen als Anpassungen in der viel kürzeren Epoche der Agrar- und Städtegesellschaften, heben Sozial- und Kulturgeschichtler die viel raschere kulturelle Evolution hervor. Diese baue eigene Traditionen auf, die der britische Evolutionsbiologe Richard Dawkins (1976) mit dem Begriff „Meme" bezeichnete, als Wortkombination vom englischen *gene* („Gen") und griechischen μίμημα (*mimema*, „Nachahmung"). Die Meme (Ideen, Moden usw.) würden als kulturelle Ele-

K. Wahl, *Wie kommt die Moral in den Kopf?*, DOI 10.1007/978-3-642-55407-0_5,
© Springer-Verlag Berlin Heidelberg 2015

mente z. B. mündlich oder schriftlich zwischen den Generationen weitergereicht und könnten ebenfalls Persönlichkeiten prägen.

Gesellschaftliche, familiale und individuelle Erfahrungen können parallel
zur Entwicklung von Werten beitragen. Der Soziologe Hans Joas (2001, S. 30)
nennt „Erfahrungen der Selbstbildung und Selbsttranszendenz", „vom individuellen Gebet bis zur kollektiven Ekstase in archaischen Ritualen oder in
nationalistischer Kriegsbegeisterung". Kollektive Erfahrungen werden auch
als Mythen und Legenden über gewonnene oder verlorene Kriege an spätere
Generationen weitergegeben und bewahren kollektive Emotionen wie Stolz
oder Angst, offensiven oder defensiven Nationalismus auf. Man denke an die
patriotischen Gefühle und nationalen Ideen, die Napoleons Feldzüge in den
zersplitterten deutschen Landen auslösten. Aus soziologischer Sicht könnten
Völker, die unter Invasionen leiden, den Wert der Sicherheit höher schätzen
als weniger bedrohte Völker.

Eine biologische, soziologische und psychologische Überlegungen ein-
schließende Theorie zur stufenförmigen Genese von Werten legte der aus
Österreich stammende Wirtschaftswissenschaftler Friedrich Hayek (1979)
vor. Er sah drei Quellen von Werten: Auf der untersten Stufe ein „biogeneti-
sches Potential", das in der langen Stammesgeschichte des Menschen Werte
zur Lebenssicherung (z. B. Nahrungssicherung) hervorgebracht habe. Eine
zweite Stufe umfasse ein „tradigenetisches Potential" von Kulturelementen,
die jede Generation über Lernprozesse an die nächste Generation weiterreiche
(z. B. Sprache). Schließlich wölbe sich darüber ein „ratiogenetisches Potential"
der individuell abwägenden Person (z. B. Vorliebe für eine Automarke). Die
emotionalen Aspekte von Wertungen kommen bei Hayeks Ansatz allerdings
zu kurz.

In seinem Werk *Der Prozeß der Zivilisation* analysierte der Soziologe Norbert Elias (1992) die kulturellen Entwicklungen in Westeuropa innerhalb
von gut einem Jahrtausend (800–1900). Er betont den Einfluss der zunehmenden gesellschaftlichen Differenzierung und wechselseitigen Abhängigkeit
auf die Formung der Persönlichkeiten, die zu mehr Impuls-, Selbst- und
Handlungskontrolle samt Schamgefühlen geführt hätten. Auf eine Kurzfor-
mel gebracht: mehr Zivilisierung und weniger individuelle Gewalt (weil der
Staat ein Gewaltmonopol aufrichtete). Kritisiert wurde an Elias allerdings,
sich nur auf beschränkte Quellen gestützt zu haben (z. B. historische Manie-
ren-Bücher). Auch sogenannte Naturvölker und frühere historische Kulturen
hätten schon erhebliche Zivilisationsleistungen mit Selbstkontrolle geschaffen
(Duerr 1988–2002 ff.).

Eine andere prominente Theorie des Wertewandels stammt von dem amerikanischen Politikwissenschaftler Ronald Inglehart (1979). Für ihn führt der
steigende Wohlstand einer Gesellschaft in einer „stillen Revolution" dazu,

dass weniger materialistische Werte angestrebt werden (z. B. wirtschaftliche Sicherheit, weil sie schon realisiert ist), sondern mehr postmaterialistische Werte (Freiheit, Umweltschutz). Die Materialisten bevorzugten politisch konservative Werte und Religion, die Postmaterialisten dagegen Selbstverwirklichung und liberale Ansichten über Lebensformen. Zahlreiche weitere sozialwissenschaftliche Autoren legten Thesen über den Wertwandel vor, darunter tief pessimistische und konservative, die den Verfall traditioneller Werte wie der Religion oder preußischer Tugenden beklagten und eine allgemeine „Proletarisierung" befürchteten, so die Demoskopin Elisabeth Noelle-Neumann (1978) aufgrund ihrer Umfragen zu Zeiten der Studentenbewegung. Andere kamen aufgrund von Repräsentativumfragen zu positiveren Bildern von jungen Leuten, die Selbstentfaltung gleichzeitig mit konventionellen und prosozialen Werten anstrebten (Gille 2000).

?

Unsere westlichen Werte gelten doch nicht überall?

Andere Länder, andere Sitten. Daher kann man nicht einfach Forschungsergebnisse zu moralischen Einstellungen und Verhaltensweisen aus einem Land auf andere Länder übertragen. Henrich et al. (2010) warnen, es gebe Kulturen mit einer westlichen Moralvorstellung auf der Basis von Gerechtigkeit und der Vermeidung von Leid, aber auch Kulturen, in denen Verpflichtungen gegenüber der Gemeinschaft oder göttlichen Forderungen zentral seien. Ebenso gebe es Unterschiede bei der Verbreitung bestimmter Arten von fairem, kooperativem Verhalten sowie der Bestrafung von Abweichlern in verschiedenen Teilen der Erde. Die meisten Studien wurden in westlichen, relativ gebildeten, industrialisierten, reichen und demokratischen Gesellschaften durchgeführt. Doch diese liegen im Kulturvergleich in manchen Aspekten nur am einen Ende der Skala von Verhaltensmöglichkeiten und sind nicht repräsentativ für die ganze Erde.

Andere Zeiten, andere Sitten. Auch die Verallgemeinerung wissenschaftlicher Resultate über Zeitalter hinweg ist problematisch. Ein Großteil der evolutionstheoretischen Überlegungen zur Entstehung von Werten bzw. Moral beruht auf Forschung über kleine Gemeinschaften, in denen Verwandtschaft und ein direkter Austausch zwischen Personen maßgeblich sind. Das lässt sich nicht ohne Weiteres auf große Gesellschaften übertragen, in denen oft Fremde in Beziehungen zueinander treten, wie beim Abschluss einer Versicherung oder bei einer Warenbestellung im Internet. Doch Menschen verhalten sich auch in Großgesellschaften nur teilweise egoistisch, weil sie wechselseitig vorteilhafte Transaktionen machen. Sogar bei nur einmaligen Begegnungen sind sie meist fair und kooperativ. Henrich et al. (2010) nehmen an, dass sich hierfür in den letzten 10.000 Jahren spezielle Normen und Institutionen entwickelt haben, die das Engagement in große Institutionen wie Märkten und Weltreligionen mit größerer Fairness verbinden, was den Austausch in diesen wirtschaftlichen und sozialen Sphären erleichtert.

Die Wissenschaftler interessierten sich auch für die Rolle des sozialen Ansehens in verschiedenen Gesellschaften. Normverletzer, die ihren Ruf beschädigten, würden bei späteren Interaktionen bestraft, indem sie z. B. benötigte Hilfe nicht bekämen. Die Forschergruppe führte Verhaltensexperimente durch, darunter Diktator- und Ultimatumspiele (Abschn. 3.2), bei denen untereinander unbekannte Spieler Geld aufteilen mussten, um ihre Großzügigkeit, Fairness und ihr Sanktionsverhalten zu messen. Durchgeführt wurden die Experimente in mehr als einem Dutzend Gemeinschaften (in vier Kontinenten) mit unterschiedlichen Wirtschaftsformen, von Jägern und Sammlern bis zu Lohnarbeitern. Das Ergebnis: Je größer die Gemeinde, desto weniger wirksam waren die Reputationssysteme, und die Strafen für Unfairness waren daher stärker.

Die Erfindung des Geldes war grundlegend für die Etablierung von Vertrauen in andere und leichterer Zusammenarbeit in großen, anonymen Gesellschaften. Ein schweizerisch-italienisch-amerikanisches Forschungsteam führte dazu ähnliche Experimente wie Henrichs Gruppe durch. Die Teilnehmer konnten unbekannten anderen Teilnehmern auf eigene Kosten und im Vertrauen, dies später belohnt zu bekommen, helfen. Mit zunehmender Gruppengröße nahmen das Vertrauen und die Kooperation ab. Als dann wertlose Chips ins Spiel gebracht wurden, belohnten die Teilnehmer die von anderen empfangene Hilfe mit Chips und erwarteten im umgekehrten Falle ebenfalls Chips. Das erleichterte die Zusammenarbeit auch in größeren Gruppen, weil die Chips das Vertrauen in die anderen Teilnehmer symbolisierten (Camera et al. 2013) – der Ursprung funktionierenden Geldes.

Lernen wir unsere Werte nicht hauptsächlich in der Familie?

Einerseits sind in der kindlichen Persönlichkeit bestimmte emotionale Wertungen, Reaktionen und Verhaltensweisen angelegt. Andererseits stürmen unzählige Signale aus der Gesellschaft und Kultur auf ein Kind ein. Seine konkreten subjektiven Werte (B) und seine neuropsychologisch verhaltenswirksamen Werte (C) hängen auch von sozial-emotionalen Erfahrungen und kulturellen Angeboten im Sozialisationsprozess ab. Zentral ist dabei anfangs die Familie, aber wichtige Rollen spielen auch die gleichaltrigen Freunde (soziologisch: Peers), Kindertagesstätten, Schulen und Medien. Aus der Fülle der Forschung zu diesem Bereich werden im Folgenden nur einige Beispiele herausgegriffen.

Ob und wie Familienstrukturen und elterliche Erziehungspraktiken die Entwicklung moralischer und politischer Einstellungen ihrer Kinder prägen, wird schon längere Zeit untersucht (Hoffman 1963). Eine klassische Studie begann im Zweiten Weltkrieg in den USA, als sich eine deutsch-österreichisch-amerikanische Forschungsgruppe dafür interessierte, wie Menschen Vorurteile über andere Völker und Gruppen entwickelten. Im Zentrum standen die Ideologien des Nationalsozialismus, Antisemitismus und Ethnozentrismus. Über 2000 Amerikaner wurden hinsichtlich solcher Vorurteilsstrukturen befragt. Diese stark psychoanalytisch ausgerichtete Untersuchung *Die autoritäre Persönlichkeit* belegte für Adorno et al. (1950), dass autoritäre Familienformen bei den Kindern ebenfalls autoritäre Charaktere, Einstellungen und Werte (z. B. Gehorsam, Respekt vor Autoritäten) hervorbrächten, dazu Vorurteile und Feindseligkeit gegen Minderheiten. Allerdings wurden später viele methodische Mängel der Studie kritisiert.

In den USA begann man zu dieser Zeit auch allgemein, Auswirkungen verschiedener Erziehungsstile auf Kinder und Jugendliche zu ermitteln. Allerdings wurden uneinheitlich dimensionierte Stile zugrunde gelegt, z. B. wie weit Eltern ihr Kind überwachen oder es selbst bestimmen lassen, ob sie ihm liebevoll oder ablehnend begegnen. Heute werden vor allem zwei Verhaltensdimensionen der Eltern erfasst: (a) mit der Skala von „Zuwendung, Wärme" bis zu „Ablehnung, Kälte" gegenüber dem Kind, (b) mit der Skala von „Autonomie" bis „Kontrolle" des Kindes. Kreuzt man beide Dimensionen, ergibt das eine Vierfeldertafel mit vier Erziehungsstilen: (1) „autoritär" (hohe Kontrolle, wenig Zuwendung), (2) „vernachlässigend" (niedrige Kontrolle, wenig Zuwendung), (3) „verwöhnend" (niedrige Kontrolle, hohe Zuwendung) sowie (4) „autoritativ" (hohe Kontrolle, hohe Zuwendung). Dieser letzte Stil bekam von Wissenschaftlern die besten Noten, weil er der Forschung zufolge am ehesten zu positiven Entwicklungen der Kinder beitrage (Maccoby und Martin 1983; Walper 2007).

Ein „autoritativer" (nicht autoritärer) elterlicher Erziehungsstils, von anderen Wissenschaftlern ergänzt um einen „induktiven" Stil, bei dem die Eltern auf Machtspiele mit dem Kind verzichten und es auf die Folgen seines Tuns für andere hinweisen, wirkt sich positiv auf moralische Gefühle (Scham, Schuld, Empathie usw.) aus. Auch prosoziale moralische Gedanken der Kinder werden dadurch gefördert (Laible et al. 2008), doch ebenso die Übernahme elterlicher politischer Ideologien (Murray und Mulvaney 2012). Ein Erziehungsstil, der die Autonomie der Kinder unterstützt, ihnen aber auch Strukturen vorgibt, beeinflusst, ob die Kinder moralische Werte verinnerlichen oder nur äußerlich einhalten (Hardy et al. 2008). Emotionale Erfahrungen wie eine schlechte Mutterbeziehung in der Kindheit können im Gegensatz dazu später in hochgehaltende Familienwerte umgemünzt werden (Hechter 1993, S. 15).

Elterliche Werte und Einstellungen wie Religiosität und politische Vorlieben werden von den Kindern und Jugendlichen vor allem dann übernommen, wenn zwischen den Generationen gute emotionale Beziehungen herrschen. Sind die Beziehungen dagegen durch Zurückweisung gekennzeichnet, werden die Zusammenhänge zwischen elterlichen und kindlichen Orientierungen schwächer (Hardy et al. 2011), oder es kommt sogar zu gegenteiligen Vorstellungen, weil die Kinder wegen der emotional negativen Beziehung in Opposition zu den Eltern gehen (Wahl et al. 2001, S. 256 ff.).

Auch die Bindung an die Familie kann mit moralischen Werten zusammenhängen, wie eine Vergleichsstudie in westlichen und asiatischen Ländern ermittelte. Engere Familienbindungen förderten bürgerliche Tugenden (z. B. keinen Steuerbetrug vorzunehmen). Diese Untersuchung zeigte interessanterweise auch, dass im Osten wie im Westen Oberschichtangehörige weniger solche eigentlich „bürgerlichen" Tugenden offenbarten. Dagegen war das Bildungsniveau nur im Westen für die Ausprägung der Tugendhaftigkeit wichtig (Gan et al. 2012).

5.2 Prägen Geschlecht, Bildung, Religion und Geld die Moral? – *Gesellschaftsunterschiede und Werte*

Unterschiede in der gesellschaftlichen Lage sind für viele Anschauungen und Verhaltensweisen verantwortlich. Von den Eltern, der gesellschaftlichen Umgebung und eigenen Leistung beeinflusste materielle Faktoren wie Einkommen und Eigentum, aber auch ideelle Faktoren wie Wissen und Glaube prägen unsere Ansichten und Handlungen.

Gibt es eine weibliche und eine männliche Moral?

Die Forschung hat darauf keine eindeutige Antwort. Biowissenschaftler vermuten angesichts der langen Evolutionsperiode in Jäger-Sammler-Gemeinschaften eine Anpassung des Gehirns an diese Lebensform. Möglicherweise hätten die jeweils bei Männern und Frauen vorwiegenden Aktivitäten auch einige Unterschiede zwischen männlichen und weiblichen Gehirnstrukturen und -funktionen hervorgebracht. Es gibt dazu viele Forschungsergebnisse, die aber so unterschiedlich interpretiert werden wie die Frage, ob das Glas halb voll oder halb leer sei. Die einen stellen große Gemeinsamkeiten des Denkapparats beider Geschlechter heraus, die anderen klare Unterschiede: vom

Volumen bis hin zur Struktur und Funktion etlicher Hirnareale und der von ihnen gesteuerten Verhaltensbereiche, z. B. für Impulskontrolle und Gewalttätigkeit (Lück et al. 2005; Lenroot und Giedd 2010; Hines 2010). Das müssen nicht nur genetisch bedingte Unterschiede sein, denn das Gehirn ist auch plastisch und für Einflüsse der Erziehung und Umwelt offen. Es gibt jedenfalls Hinweise auf etliche Gehirndifferenzen bei Verhaltensweisen, die moralischer Bewertung unterliegen. Beispielsweise können – entgegen dem Klischee – weibliche Gehirne aggressive Impulse stärker beherrschen als männliche (Lück et al. 2005; Wahl 2013, S. 106 f.).

Die Sozialwissenschaften, insbesondere wenn sie von feministischen Wissenschaftlerinnen betrieben werden, betrachten Geschlechterunterschiede bei Werten und Moral als primär kultur- und gesellschaftsbedingt, durch die Sozialisation in Familien, Kindergärten, Schulen und den Medieneinfluss. Die amerikanische Psychologin Carol Gilligan (1984) kritisierte bisherige Theorien zur Entwicklung von Moralvorstellungen ab der Kindheit als männlichkeitsfixiert und nahm markante Geschlechterunterschiede bei diesen Prozessen an: Männern gehe es mehr um das abstrakte Abwägen von Gerechtigkeitsfragen, Frauen eher um konkrete Fürsorge. Allerdings fand die empirische Forschung dann kaum solche Differenzen entlang der Geschlechtsgrenze (Eckensberger 1998, S. 486).

Neuere Studien deuten aber vielleicht doch einige geschlechtsspezifische Varianten moralischer Überlegungen und Verhaltensweisen an: Wer sich besonders stark als Mann fühlt, könnte etwas weniger „moralisch" durch die Welt gehen. Gertrud Nunner-Winkler und ihr Team (Nunner-Winkler et al. 2007) fanden bei männlichen Jugendlichen schwach signifikante Zusammenhänge zwischen einer hohen Identifikation mit dem Geschlecht und niedriger moralischer Motivation, bei weiblichen Jugendlichen gab es das nicht.

Eine andere Studie (Malti und Buchmann 2009) kam zu einem ähnlichen Ergebnis. Die weiblichen Jugendlichen und jungen Frauen hatten eine höhere Motivation, sich in moralischen Dilemmasituationen moralisch und nicht egoistisch zu verhalten, als ihre männlichen Pendants. Ein italienisches Forscherteam (Fumagalli et al. 2010) fand, dass Männer angesichts der bereits beschriebenen moralischen Dilemmata (abwärts rasender Waggon) eher auf den Nutzen ihrer Entscheidungen achteten als Frauen. Weil die Wissenschaftler aber keine geschlechtsspezifische Wirkung kultureller Faktoren wie Bildung oder Religion ausmachen konnten, vermuteten sie unterschiedliche neuronale Mechanismen. Eine mexikanische Studie (Mercadillo et al. 2011) konfrontierte ihre Versuchspersonen mit mitleiderregenden Bildern von Männern und Frauen. Der Blick in die Gehirne der Teilnehmer deckte auf, dass bei den Frauen Bereiche aktiv waren, in denen es um grundlegende emotionale, empathische und moralische Prozesse ging (u. a. Basalregionen, Stirnlappen), bei den Männern nur Hinterhauptlappen und der parahippocampale Gyrus. Die Autoren bieten dazu die Hypothese an, dass dafür in der Evolution unterschiedlich entwickelte Hirnmechanismen (bei Frauen z. B. für das Einfühlen in hilflose Babys) *und* gelernte Fähigkeiten wirksam waren.

Man fand also einige Geschlechterunterschiede bei der Moral, aber sie sind insgesamt nicht allzu groß. Sie kommen wohl aus der Natur *und* der Kultur. Doch über die angeborenen und gelernten Anteile solcher Unterschiede wird wahrscheinlich noch lange geforscht und gestritten.

> **?**
>
> Führen Bildungs- und Einkommensunterschiede Menschen zu verschiedenen Werthaltungen?

Noch weniger als das Geschlecht wirkte sich in einer Längsschnittstudie von Vier- bis 22-Jährigen die soziale Schicht auf die Stärke der moralischen Motivation bei Handlungsentscheidungen aus (Nunner-Winkler 2007). Andere Forscher fanden dagegen, dass Unterschichtangehörige mehr als Angehörige anderer Schichten moralischen Wert auf körperliche und seelische Reinheit legten, bei anderen Werten wie Gerechtigkeit war das nicht der Fall (Horberg et al. 2009). Wichtig scheint auch die Länge der Schulbildung zu sein. Amerikanische Repräsentativerhebungen über 25 Jahre hinweg zeigten: Wer länger Highschool und College besuchte, neigte mehr zu liberalen, egalitären und humanitären Werten (Hyman und Wright 1979).

Was den Einfluss der Institution Schule selbst auf Werte betrifft, sind Wirkungen des Lehrplans, des Lehrpersonals, der Schulkameraden und des Schul- und Klassenklimas möglich. Nach einer schwedischen Studie fehlte den Lehrerinnen und Lehrern professionelles Wissen über Werteerziehung. Werte wurden im Alltagsleben der Schule oft ungeplant und unbewusst vermittelt (Thornberg 2008). Die explizite Werteerziehung durch Schulen hat jedenfalls äußerst wenig Wirkung, wie selbst ein Praxishandbuch zur Werteerziehung des Bayerischen Kultusministeriums feststellt (Multrus 2008, S. 31 f.).

Eine wichtige Sozialisationsagentur für Werte sind auch die Gleichaltrigen (Peers). Die normativen Ansichten dieser Freundesgruppen sind maßgeblich für den eigenen Umgang mit anderen, so der Befund portugiesischer Forscher (Almeida et al. 2009). Freunde weisen oft ähnliche Werte auf (Schmid 2012), was auf solche Einflüsse hindeutet.

Sind moralische und politische Werte eine Frage des Geldes? Ungleichheiten in der Einkommensverteilung in der Bevölkerung hatten nach einer Studie in 34 OECD-Ländern über fast 30 Jahre hinweg keine robusten Wirkungen auf Werte (Bürgertugenden, Gehorsam, Ehrlichkeit, Altruismus, Toleranz). Eine Ausnahme bildete die Arbeitsmoral, die durch Ungleichheiten des monetären und symbolischen Lohns der Arbeit gesteigert zu werden schien, weil diese Lohnart Anreize setzte (Corneo und Neher 2012). Nach den internationalen Daten der Welt-Werte-Erhebung (World Value Survey) waren Personen mit höherem Einkommen bei persönlichen und sexuellen Moralfragen (Scheidung, Abtreibung, Prostitution, Homosexualität usw.) liberaler. Personen mit niedrigem Einkommen waren dagegen nachsichtiger bei Fragen zu unehrlichem und illegalem Verhalten (Steuerbetrug, Bestechung, Schwarzfahren usw.) (Vauclair und Fischer 2011).

?

Eine Gretchenfrage: Macht Religion moralischer?

„Nun sag', wie hast du's mit der Religion? Du bist ein herzlich guter Mann, allein ich glaub', du hältst nicht viel davon", sagt Gretchen zu Faust (Goethe 1869, S. 706). Hängen Moral und Religion nicht immer zusammen?

Die Frage nach dem Wie ist spätestens seit Max Webers (1904/05) Abhandlung *Die protestantische Ethik und der Geist des Kapitalismus* ein Thema der Soziologie. Nach einer amerikanischen Repräsentativerhebung bewerteten religiöse Christen die Werte Seelenheil, Vergeben und Gehorsam höher, Vergnügen, Unabhängigkeit, Intellekt und Logik hingegen niedriger als wenig und nicht Religiöse (Rokeach 1969). Das Ausmaß an Religiosität kann indes nicht nur friedlich stimmen, sondern auch aggressiv: Eine Studie fand, dass größere Religiosität mit stärkerer moralischer Gewissheit einherging. Diese Gewissheit stärkte wiederum den Zusammenhang zwischen Religiosität und der Unterstützung für Kriege, vor allem von religiösen, weniger von geopolitischen Kriegen (Shaw et al. 2011). Es klingt etwas paradox dazu, aber es sind vor allem die Mütter, die ihren Kindern religiöse Werte vermitteln (Dudley und Dudley 1986).

In einem Experiment an der Universität Princeton wurden Theologiestudenten nach Tests zu ihrer Persönlichkeit und Religiosität zur Fortsetzung der Untersuchung einzeln in ein anderes Gebäude geschickt. Für den Weg dorthin wurden zwei Gruppen gebildet, auf die verschiedene Aufgaben im anderen Haus warteten: Einer Teilgruppe wurde angekündigt, dass sie dort über Berufsperspektiven reden sollte, einer anderen Teilgruppe, dass sie über die biblische Geschichte vom barmherzigen Samariter sprechen sollte, die sie vorher zu lesen bekam (Kurzinhalt: Religiöse Amtsträger lassen ein halbtotes Raubopfer am Straßenrand liegen, ein einfacher Mann hilft ihm dann aus Nächstenliebe; Lukas 10, 25–37). Auf dem Weg zwischen den beiden Gebäuden hatten die Forscher die biblische Situation nachgestellt und einen als zusammengesacktes, stöhnendes Opfer verkleideten Schauspieler platziert. Das Ergebnis: Insgesamt halfen ihm nur 40 % der Theologiestudenten. Es machte keinen Unterschied bei der

Häufigkeit des Helfens, ob sie sich gerade mit der Geschichte vom Samariter beschäftigt hatten oder nicht. Die Arten ihrer Religiosität hingen nicht signifikant mit dem Grad der Hilfe zusammen (Darley und Batson 1973).

Die Geschichte vom barmherzigen Samariter wurde also im Experiment bestätigt: Die Beschäftigung mit Theologie (in der Bibel der Priester, im Experiment die Studenten) muss nicht unbedingt zu moralischem Verhalten führen. Zudem sagte die Religiosität allein nicht das Hilfeverhalten voraus.

Die Gesellschaft versucht nicht nur, uns Werte beizubringen. Wirksame Verhaltensmotive entspringen auch unseren Anpassungen an die soziale Umwelt, die dann wieder zur Abgrenzung genutzt werden können. Das erfolgt etwa durch die kulturellen Unterschiede zwischen den Gesellschaftsschichten, die als Prestigewettbewerb mittels der „kleinen Unterschiede" (Bourdieu 1982) im Geschmack und Konsum wirksam werden. Durch Fleischverzicht (der als Tugend gilt) oder den Kauf von teurem Biofleisch (Prestigegewinn) heben sich Akademiker von jenen ab, die beim Discounter Billigfleisch holen (Kofahl 2014).

5.3 Warum reden alle von Werten? – *Von biologischen Bedürfnissen zu gesellschaftlichen Tugenden*

Es bleibt paradox: Eine breite Front von Forschungsergebnissen bezweifelt den Einfluss der idealisierten Werte (A) auf einen Großteil unseres täglichen Verhaltens. Dennoch erschallt aus der Politik, den Kirchen, der Pädagogik und den Medien weiter der Ruf nach diesen Werten. Selbst wenn die Werte (A) kaum eine individuell-psychologische Funktion haben, dann doch eine gesellschaftlich-politisch-symbolische Funktion. Denn bei der Formulierung von Gesetzen, internationalen Abkommen und Parteiprogrammen, bei der Erstellung schulischer Lehrpläne und unternehmerischer Verhaltenskodizes beruft man sich auf sie als religiöse oder verweltlichte Ideale. Vielleicht hat das etwas Beruhigendes, weil es über das Hier und Jetzt hinausreicht – es erinnert an alte magische Rituale, die die Vorstellungen und Normen einer Gruppe an ein Totem, eine symbolische Erinnerung an mythischen Vorzeiten, banden. Soziologisch gesehen ermöglicht die Berufung auf Werte (A) zudem die Einteilung von Menschen in Wir und Andere, Angepasste und Abweichler, Ungefährliche und Gefährliche bzw. Personen, die man sanktionieren, erziehen oder heilen will.

So stellen sich noch einmal folgende Fragen: Wie kam es dazu, dass die Menschheit Werte erfand? Wie konnten aus der ohne Werte und Moral ablaufenden Evolution der Natur schließlich protomoralische und spätestens auf der Entwicklungsstufe des *Homo sapiens* moralische Bewertungen, Handlungsorientierungen und sogar idealisierte Werte (A) entstehen und weitergegeben werden? Welche Funktion haben sie? Wie verhalten sie sich zur tatsächlichen Motivation individuellen Verhaltens? Konkreter gefragt:

- Gibt es biotische menschliche Bedürfnisse, Vorlieben und Verhaltensorientierungen, die sich in der Evolution als bessere Anpassungen an die Umwelt durchsetzten (biologisch grundlegende, „ultimate" Faktoren) und genetisch in Gehirnstrukturen und -prozessen niederschlugen?
- Welche sozial- und kulturgeschichtlichen Entwicklungen formen solche ursprünglichen Verhaltensorientierungen zu einer Moral und schließlich zu anzustrebenden Werten?
- Wie machen Persönlichkeitsentwicklung und Sozialisation aus diesen biotischen und sozialen Prozessen tatsächlich wirksame psychische Verhaltensmotive (direkte, aktuelle, „proximate" Faktoren) mit oder ohne Werte (A)?

Solchen Fragen können wir hier aus Platzgründen nur anhand einer kleinen Auswahl von Tugenden und Werten nachgehen. Doch wie auswählen? Die Autoren der Theorie universaler Werte (B) (Schwartz und Bilsky 1987; Schwartz 2009) stellten fast ein Dutzend kulturübergreifender Motivationsbereiche von Werten auf – zur Erinnerung: Sicherheit, Macht, Genuss usw. (Abschn. 1.3). Zusätzlich kategorisierten sie Werte nach individualistischen und kollektivistischen Interessen, nach Endzielen und vorgelagerten instrumentellen Zielen. Wir könnten die Liste fortsetzen mit einer Vielzahl alter und neuer Tugenden und Werte (Konservativismus, Avantgardestreben, Umweltschutz, „preußische Tugenden" wie Pünktlichkeit usw.). Aber unsere Werteauswahl ist kurz, systematisch, pragmatisch und umfasst drei Komplexe. Der erste beginnt bei den Grundlagen jeglichen Lebens. Die beiden anderen waren in der Geschichte der Philosophie, Theologie und Politik maßgebliche Tugenden bzw. Werte, die in teils veränderter Begrifflichkeit noch heute diskutiert werden:

- der Wert des Lebens und was seiner Aufrechterhaltung dient (Gesundheit, Sicherheit usw.),
- die aus der Antike stammenden aristokratischen Kardinaltugenden Gerechtigkeit, Weisheit, Tapferkeit und Mäßigung,
- das gegen die Aristokratie gerichtete Dreigestirn bürgerlich-politischer Werte der Französischen Revolution: Freiheit, Gleichheit und Brüderlichkeit.

Was ist das Wertvollste im Leben? Das Leben selbst? Die Sicherheit, weil sie Leben
schützt?

Aus der Sicht der Evolution liegt es nahe, mit dem Wert des Lebens selbst
zu beginnen. Ohne Leben brauchen wir ja gar nicht weiterzudenken. Doch
welches Leben ist gemeint? Das Leben des Menschen im biologischen Sinne,
wie es heute in vielen Teilen der Erde im Zentrum der Rettungs- und Ge-
sundheitssysteme steht, die es mit großer Anstrengung und wenig Rücksicht
auf Kosten möglichst erhalten wollen? Das gute, das glückliche Leben, das die
antike Philosophie beschwor, aufgebaut auf menschlichen Vernunfttugenden
und einem vernünftigen Staat? Das christliche Leben, das nicht auf der Erde
enden soll? Das erfüllte Leben nach Ansicht von Sinnverkündern und Esote-
rikern? Das wirtschaftliche abgesicherte Leben des erfolgreichen Sparers? Das
Leben der gesamten Natur, wie es die Ökologen sehen?

An der Basis zumindest vieler weltlicher Lebensbegriffe steht das (gesunde)
Leben des menschlichen Organismus. Die Lebens- und Gesundheitserhaltung war auch Endzweck in der schon erwähnten Theorie Damasios (2005)
über die Entstehung von Werten: Ihr dienen unsere grundsätzlichen biotischen und psychischen Neigungen und Abneigungen, positiven und negativen Emotionen. Diese biopsychischen Bewertungen werden dann von gesellschaftlichen Eliten als Tugenden und Werte glorifiziert und als Prinzipien der
Gesundheits-, Familienpolitik usw. verkündet. Allerdings wird diese Art von
Leben nicht in allen Zeiten, Kulturen und Religionen gleichermaßen wertvoll
gesehen – wie noch heute bei Streitfragen von der Abtreibung bis zur Todes-
strafe.

Für dieses biologisch verstandene Leben lebensnotwendig ist die Erfüllung
von Bedürfnissen nach Sicherheit, Nahrung, Schlaf, Gesundheit und Fortpflanzung. Unser Gehirn tastet dazu dauernd die Umgebung auf Objekte
und Situationen ab, die zur Befriedigung der Bedürfnisse taugen oder diese bedrohen. Vor allem an Emotionsverarbeitung beteiligte Hirnmodule sind
bei diesen Einschätzungen aktiv, d. h. Amygdala, ventromedialer präfrontaler
Cortex und Nucleus accumbens (Ganzel et al. 2010).

Ein Urbedürfnis zur Aufrechterhaltung des Lebens ist die Sicherheit. Zu
den ältesten Mechanismen, die wir aus der Evolution mitbringen, gehört der
Umgang mit Gefahren für unser Leben, unsere Unversehrtheit und Gesundheit. Daher reagieren wir auf Gefahr mit Furcht, bei unmittelbarer Bedrohung
laut Cannon (1915) auch blitzschnell automatisch mit Flucht oder Abwehr
(*flight*, *fight*). Das sind risikovermeidende Mechanismen, die den Körper für
plötzliche Anstrengung aktivieren. Heute zählt man noch weitere Reaktions-
formen dazu, darunter Erstarren oder Totstellen (Wahl 2013, S. 32 f.). Ne-

ben solchen unbewusst ausgelösten Spontanreaktionen auf Gefahren kann der Umgang mit Risiken auch gelernt werden, wie bei kleinen Kindern, die von den Eltern über die Straße geführt werden. Für neuere Risiken fehlen uns teilweise die Sinne (z. B. für Radioaktivität), und man kann ihnen nur durch anspruchsvolle Aufklärung begegnen.

Da wir nicht einsam auf paradiesischen Inseln leben, sondern in nur bedingt friedlichen Gesellschaften, ist Sicherheit nicht nur ein individuelles Bedürfnis, sondern auch ein Ziel von sozialen Gruppierungen bis zu internationalen Gemeinschaften. Das weltpolitisch wichtigste Gremium der Vereinten Nationen nennt sich Sicherheitsrat.

Fazit

Über die in der Evolution entfalteten und bei allen Menschen ähnlichen Grundbedürfnisse und Verhaltensneigungen hinaus haben gesellschaftliche Strukturen (Wirtschaftsformen, Arbeitsteilung, Religionen usw.) und Schichten (nach Bildung, Einkommen, Status) unterschiedliche Werte und Moralen geformt, die mehr oder weniger verändert von Generation zu Generationen weitervermittelt werden. Eine wichtige Rolle bei der Tradierung von Werten spielen Verwandtschaftssysteme und elterliche Erziehungspraktiken. Einige Unterschiede zwischen weiblichen und männlichen Moralorientierungen können zu verschiedenen Anteilen biotischen und kulturellen Ursprüngen zugeschrieben werden.

Nicht nur Individuen, auch Gesellschaften neigen dazu, ihre evolutiv entstandenen ähnlichen Regeln und Normen mit verschiedenen Glaubenssystemen bzw. idealisierten Werten (A) zu legitimieren. Offenbar hat die Werterhetorik (vor allem der Eliten) wichtige symbolische und normative Funktionen: zum einen die Verankerung der Moral in gleichsam überirdischen Ebenen, zum anderen zur Einteilung vom Menschen angesichts von Werten in Angepasste und Abweichler, in zu Respektierende, zu Behandelnde und zu Bestrafende. Das stabilisiert die Gesellschaftsstruktur – bis eventuell der Wertewandel zu Konflikten und Gesellschaftswandel führt.

Es gibt aber auch – zumindest in unseren Breiten – relativ unstrittige Werte wie das Leben, unsere Sicherheit und andere Elementarbedürfnisse. Auf neue Risiken in modernen Gesellschaften muss man aber erst vorbereiten.

Literatur

Adorno, T. W., Frenkel-Brunswik, E., Levinson, D. J., & Sanford, R. N. (1950). *The authoritarian personality*. Oxford: Harpers.

Almeida, A., Correia, I., & Marinho, S. (2009). Moral disengagement, normative beliefs of peer group, and attitudes regarding roles in bullying. *Journal of School Violence*, *9*(1), 23–36.

Bourdieu, P. (1982). *Die feinen Unterschiede. Kritik der gesellschaftlichen Urteilskraft*. Frankfurt a. M.: Suhrkamp.

Camera, G., Casari, M., & Bigoni, M. (2013). Money and trust among strangers. *Proceedings of the National Academy of Sciences*, *110*(37), 14889–14893.

Cannon, W. B. (1915). *Bodily changes in pain, hunger, fear, and rage: An account of recent researches into the function of emotional excitement*. New York: Appleton.

Corneo, G., & Neher, F. (2012). *Income inequality and self-reported values. Governance and the efficiency of economic systems (GESY)*. Discussion Paper, Bd. 382. Berlin: Freie Universität.

Damasio, A. (2005). The neurobiological grounding of human values. In J.-P. Changeux, A. R. Damasio, W. Singer, & Y. Christen (Hrsg.), *Neurobiology of human values* (S. 47–56). Berlin: Springer.

Darley, J. M., & Batson, C. D. (1973). „From Jerusalem to Jericho": A study of situational and dispositional variables in helping behavior. *Journal of Personality and Social Psychology*, *27*(1), 100–108.

Dawkins, R. (1976). *The selfish gene*. New York: Oxford University Press.

Dudley, R. L., & Dudley, M. G. (1986). Transmission of religious values from parents to adolescents. *Review of Religious Research*, *28*(1), 3–15.

Duerr, H. P. (1988–2002). *Der Mythos vom Zivilisationsprozeß*. 5 Bände. Frankfurt a. M.: Suhrkamp.

Durkheim, E. (1977). *Über die Teilung der sozialen Arbeit*. Frankfurt a. M.: Suhrkamp.

Eckensberger, L. H. (1998). Die Entwicklung des moralischen Urteils. In H. Keller (Hrsg.), *Lehrbuch Entwicklungspsychologie* (S. 475–516). Bern: Huber.

Elias, N. (1992). *Der Prozeß der Zivilisation. Soziogenetische und psychogenetische Untersuchungen*. Frankfurt a. M.: Suhrkamp. 2 Bände

Fumagalli, M., et al. (2010). Gender-related differences in moral judgments. *Cognitive processing*, *11*(3), 219–226.

Gan, S. T., Bomhoff, E. J., & Lee, G. H. Y. (2012). *Family ties and civic virtues. A comparison between the East and the West*. Proceedings of 19th International Business Research Conference 2012. http://dx.doi.org/10.2139/ssrn.2175404. Zugegriffen: 6.12.2013

Ganzel, B. L., Morris, P. A., & Wethington, E. (2010). Allostasis and the human brain: Integrating models of stress from the social and life sciences. *Psychological Review*, *117*(1), 134–174.

Gille, M. (2000). Werte, Rollenbilder und soziale Orientierung. In M. Gille, & W. Krüger (Hrsg.), *Unzufriedene Demokraten. Politische Orientierungen der 16- bis 29-Jährigen im vereinigten Deutschland* (S. 143–203). Opladen: Leske + Budrich.

Gilligan, C. (1984). *Die andere Stimme. Lebenskonflikte und die Moral der Frau*. München: Piper.

Goethe, J. W. (1869). *Goethes sämmtliche Werke* Bd. 1. Stuttgart: Cotta.

Hardy, S. A., Padilla-Walker, L. M., & Carlo, G. (2008). Parenting dimensions and adolescents' internalisation of moral values. *Journal of Moral Education, 37*(2), 205–223.

Hardy, S. A., White, J., Ruchty, J., & Zhang, Z. (2011). Parenting and the socialization of religiousness and spirituality. *Psychology of Religion and Spirituality, 3*(3), 217–230.

Hayek, F. A. (1979). *Die drei Quellen der menschlichen Werte*. Tübingen: Mohr.

Hechter, M. (1993). Values research in the social and behavioral sciences. In M. Hechter, L. Nadel, & R. E. Minod (Hrsg.), *The origins of values* (S. 1–28). New York: de Gruyter.

Henrich, J., Heine, S., & Norenzayan, A. (2010). The weirdest people in the world? *Behavioral and Brain Sciences, 33*, 61–83.

Henrich, J., et al. (2010). Markets, religion, community size, and the evolution of fairness and punishment. *Science, 327*, 1480–1484.

Hines, M. (2010). Sex-related variation in human behavior and the brain. *Trends in cognitive sciences, 14*(10), 448–456.

Hitlin, S., & Piliavin, J. A. (2004). Values: Reviving a dormant concept. *Annual Review of Sociology, 30*, 359–393.

Hoffman, M. L. (1963). Childrearing practices and moral development: Generalizations from empirical research. *Child Development, 34*(2), 295–318.

Horberg, E. J., Oveis, C., Keltner, D., & Cohen, A. B. (2009). Disgust and the moralization of purity. *Journal of Personality and Social Psychology, 97*(6), 963–976.

Hyman, H. H., & Wright, C. R. (1979). *Education's lasting influence on values*. Chicago: University of Chicago Press.

Inglehart, R. (1979). *Die stille Revolution*. Frankfurt a. M.: Campus.

Joas, H. (2001). Wertepluralismus und moralischer Universalismus. In W. Schluchter (Hrsg.), *Kolloquien des Max Weber-Kollegs* (Bd. XV–XXIII, S. 29–49). Erfurt: Universität Erfurt.

Kofahl, D. (2014). Vegetarier sein und trotzdem Fleisch essen (Interview am 9.1.2014). *Süddeutsche Zeitung*. www.sueddeutsche.de/leben/fleischkonsum-in-deutschland-vegetarier-sein-und-trotzdem-fleisch-essen-1.1858833. Zugegriffen: 10.1.2014

Laible, D., Eye, J., & Carlo, G. (2008). Dimensions of conscience in mid-adolescence: Links with social behavior, parenting, and temperament. *Journal of Youth and Adolescence, 37*(7), 875–887.

Lenroot, R. K., & Giedd, J. N. (2010). Sex differences in the adolescent brain. *Brain and Cognition, 72*(1), 46–55.

Lück, M., Strüber, D., & Roth, G. (2005). *Psychobiologische Grundlagen aggressiven und gewalttätigen Verhaltens*. Oldenburg: BIS.

Maccoby, E. E., & Martin, J. A. (1983). Socialization in the context of the family: Parent-child interaction. In P. H. Mussen (Hrsg.), *Handbook of Child Psychology* (Bd. 4, S. 1–101). New York: Wiley.

Malti, T., & Buchmann, M. (2009). Socialization and individual antecedents of adolescents' and young adults' moral motivation. *Journal of Youth and Adolescence, 39*(2), 138–149.

Mercadillo, R. E., Díaz, J. L., Pasaye, E. H., & Barrios, F. A. (2011). Perception of suffering and compassion experience: Brain gender disparities. *Brain and Cognition*, *76*(1), 5–14.

Multrus, U. (2008). Werteerziehung in der Schule – Ein Überblick über aktuelle Konzepte. In Bayerisches Staatsministerium für Unterricht und Kultus (Hrsg.), *Werte machen stark. Praxishandbuch zur Werterziehung* (S. 22–37). Augsburg: Brigg Pädagogik.

Murray, G. R., & Mulvaney, M. K. (2012). Parenting styles, socialization, and the transmission of political ideology and partisanship. *Politics & Policy*, *40*(6), 1106–1130.

Noelle-Neumann, E. (1978). *Werden wir alle Proletarier? Wertewandel in unserer Gesellschaft*. Zürich: Edition Interfrom.

Nunner-Winkler, G. (2007). Development of moral motivation from childhood to early adulthood. *Journal of Moral Education*, *36*(4), 399–414.

Nunner-Winkler, G., Meyer-Nikele, M., & Wohlrab, D. (2007). Gender differences in moral motivation. *Merrill-Palmer Quarterly*, *53*(1), 26–52.

Parsons, T. (1951). *The social system*. New York: Free Press.

Rokeach, M. (1969). Value systems in religion. *Review of Religious Research*, *11*, 3–23.

Schmid, C. (2012). The value „social responsibility" as a motivating factor for adolescents' readiness to participate in different types of political actions, and its socialization in parent and peer contexts. *Journal of Adolescence*, *35*(3), 533–547.

Schwartz, S. H. (2009). *Basic human values*. Vortrag bei Cross-national comparison seminar on the quality and comparability of measures for constructs in comparative research: Methods and applications. Bozen 10.–13. Juni 2009. http://ccsr.ac.uk/qmss/seminars/2009-06-10/documents/Shalom_Schwartz_1.pdf. Zugegriffen: 6.12.2013

Schwartz, S. H., & Bilsky, W. (1987). Toward a universal psychological structure of human values. *Journal of Personality and Social Psychology*, *53*(3), 550–562.

Shaw, M., Quezada, S. A., & Zárate, M. A. (2011). Violence with a conscience: Religiosity and moral certainty as predictors of support for violent warfare. *Psychology of Violence*, *1*(4), 275–286.

Thornberg, R. (2008). The lack of professional knowledge in values education. *Teaching and Teacher Education: An International Journal of Research and Studies*, *24*(7), 1791–1798.

Vauclair, C. M., & Fischer, R. (2011). Do cultural values predict individuals' moral attitudes? A cross-cultural multilevel approach. *European Journal of Social Psychology*, *41*(5), 645–657.

Wahl, K. (2013). *Aggression und Gewalt. Ein biologischer, psychologischer und sozialwissenschaftlicher Überblick*. Heidelberg: Spektrum Akademischer Verlag.

Wahl, K., Tramitz, C., & Blumtritt, J. (2001). *Fremdenfeindlichkeit. Auf den Spuren extremer Emotionen*. Opladen: Leske + Budrich.

Walper, S. (2007). Was die Wissenschaft über Erziehung weiß. In K. Wahl, & K. Hees (Hrsg.), *Helfen „Super Nanny" und Co.? Ratlose Eltern – Herausforderung für Elternbildung* (S. 22–31). Berlin: Cornelsen Scriptor.

Weber, M. (1904/05). Die protestantische Ethik und der Geist des Kapitalismus. *Archiv für Sozialwissenschaften und Sozialpolitik*, *20*(1), 1–54; *21*(1), 1–110.

6

Kardinaltugenden und Werte: Fälle für das Forschungslabor?

6.1 Gerechtigkeit: Eine alte Tugend als Kitt moderner Gesellschaften? – *Vom Tit for Tat zur Fairness*

Nach den grundlegenden Werten des Lebens und der Sicherheit kommen wir nun zu den beiden Wertekatalogen der individuellen Kardinaltugenden und der politischen Programmpunkte der Französischen Revolution. Alle diese Werte wurden historisch wechselnd interpretiert – wie Nietzsche (1888/1967, S. 224) bemerkte, kann man geschichtlich sich wandelnde Begriffe nicht klar definieren. Wir werden sie daher als facettenreiche Ideen nehmen und ihnen pragmatisch aktuelle Entsprechungen zuordnen. Einige Tugenden und Werte stehen in einem gewissen Gegensatz (z. B. Tapferkeit und Mäßigung). Andere Werte verweisen aufeinander, wie im ersten Artikel der Charta der Vereinten Nationen, einer Art Verfassung für die Erde: Der Weltfrieden und die internationale Sicherheit sollen nach den Grundsätzen der Gerechtigkeit und des Völkerrechts bewahrt werden (UNRIC 2013). Im Übrigen tat man sich bei der Gründung der UNO 1945 angesichts des heraufziehenden Kalten Krieges zwischen Ost und West schwer damit, gemeinsame Werte für das internationale Recht zu finden (Grewe 2000, S. 645 ff.).

Zunächst geht unsere Expedition also im Tiefflug durch die biotischen, psychischen, sozialen und kulturellen Urlandschaften, denen die Kardinaltugenden entstammen. Bei Platon (o.J., passim) klang es aus heutiger Sicht merkwürdig: Für ihn war die Gerechtigkeit eine den anderen Tugenden übergeordnete Tugend, die sich in einer harmonisch-maßvollen Seele und in einem Staat mit harmonisch handelnden Ständen ausdrückte. Sein Schüler Aristoteles (1969, V) hörte sich dazu moderner an und schuf Differenzierungen, die noch heute gebräuchlich sind, z. B. die Verteilungsgerechtigkeit (bezüglich der Güter unter den Bürgern); in anderen Dingen blieb er zeitverhaftet (Einstufung von Frauen oder Sklaven).

K. Wahl, *Wie kommt die Moral in den Kopf?*, DOI 10.1007/978-3-642-55407-0_6,
© Springer-Verlag Berlin Heidelberg 2015

Gibt es in der Evolution frühe Anzeichen für Vorstellungen von Gerechtigkeit, Gleichheit und Fairness?

Wenn man von den philosophischen Gedankengebilden zu biologischen Gegebenheiten geht, scheint es auf den ersten Blick in der Tierwelt kaum Indizien für Gerechtigkeit und Gleichheit zu geben. Bei sozial lebenden Tieren findet sich ja allenthalben das Gegenteil, nämlich Rangordnungen, die biologisch durch ihre Funktion zur Vermeidung von Streit um Ressourcen erklärt werden. Interessant wird aber der Blick auf die Menschenaffen.

Ob Menschenaffen ein Gefühl für Gleichheit, Gerechtigkeit oder Fairness haben, kann nach Experimenten mit Schimpansen und Bonobos (Zwergschimpansen) bislang nur zurückhaltend bejaht werden. Es liegen auch widersprüchliche und verneinende Studienergebnisse und Interpretationen vor (Brosnan et al. 2005; Kaiser et al. 2012; Proctor et al. 2013; Prinz 2008). In einem Punkt unterscheiden sich Schimpansen und Menschen jedenfalls: Leipziger Forscher stellten den Tieren und fünf- bis siebenjährigen menschlichen Kindern bestimmte Aufgaben, die nur durch Zusammenarbeit untereinander zu lösen waren und dann zu einer Belohnung führten. Bei den Kindern erhöhte die Erfahrung der Kooperation ein gerechtes Teilen der Belohnung (Murmeln). Bei den Schimpansen gab es dagegen keinen solchen Effekt vorheriger Zusammenarbeit; sie behielten ihre Belohnungen (Trauben) für sich. Möglicherweise hat also Zusammenarbeit in der menschlichen Evolution zu größerer Teilungsgerechtigkeit geführt (Hamann et al. 2011).

Auf der Entwicklungsstufe von Menschen sind jedenfalls in alten und aktuellen Kulturen beim Verhalten untereinander Vorstellungen von Gerechtigkeit zu beobachten. So wird auf die Verhältnismäßigkeit von Handlungen und Sanktionen geachtet (Rai und Fiske 2011), auf Vergleichbarkeit, Fairness und Tit for Tat. Verwandt damit ist das Gleichheitsprinzip (Boehm 2008). Auch die aus alten Quellen stammende goldene Regel „Was du nicht willst, dass man dir tu', das füg' auch keinem andern zu" oder Kants kategorischer Imperativ (Abschn. 1.4), so zu handeln, dass es als Regel für alle gelten könne, wären hier anzuschließen.

Definition

Unter **Tit for Tat** (vom englischen „Wie du mir, so ich dir") wird ein Prinzip des gegenseitigen Verhaltens in sozialen Beziehungen verstanden. Dabei wird zwischen Personen oder Gruppierungen Gleiches mit Gleichem vergolten. Es gibt verschiedene Varianten davon, vom alttestamentarischen, wörtlich verstandenen „Auge um Auge, Zahn um Zahn" bis zum strategischen Verhalten gemäß der modernen Spieltheorie, bei dem ein Spieler die freundlichen und unfreundlichen Spielzüge des Gegenspielers jeweils nachahmt und mit dieser Strategie Erfolg hat.

Um gegenüber anderen Personen gerecht zu handeln, ziehen wir auch Merkmale dieser anderen heran. Unser Verhalten zu ihnen wird u. a. von ihren automatischen und absichtlichen Signalen ausgelöst. Wir stellen eine *theory of mind* über sie auf, d. h. malen uns aus, was in ihrem Bewusstsein vorgeht, was sie über uns selbst denken und welche Strategie sie gegen uns anwenden (Frith und Frith 2010), z. B. ob sie uns gegenüber „gerecht" handeln. Entsprechende Gehirnprozesse finden im oberen temporalen Sulcus (STS) sowie in orbitofrontalen und paracingulären Cortices statt (Haruno und Kawato 2009). Wenn es um das Vertrauen in das Verhalten anderer geht, wird die Amygdala aktiv, wie Experimente mit Spielen ergaben, bei denen man dem Gegner mehr oder weniger vertrauen konnte (Koscik und Tranel 2011). Während eine Einfühlung in die Emotionen von Artgenossen (Empathie) schon bei Menschenaffen auftritt, zeigen erst Menschen (doch hier schon Kleinkinder) eine komplexe *theory of mind*. Allerdings dient dieses Hineindenken in andere keineswegs immer guten Zwecken wie der Gerechtigkeit, sondern kann auch zur Manipulation anderer benutzt werden, indem man ihre Gedanken in eine bestimmte Richtung lenkt (Bischof 2012, S. 191 f.).

Neben dem Hineindenken könnte auch das Einfühlen in die Emotionen anderer (Empathie) vorteilhaft dafür sein, sich gerecht zu verhalten. Ein Experiment am Max Planck-Institut für Ökonomik in Jena ging dem nach. Die Versuchspersonen absolvierten Diktator- und Ultimatumspiele, bei denen es um das Ausmaß der fairen Aufteilung von Geld zwischen den Teilnehmern ging. Dabei fand man nur einen Zusammenhang zwischen der *theory of mind* und dem Grad an fairem Verhalten, nicht aber der Empathie mit Fairness (Artinger et al. 2010). Dennoch bleibt Empathie eine wichtige Voraussetzung für sozialen Umgang miteinander.

Bei verhaltensökonomischen Experimenten wurde auch beobachtet, dass Handlungen von Versuchspersonen, die das Gerechtigkeitsprinzip verletzten (z. B. zu wenige eigene Güter in eine gemeinsame Aktivität einbrachten oder sich Vorteile auf Kosten anderer verschafften), von den anderen Spielteilnehmern bestraft wurden. Das erfolgte sogar, wenn die Bestrafenden dafür zahlen mussten. Doch dieses „altruistische Bestrafen", wie Forscher das nennen, hatte auch eine positive Wirkung: Es förderte die Zusammenarbeit in der Gruppe bzw. der Spieler untereinander (Gresser 2007). Gehirnuntersuchungen zeigten, dass bei solchen Aktionen der Nucleus caudatus (zwischen äußeren und inneren Hirnzonen) aktiv ist (de Quervain et al. 2003).

Wenngleich es also Hinweise auf alte, evolutiv geschaffene Verhaltensneigungen nach dem Prinzip des Tit for Tat bzw. einer wechselseitigen Gerechtigkeit gibt, hat der Forschung zufolge auch die Sozialisation Einfluss auf solches Verhalten. Auch die umgekehrte Neigung zu Dominanz oder hierarchischem Selbstinteresse sind vom elterlichen Erziehungsstil und der Werteweitergabe zwischen den Generationen abhängig (Hadjar et al. 2008).

Etwa im Alter zwischen einem und anderthalb Jahren entfalten Kinder Erwartungen an die gleiche bzw. faire Verteilung von Spielsachen und Naschwerk. Gleichzeitig beginnen sie, Spielzeuge mit anderen zu teilen, was möglicherweise durch Erfahrung gelernt wird, wie mehrere Forscherteams annehmen (Sommerville et al. 2013; van Avermaet und McClintock 1988). Allerdings nimmt mit wachsendem Alter auch ein Verhalten bei Kindern zu, das britische Forscher „strategische Prosozialität" tauften: Fünfjährige Kinder waren nur dann großzügig beim Teilen von Belohnungen mit Freunden, wenn die Empfänger sehen konnten, wie groß die Menge der Belohnungen beim Geber war. Konnten die Empfänger das nicht sehen, verschwand beim Geber die Bereitschaft zum fairen Teilen – weil der Freund nichts über die Größe seines Besitzes wusste, konnte der Geber seinen guten Ruf nicht verlieren (Leimgruber et al. 2012). Wir sind offenbar besonders dann tugendhaft gerecht und großzügig, wenn uns andere dabei zuschauen – das Prinzip der Wohltätigkeitsgalas der Reichen.

6.2 Weisheit: Rückkehr einer altmodischen Tugend? – *Allgemeine, emotionale und soziale Intelligenz*

Dass die klassische Kardinaltugend der Weisheit bzw. Klugheit und ihre modernen Varianten wie Intelligenz, Nachdenklichkeit, Wissen oder Bildung bedeutsame Überlebensvorteile in der Evolution brachten, erscheint offenkundig: Wer mehr davon hatte, konnte wirksamere, umfassendere, schnellere oder komplexere Strategien zur Beschaffung oder Verteidigung von Ressourcen und Sexpartnern anwenden. Über genaue Definitionen von Weisheit, Intelligenz u. Ä. gibt es allerdings einen langen Streit in der Psychologie.

> **Definition**
> Der Begriff der **Intelligenz** wird in der Psychologie unterschiedlich definiert. Im weitesten Sinne geht es um die umfassende kognitive Leistungsfähigkeit, um Erkenntnis-, Denk- und Problemlösungsvermögen. Ein wissenschaftlicher Streitpunkt ist, ob Intelligenz als eine allgemeine Fähigkeit betrachtet werden kann oder als eine Ansammlung spezifischer Fähigkeiten für einzelne Bereiche, z. B. für Logik, räumliche Vorstellung, sprachliches Denken, denen auch unterschiedliche Gehirnmodule zugeschrieben werden können (Hampshire et al. 2012). Für die allgemeine wie für spezifische Intelligenzformen wurden Tests entwickelt, um entsprechende Intelligenzquotienten (IQ) messen zu können.

Die **emotionale Intelligenz** bezieht sich auf das richtige Wahrnehmen und Verstehen eigener Gefühle, auf emotionale Selbstregulierung, Empathie und die Beeinflussung fremder Emotionen (Goleman 1996).
Die **soziale Intelligenz** umfasst die Fähigkeit, sich in der Gesellschaft erfolgreich zu bewegen. Das kann rücksichtsvoll erfolgen, die nutzbringende Zusammenarbeit mit anderen fördern und an Gerechtigkeit und Gleichheit orientiert sein. Aber soziale Intelligenz kann auch negativ gegenüber anderen eingesetzt werden, etwa zu Manipulation, Verführung und Herrschaft.

Zur Evolution von allgemeiner Intelligenz gibt es eine Reihe unterschiedlicher Theorien. Sie reichen von der Vermutung, intelligente Geschlechtspartner seien attraktiver gewesen, weil sie bessere Gene versprachen (biologisch: sexuelle Selektion) bis zum Zusammenwirken von genetischen Faktoren mit Gelerntem über Generationen hinweg (Baldwin-Effekt). Eine wichtige Rolle wird der Zunahme der Gehirngröße im Verlauf der Menschwerdung in verschiedenen Umwelten zugeschrieben. Sie habe differenziertere Denk-, Symbolisierungs-, Kommunikations-, Gedächtnisleistungen und Problemlösungen ermöglicht. Das überproportionale Wachstum vorderer Hirnregionen (präfrontaler und orbitofrontaler Cortex) erlaubte, zuerst nachzudenken, anstatt gleich Impulsen nachzugeben, d. h. eine verbesserte Steuerung des Verhaltens. Vielleicht ermöglichte ein größeres Gehirn auch höherrangige Prozesse wie das Nachdenken über das Denken (Gabora und Russon 2011). Der evolutionäre Vorteil von Intelligenz geht aber nicht nur mit zunehmender Gehirngröße und Neuronendichte (Herculano-Houzel 2012) einher. Es wurden auch Zusammenhänge zwischen Intelligenzquotienten und der Effizienz bestimmter Netzwerke in den Frontal-, Scheitel-, Schläfen- und Hinterhauptlappen aufgedeckt. Intelligentere Personen weisen kürzere Nervenpfade und sogenannte Kleine-Welt-Netzwerke auf, d. h. kurze Verbindungen in Nachbarschaftsnetze und eine rasche Informationsweitergabe (Li et al. 2009; Langer et al. 2012).
Eine besondere Bedeutung für die Evolution der Intelligenz wird auch der zunehmenden Differenzierung der Sprache zugemessen, da sie neue Kulturleistungen, deren Weitergabe und Wissensansammlung ermöglicht habe. Auch Umweltveränderungen könnten zu wachsenden Intelligenzleistungen anregen, etwa beim Klimawandel oder bei großen Seuchen, die neue Lösungen existenzieller Fragen erfordern. Problematische oder überraschende Ereignisse könnten zu neuen Weltanschauungen oder technischen Erfindungen anreizen, die dann kulturell und gesellschaftlich weitergegeben werden (vgl. Gabora und Russon 2011). Ein finsteres Beispiel ist die Geschichte der Aufrüstung: Mit jeder Waffenneuheit beim Gegner wurde die eigene Intel-

ligenz bemüht, den Rüstungswettlauf fortzusetzen. Und wie schwer es die gewachsene Gehirngröße und Intelligenz beim Menschen gegen die von der Nahrungsindustrie trickreich bei uns ausgelösten Lustimpulse haben, zeigt sich beim Versuch, unseren Griff in die Chipstüte zu unterdrücken (Fischer 2012, S. 163).

Macht Intelligenz moralisch?

Auch die emotionale Intelligenz hat evolutionäre Vorteile für soziales Verhalten, da sie situationsangemessene Strategien empfiehlt. Schon Darwin (1872/2006, S. 1369) erkannte den Nutzen des korrekten Lesens der Gefühlsausdrücke anderer, z. B. als Hinweis auf die wahren Absichten des Gegenübers, die von dessen Worten verfälscht sein können. Die Forschung hat auch der emotionalen Intelligenz Gehirnstrukturen zugeordnet. So wurden an einer Stichprobe von Vietnamkriegsveteranen mit verschiedenen Hirnverletzungen Experimente durchgeführt. War ihr dorsolateraler präfrontaler Cortex geschädigt, waren Wahrnehmung und Integration emotionaler Informationen ins Denken geringer (experimentelle emotionale Intelligenz). Wenn ihr ventromedialer präfrontaler Cortex verletzt war, minderten sich ihr Verstehen und Anwenden emotionaler Informationen für den Umgang mit sich und anderen (strategische emotionale Intelligenz) (Krueger et al. 2009). Forschungsbefunde sprechen dafür, dass die emotionale Intelligenz auch durch den Erziehungsstil der Eltern und sozial-emotionale Schulprogramme beeinflusst wird (Alegre 2011).

Die soziale Intelligenz hat einen Doppelcharakter. Sie kann prosozial wirksam werden, um sich in der Gesellschaft rücksichtsvoll, hilfreich und erfolgreich zu bewegen. Aber sie kann auch antisozial eingesetzt werden, um über andere zu herrschen oder sie in eine Richtung zu lenken, die deren Interessen entgegenläuft. Ein Grundproblem der Kooperation ist, vor allem unter Unbekannten, ob es sich mehr auszahlt, bei der Interaktion mit anderen Personen eher egoistisch oder freundlich und kooperativ zu sein. Was mache ich, wenn der andere mir keinen Gefallen tut? Welche Erfolgsstrategie für solche Begegnungen redet mir meine soziale Intelligenz ein? Es gibt Hinweise darauf, wie sich auch unter primär egoistischen Individuen in der Evolution die Kooperation als erfolgreiche, sozial intelligente Strategie durchgesetzt hat.

Der amerikanische Mathematiker und Politikwissenschaftler Robert Axelrod (1984) unternahm dazu interessante Experimente. Mit einem einfachen Modell untersuchte er den Erfolg unterschiedlicher Handlungsstrategien zwischen zwei Personen, die nicht wissen, wie sich das Gegenüber verhalten wird und wann sie sich zum letzten Mal begegnen werden. Im Prinzip lohnt sich für sie egoistisches Verhalten. Was passiert aber, wenn beide Spieler egoistisch sind? Wann lohnt es sich, bei wiederholten Begegnungen egoistisch oder kooperativ zu sein? Axelrods Experiment benutzte das Gefangenendilemma der Spieltheorie. Seine Grundidee: Zwei getrennt untergebrachte Untersuchungshäftlinge können bei ihrer Vernehmung über ihre gemeinsame Straftat den anderen verraten oder schweigen. Verrät dann einer den anderen, verhält er sich also egoistisch, unfreundlich und unkooperativ, bekommt der Verratene eine hohe Haftstrafe. Der Verräter wird freigesprochen. Verraten sich beide gegenseitig, bekommen sie eine mittlere Haftstrafe. Verrät keiner den anderen, sind also beide freundlich, gibt es nur eine geringe Strafe für beide. Der Erfolg und Misserfolg jedes Spielers hängt also von der Entscheidung beider Spieler ab. In entsprechenden Experimenten werden als Belohnung und Strafe meist Geld oder Punkte verwendet. Das Dilemma wird oft wiederholt, d. h., die Spieler treffen immer wieder aufeinander, wissen aber nicht, wann das Spiel endet.

Axelrod veranstaltete einen Wettbewerb, bei dem Spezialisten unterschiedliche Programme für dieses Dilemma-Spiel schrieben, d. h. welche „Spielzüge" die beiden Gefangenen machen sollten (wenn Sie schon gegen einen Schachprogramm in Ihrem Computer gespielt haben, wissen Sie, wie so ein Programm etwa funktioniert). Dann machte Axelrod einen Vergleichstest. Welches Programm war am erfolgreichsten?

Gewinner war die sehr einfache Tit-for-Tat-Strategie: Der Spieler beginnt mit einem freundlichen, kooperativen Spielzug und ahmt anschließend jeweils den Spielzug des Gegenspielers nach. Die Strategie fängt also freundlich an, lässt sich aber Unfreundlichkeit des anderen nicht gefallen, sondern behandelt ihn dann entsprechend. Das erinnert an die in Abschn. 2.3 erwähnten Ergebnisse der Untersuchungen von Tomasello (2009, S. 45), wonach Babys mit natürlichen Altruismus geboren werden und anderen uneigennützig helfen. Doch mit zunehmendem Alter werden die Kinder berechnender, wem und wann sie ihre Hilfe zukommen lassen – eine Strategie, die die Kooperation in Gruppen langfristig fördert.

Auch wenn Axelrods Modellannahmen für manche Situationen lebensfremd erscheinen, im Alltagsleben ergeben sich nachhaltige Lösungen oft nur mit einem Mindestmaß an Zusammenarbeit und bei gebremstem Egoismus – wenn keine zentrale Gewalt die Moral durchsetzt. Selbst bei Tieren, die keine Einsicht in die Folgen ihres Verhaltens haben, hat sich Kooperation als erfolgreiches Muster in der Evolution durchgesetzt. Auch in der internationalen Politik zieht diese Strategie. Sogar vom Stellungskrieg im Ersten Weltkriegs wird über Situationen erzählt, in denen Soldaten beider Seiten, die sich lange Auge in Auge gegenüberlagen, davon profitierten, dass sie gegen die Intentionen ihrer Oberkommandos zeitweilig wechselseitig auf gezieltes Feuer verzichteten (Axelrod 1984). Was sich evolutiv als erfolgreiche Strategie des Soziallebens herausbildete, schlug sich in der sozialen Intelligenz nieder, die auf Kooperation setzt.

Damit produktive Kooperation zustande kommt, scheint es neben solchen Strategien des Vergeltens von Gleichem mit Gleichem und der Verwandten- und Gruppenselektion, die wechselseitige Hilfe fördert, einen weiteren alten Mechanismus zu geben: die Bestrafung von nichtkooperativen Personen durch andere Situationsbeteiligte (Nowak 2006). Für solche Strafaktionen werden sogar eigene Kosten in Kauf genommen – die „altruistische Bestrafung" (Gresser 2007). Zur Einhaltung von moralischen Werten scheinen also auch weniger moralisch erscheinende Mittel sozialer Intelligenz angewandt zu werden. Der lachende Dritte ist das Funktionieren der Gruppe oder der Gesellschaft.

Da viele Studien einen Zusammenhang von Gehirnstrukturen mit dem Intelligenzquotienten (IQ) nachwiesen, Gehirne indes in erheblichem Maße genetisch geprägt sind, könnte das auch für den IQ gelten. Zu dieser Frage gibt es eine langjährige polemische Diskussion, ob die Gene oder die Umwelt wichtiger für die Intelligenzentwicklung seien (vgl. Spinath 2011). In einer niederländischen Zwillingsstudie ging der Zusammenhang zwischen dem Volumen der grauen Hirnsubstanz und der allgemeinen Intelligenz vollständig auf genetische und nicht auf Umweltfaktoren zurück (Posthuma et al. 2002). Toga und Thompson (2005) legten einen breiten Forschungsüberblick vor, nach dem ebenfalls das Volumen der frontalen grauen Substanz (wichtig für das Arbeitsgedächtnis, Exekutivfunktionen und Aufmerksamkeitsprozesse), das stark mit dem IQ korreliert, in hohem Maße genetisch bestimmt war. Doch die Gehirnstruktur und das Cortexvolumen verändern sich auch im Laufe des Lebens. Daher ist die Gehirnstruktur zwar in erheblichem Maße vererbt, aber weder endgültig noch statisch ausgeprägt.

Das legt auch der Forschungsüberblick des Teams um Nisbett (Nisbett et al. 2012) nahe, dem zufolge bei der Adoption von Kindern aus der Arbeiterklasse in Mittelschichtfamilien der Einfluss der sozialen Umwelt auf einen höheren IQ sichtbar wird. Auch der Einfluss der Schule auf die Intelligenz ist erwiesen. Die Wissenschaftler betonen, dass die Verursachungspfeile zwischen intellektuellen Funktionen und Gehirnformen in zwei Richtungen zeigen: Nicht allein die Gehirnmasse macht intelligent, auch das Üben bestimmter Fähigkeiten vergrößert das Volumen bestimmter Gehirnteile.

Dass Wissen und höhere Intelligenz Vorteile im Leben bringen, ein „Wert" sind, sagt also nicht nur der gesunde Menschenverstand, sondern das belegen auch empirische Untersuchungen. Nach Längsschnittstudien fördert neben höherer Intelligenz im Kindesalter auch eine höhere Schulbildung den späteren sozialen Aufstieg (Forrest et al. 2011). Höhere Bildung kann durch größeres Wissen, den Ansehensgewinn oder den durch sie erlangten Beruf zu sozialem Aufstieg verhelfen – allerdings hängt das von weiteren Faktoren wie dem Geschlecht ab (Becker 2007; Kreckel 2008). So ganz scheint der von Schülern gern zitierte Spruch des Seneca (2013, XVII, S. 106, 12) „Nicht für das Leben, für die Schule lernen wir" doch nicht zu stimmen. Doch bringen wohl nicht allein Schulwissen, sondern besonders Zeugnisse und Prestige den Gewinn.

6.3 Tapferkeit: Eine militaristische Untugend? – *Vom klassischen Mut zur modernen Risikobereitschaft*

In Platons (o.J., passim) Idealstaat war die Tugend der Tapferkeit ($\acute{\alpha}\nu\delta\rho\varepsilon\acute{\iota}\alpha$, *andreia*, „Mannhaftigkeit", „Mut") das, was die „Wächter" (Krieger) auszeichnete. Die moderne Psychologie spricht von Risikobereitschaft, die auch Frauen zeigen. Allerdings neigen auch heute Männer in vielen Bereichen stärker zu riskantem Verhalten als Frauen, so das Ergebnis einer Übersicht über 150 einschlägige Studien (Byrnes et al. 1999).

Angesichts des für Lebewesen grundlegenden Sicherheitsbedürfnisses erscheint es erstaunlich, dass sich überhaupt, wenngleich weniger verbreitet, Eigenschaften wie Tapferkeit oder Risikobereitschaft in der Evolution durchgesetzt haben. Tiere und Menschen lebten meist in unsicheren Umwelten, es drohten Verletzungen oder der Tod durch (Fress-)Feinde. Schon bei evolutiv einfachen Organismen ist das Verhalten bei Risiken biotisch vorprogrammiert. Bei Tieren entwickelte sich eine Sensibilität für Gefahren, was ihre Überlebenschancen erhöhte. Zur Risikoabschätzung nähern sich Tiere an riskante Objekte oder Tiere vorsichtig an und inspizieren sie möglicherweise genauer (Blanchard und Blanchard 1989). Falls sie dabei eine Gefahr erkennen, kann ihr Organismus das Furcht-Verteidigungs-Muster anschalten. Höhere Tiere können für solche Entscheidungen auch auf Denk- und Lernprozesse zurückgreifen (Lopes 1987, S. 291).

Bei Menschen sind Tapferkeit und Risikobereitschaft meist begrenzt auf ein nicht lebensgefährdendes Ausmaß – in der Mitte zwischen Angst und Verwegenheit, bemerkte schon Aristoteles (1969, III). Der sein Leben opfernde Held bleibt die Ausnahme, eine sozial weit verbreitete Selbstgefährdung würde sich evolutiv nicht durchsetzen. Gleichwohl erhöht männlicher Mut die Attraktivität für Frauen und damit die männlichen Reproduktionschancen (Jones et al. 2007, S. 439).

Die Prämie der Evolution lag also auf einer „optimalen" Risikobereitschaft zur Erlangung oder Verteidigung von Ressourcen (Trimpop 1994, S. 39), wie sie sich z. B. in erfolgreichen *fight or flight*-Entscheidungen bei Bedrohung äußert. Wer mutiger ist oder gar Risiken sucht, ist weniger an seiner Sicherheit als an der Ausnutzung einer Chance interessiert, einen materiellen oder immateriellen Vorteil gegenüber anderen zu erlangen (Lopes 1987, S. 275).

Wie erfolgt Risikoabschätzung im Gehirn?

In Experimenten mit Affen zeigten Neuronen im hinteren cingulären Cortex die Risikoempfindlichkeit bei Verhaltensentscheidungen an. Dagegen schienen Neuronen des für Sicherheit und Ängstlichkeit wichtigen Dopaminsystems u. a. im ventralen Tegmentum (im Mittelhirn) den Grad an Unsicherheit widerzuspiegeln, ob sie eine Belohnung bekommen. Nur bei großen Menschenaffen einschließlich des Menschen gibt es im Stirnlappen ein evolutiv neues Modul (von Economo-Neuronen). Dessen Aktivität korrelierte bei Experimenten mit Menschen mit Unsicherheit, aber auch mit sozialen Emotionen wie Schuld, Scham oder Empathie (Watson 2008). Risikovermeider zeigen bei der Antizipation eines Risikos u. a. stärkere Reaktionen in den Basalganglien (ventrales Striatum) und im Schläfenbereich (anteriorer Inselcortex) als Risikosucher (Rudorf et al. 2012).

Die Risikobereitschaft wird auch durch den Serotoninpegel einer Person reguliert und dieser wiederum durch eine Variante (Polymorphismus) eines Gens, das für das Enzym Monoaminoxidase A (MAO A) zuständig ist. Der Serotoninpegel hat dann z. B. Konsequenzen für den Grad an Aggressivität, also eine besonders riskante Verhaltensbereitschaft (vgl. Buckholtz und Meyer-Lindenberg 2008).

Wie weit die Risikobereitschaft geht, ist nicht nur von Persönlichkeitseigenschaften, sondern auch von Umgebungsfaktoren abhängig. Das zeigen schon Menschenaffen. Schimpansen leben in einer natürlichen Umwelt, die riskante Strategien zur Nahrungsbeschaffung erfordert, weshalb sie risikobereiter sind als die nahe mit ihnen verwandten Bonobos. Denn Bonobos leben in einer Umwelt, in der die Nahrungsbeschaffung weniger Risikobereitschaft verlangt (Heilbronner et al. 2008; Rosati und Hare 2013). Auch bei Menschen dürfte es je nach den sozialen und ökologischen Bedingungen zu unterschiedlich starken Ausprägungen von Risikobereitschaft kommen. Ein Beispiel wären jugendliche Cliquen in sozialen Brennpunkten, die über weniger materielle und kulturelle Ressourcen (Einkommen, Bildung) verfügen und daher mehr mit körperlichen Eigenschaften und riskanten Aktionen vor anderen zu punkten hoffen. Bei ihnen dürften daher gefährliche Mutproben (illegale nächtliche Autorennen, S-Bahn-Surfen usw.) verbreiteter sein als bei Jugendlichen aus bürgerlicheren Vierteln.

Insgesamt deutet die Forschung an, dass Tapferkeit und Risikobereitschaft von biotischen, psychischen und sozialen Faktoren sowie von der Struktur der Handlungssituation abhängen (Schoemaker 1993). Auch Formen des Lernens können einen gewissen Beitrag leisten. Tapferkeit war nicht nur in der Antike eine vor allem vom Militär geschätzte Tugend. Noch heute ist das Militär an der Lernbarkeit von Tapferkeit bzw. Risikobereitschaft interessiert und lässt dazu forschen. So wurde ermittelt, wie sich bei Soldaten, insbesondere bei Bombenentschärfern, die Furcht durch Training abbauen und dafür Furchtlosigkeit und Tapferkeit aufbauen kann (Rachman 1995). Der alte Spruch des Horaz (Horace o.J., III, 2, 13) „Dulce et decorum est pro patria mori" („Süß und ehrenvoll ist es, für das Vaterland zu sterben") war noch lange Jahre nach dem Zweiten Weltkrieg im Treppenhaus der Münchner Universität zu lesen, und ähnliche Ermunterungen (statt Vaterland kann auch eine Religion stehen) sind heute noch in einigen Ländern üblich.

6.4 Mäßigung: Eine anstrengende Tugend? – *Impuls- und Selbstkontrolle*

Die antike Tugend der Mäßigung, Selbstbeherrschung oder Besonnenheit stand bei Platon (o.J., IV) für eine harmonische Seele. Aristoteles (1969, II und III) sah sie als mittleren Zustand zwischen den Extremen Lust und Unlust. Man muss sich dafür je nach Temperament Zügel anlegen oder antreiben. Die moderne Psychologie spricht von Impuls- oder Selbstkontrolle.

In der Evolution haben Lebewesen viele impulsive, teils affektiv ausgelöste Reaktionen entwickelt, besonders für Situationen, in denen rasches und wirksames Agieren vorteilhaft ist, z. B. bei plötzlicher Gefahr oder bei Konflikten mit Konkurrenten um knappe Ressourcen. Bei Menschen kann impulsives, unüberlegtes Verhalten auch problematische Folgen für sich und andere haben, wie Aggressivität, Drogenkonsum, Esssucht, ungewollte Schwangerschaft usw. (vgl. Baumeister et al. 2007; Wahl 2013, S. 37). Es kann sich also auszahlen, sich und andere nicht durch impulsive und affektgetriebene Reaktionen in bestimmten Situationen zu gefährden, sondern seine Verhaltensimpulse zu zügeln und eine Schleife der Reflexion einzulegen, um optimalere Lösungen des anstehenden Problems zu erreichen.

Das klassische Beispiel liefert Odysseus, der sich vor der Begegnung mit den lebensgefährlichen Sirenen an den Schiffsmast binden ließ, um nicht ihrem betörenden Gesang zu erliegen (Homer 1983, 12, S. 160–164). Der Psychologe und Nobelpreisträger für Wirtschaftswissenschaften Daniel Kahneman (2011, S. 20 ff.) würde in solchen Fällen vom Umschalten von Denkweisen des flinken „Systems 1" (automatisch, schnell, mit angeborenen Anteilen, ohne Willenskontrolle, Eindrücke und Gefühle produzierend) in das langsame „System 2" (bewusst, aufmerksam, vernünftig, geordnete Gedankenschritte) sprechen, wie es z. B. bei wirtschaftlichen Entscheidungen sinnvoll ist.

Die Tugend der Mäßigung ist ein Gegenspieler zur Tugend der Tapferkeit. Bereits die Evolution hat antagonistische neuropsychische Systeme zur Verhaltensregulierung wie Risikobereitschaft *und* Selbst- bzw. Impulskontrolle geschaffen. Schon verschiedene Affenarten unterscheiden sich in Experimenten nach ihrer Befähigung, nicht impulsiv zu agieren, sondern z. B. Fressgelüste aufzuschieben. Das geschieht angepasst an die unterschiedliche Nahrung in ihrer Umwelt: Muss eine Affenart auf essbare Absonderungen von Pflanzen warten, erzieht das zu Geduld. Eine andere Affenart, die rasch bewegliche Insekten frisst, muss sofort reagieren, um satt zu werden (Stevens et al. 2005).

Beim Menschen kann sich der Verzicht auf die impulsiv-sofortige Befriedigung von Wünschen sogar langfristig in einem erfolgreichen Lebenslauf auszahlen. Die Psychologie diskutiert das unter Begriffen wie Selbstkontrolle und Belohnungsaufschub.

Dazu führte eine Forschergruppe um Walter Mischel (Mischel et al. 1988) in den USA das berühmte Marshmallow-Experiment durch: Vorschulkinder wurden der Verführung von Marshmallows ausgesetzt, den dort beliebten Schaumzuckerstückchen. Die Kinder wurden einzeln vor einen Teller mit einem Marshmallow gesetzt. Dann sagte der Versuchsleiter, dass er kurz das Zimmer verlassen müsse und das Kind so lange warten solle. Wenn er zurückkäme, würde das Kind zwei Marshmallows bekommen. Das Kind könne aber auch jederzeit mit einer Glocke den Versuchsleiter zurückholen, doch in diesem Fall würde es nur ein einziges Marshmallow bekommen.

Es gibt Videoaufnahmen aus nachgestellten Experimenten mit wartenden Kindern, einige blicken gespannt und starr auf das Objekt ihrer Begierde, andere schnuppern daran herum, ohne es aufzuessen, wieder andere warten kaum das Ende der Instruktionen der Versuchsleiter ab, um den Marshmallow zu verschlingen (YouTube 2011). Das langfristige Ergebnis des Tests war, dass diejenigen Kinder, die länger als andere auf eine Belohnung warten konnten, zehn Jahre später mehr bildungsmäßige und soziale Kompetenzen aufwiesen. Sie zeigten auch mehr planerisch-rationales Handeln und Fähigkeiten zur Stress- und Frustrationsbewältigung als die ungeduldigen Kinder (Mischel et al. 1988; Shoda et al. 1990).

Eine Abwandlung des Experiments ermittelte noch eine Zusatzbedingung dafür, dass Kinder die Geduld aufbrachten, auf eine größere Belohnung zu warten: Einige Versuchsleiter demonstrierten (als Teil des Experiments) vor dem eigentlichen Marshmallow-Test unterschiedliche Grade ihrer Verlässlichkeit, indem sie den Kindern zuvor versprochene Spielsachen mitbrachten oder nicht mitbrachten. Dementsprechend verhielten sich die Kinder anschließend bei den

Marshmallows: Bei den verlässlichen Versuchsleitern warteten die Kinder mit dem Verzehr signifikant länger auf die Rückkehr des Leiters als bei den nicht verlässlichen. Bei letzteren aßen sie sicherheitshalber die Süßigkeiten bald auf, weil sie den Erwachsenen nicht mehr vertrauten (Kidd et al. 2012). Insofern ist in solchen Situationen nicht nur Selbstkontrolle, sondern auch Vertrauen in die soziale Umwelt dafür entscheidend, ob es sich lohnt, die Befriedigung von Bedürfnissen aufzuschieben. Nicht die Persönlichkeit (oder ihre Werte) allein sind entscheidend, auch andere Menschen: *It takes two to tango.*

Eine mehr als drei Jahrzehnte laufende Untersuchung in Neuseeland sowie eine britische Studie an Zwillingen wiesen ebenfalls nach, wie selbstkontrollierte Kinder später im Leben gesünder, wohlhabender und weniger kriminell waren als Kinder mit weniger Selbstkontrolle. Der Faktor mangelnder Selbstkontrolle schlug in seiner Wirkung etwa ebenso kräftig zu Buche wie schwache Intelligenz oder eine niedrige Sozialschicht (Moffitt et al. 2011). Offenbar ist die Fähigkeit zur Impuls- oder Selbstbeherrschung also eine den Lebenslauf prägende Persönlichkeitseigenschaft.

Dazu passt auch die These von Kriminologen, wonach mangelnde Selbstkontrolle und das Verlangen nach sofortiger Bedürfnisbefriedigung im Extremfall zu kriminellem Verhalten führen können (Gottfredson und Hirschi 1990, S. 89). Im Durchschnitt aber wächst Selbstkontrolle von der Kindheit bis zum Erwachsenenalter; ebenso wachsen die soziale Kontrolle und die Bindung an andere Menschen, Ziele, Aktivitäten und Werte, weshalb die Kriminalität altersbedingt abnimmt. Nur wenige Kriminelle sind lebenslänglich in ihrer Rolle gefangen (Sampson und Laub 1993). Auch hier beeinflussen sowohl Persönlichkeitsaspekte als auch die soziale Umwelt die Tugend der Mäßigung.

Indem die Evolution als Gegenkräfte zu Tapferkeit bzw. Risikobereitschaft uns auch Fähigkeiten zu Antizipation, Impuls- und Selbstkontrolle geschaffen hat, sodass wir zumindest in entspannten Situationen nicht mehr unmittelbar auf Reize reagieren müssen, haben wir die Möglichkeit, auf Vorstellungen wie Ziele, Erwartungen und Werte zurückzugreifen (Goschke 2009, S. 126).

?

Wie stellt sich die Impulskontrolle im Gehirn dar?

Für das Wollen, die Selbstkontrolle und wertgebundene Entscheidungen bei der Motivation unseres Handelns sind insbesondere Teile des präfrontalen Cortex zuständig. In diesen fließen Informationen aus zahlreichen anderen Hirnregionen ein, u. a. aus sinnes- und emotionsverarbeitenden, erregungs- und gedächtnisbezogenen sowie motivationalen Bereichen. Hier werden emotionale Reaktionen, die vom limbischen System ausgehen, gezügelt und alternative Handlungsmöglichkeiten hinsichtlich ihrer Konsequenzen durchgespielt. Allerdings gibt es, wie gezeigt, Situationen bzw. Auslösereize, in denen affektiv ausgelöste Verhaltensreaktionen vorherrschen, z. B. bei unmittelbarer Gefahr (Furcht – Flucht) oder bei großer Lust (Marshmallows – Verzehr). So gesehen dient das Zusammen- bzw. Gegeneinanderspiel von neuronalen Antriebs- und Kontrollsystemen der Optimierung einer überlebensförderlichen Verhaltenssteuerung (Gläscher et al. 2012; Goschke 2009, S. 129 ff.).

Auch die Interaktion zwischen Serotonin und Dopamin im Nucleus accumbens ist für die Impulskontrolle maßgeblich (Winstanley et al. 2005), und sie verbraucht weitere chemische Stoffe. Denn Selbstkontrolle ist ein anstrengender psychischer Akt. Das zeigten Experimente, in denen die bei einer bestimmten Aufgabe ausgeübte Selbstkontrolle anschließend die Selbstkontrolle bei weiteren Aufgaben schwächte, ähnlich einer Muskelermüdung bei körperlicher Anstrengung. Das lag besonders am abgesunkenen Glucosepegel im Blut, sodass das Gehirn mit weniger Energie versorgt wurde (Baumeister et al. 2007).

?

Bekommen wir die Fähigkeit, uns selbst zu kontrollieren, in die Wiege gelegt, oder müssen wir das lernen?

Die Forschung fand, dass die Fähigkeit zur Selbstkontrolle tatsächlich erheblich genetisch geprägt ist, zu einem kleineren Teil aber auch durch den elterlichen Erziehungsstil (Beaver et al. 2009). Daher sind wohl auch einige ungehemmte Verhaltensweisen von Kindern stärker von der (erheblich genetisch geprägten) Persönlichkeit der Eltern abhängig als von deren Erziehungsstil. Das deuten Ergebnisse einer eigenen Längsschnittstudie bei Eltern und Kindern über Ursachen kindlicher Aggressivität an (Wahl und Metzner 2012). Auch weitere soziale und kulturelle Faktoren spielen eine Rolle. So beeinflusst nach einer Metaanalyse verschiedener Studien die Religiosität (auch die der Eltern) die Selbstkontrolle (McCullough und Willoughby 2009).

Schulische Programme können die Selbstkontrolle zur Vorbeugung von Aggression etwas verbessern. Dabei bleiben allerdings die feindseligen Gedanken und negativen Emotionen bestehen, nur können sie besser im Schach gehalten werden, anstatt in Gewalt zu münden (Ronen 2010).

Netterweise hat uns also die Evolution Bremsen für unsere Verhaltensimpulse mitgegeben, sodass wir zumindest in stressfreien Situationen und bei genügend Zeit nicht mehr impulsiv reagieren müssen, sondern unser Handeln im Prinzip an Zielen und Werten orientieren könnten. Doch oft im Leben ist es halt wie bei dem berühmten Frage-und-Antwort-Spiel:

Frage an Radio Eriwan: Wenn mir jemand einen Heiratsantrag macht, sollte ich doch das Für und Wider vor meiner Antwort lange und gut abwägen? Antwort: Im Prinzip ja. Aber dein Gegenüber will die Antwort innerhalb einer Sekunde.

Fazit

Am Beispiel der klassischen philosophischen Kardinaltugenden oder Werte können Entsprechungen aus der modernen Psychologie aufgezeigt werden, die für die Lebensqualität von Individuen und Gesellschaften wichtig sind: Gerechtigkeit hat als soziales Prinzip für den Umgang miteinander vielleicht schon Wurzeln in der Evolution und wird noch heute von uns und anderen erwartet. Weisheit ist heute als allgemeine, emotionale und soziale Intelligenz zur Lebensbewältigung wichtig. Tapferkeit taucht in der modernen Risikobereitschaft auf, die aber durch angemessene Risikoabschätzung ergänzt sein sollte. Mäßigung ist der Vorläufer der Impuls- und Selbstkontrolle und der Forschung zufolge eine nachhaltige Voraussetzung für ein erfolgreiches Leben.

Die alten Tugenden wären also gute Kandidaten für moderne Werte – wenn man diese lehren könnte und wenn sie dann das Verhalten motivieren würden. Doch das ist ja wissenschaftlich zweifelhaft. Eine andere Strategie ist erfolgreicher – davon später mehr!

Literatur

Alegre, A. (2011). Parenting styles and children's emotional intelligence: What do we know? *The Family Journal*, *19*(1), 56–62.

Aristoteles (1969). *Nikomachische Ethik*. Stuttgart: Reclam.

Artinger, F., Exadaktylos, F., Koppel, H., & Sääksvuori, L. (2010). Unraveling fairness in simple games? The role of empathy and theory of mind. *Jena economic research papers*, 2010, 037.

van Avermaet, E., & McClintock, C. G. (1988). Intergroup fairness and bias in children. *European Journal of Social Psychology*, *18*, 407–427.

Axelrod, R. (1984). *The evolution of cooperation*. New York: Basic Books.

Baumeister, R. F., Vohs, K. D., & Tice, D. M. (2007). The strength model of self-control. *Current Directions in Psychological Science*, *16*(6), 351–355.

Beaver, K. M., Schutt, J. E., Boutwell, B. B., Ratchford, M., Roberts, K., & Barnes, J. C. (2009). Affiliation: Results from a longitudinal sample of adolescent twins. Genetic and environmental influences on levels of self-control and delinquent peer. *Criminal Justice and Behavior*, *36*, 41–60.

Becker, R. (2007). Wie nachhaltig sind die Bildungsaufstiege wirklich? *Kölner Zeitschrift für Soziologie und Sozialpsychologie*, *59*(3), 512–523.

Bischof, N. (2012). *Moral. Ihre Natur, ihre Dynamik und ihr Schatten*. Wien: Böhlau.

Blanchard, R. J., & Blanchard, D. C. (1989). Attack and defense in rodents as ethoexperimental models for the study of emotion. *Progress in Neuro-Psychopharmacology & Biological Psychiatry, 13*, 3–14.

Boehm, C. (2008). Purposive social selection and the evolution of human altruism. *Cross-Cultural Research, 42*, 319–352.

Brosnan, S. F., Schiff, H. C., & de Waal, F. B. M. (2005). Tolerance for inequity may increase with social closeness in chimpanzees. *Proceedings of the Royal Society B, 272*, 253–258.

Buckholtz, J. W., & Meyer-Lindenberg, A. (2008). MAOA and the neurogenetic architecture of human aggression. *Trends in Neurosciences, 31*(3), 120–129.

Byrnes, J. P., Miller, D. C., & Schafer, W. D. (1999). Gender differences in risk taking: A meta-analysis. *Psychological Bulletin, 125*(3), 367–383.

Darwin, Ch. (1872/2006). *Gesammelte Werke*. Frankfurt a. M.: Zweitausendeins.

Fischer, J. (2012). *Affengesellschaft*. Berlin: Suhrkamp.

Forrest, L. F., et al. (2011). The influence of childhood IQ and education on social mobility in the Newcastle Thousand Families birth cohort. *BMC Public Health, 11*(1), 895.

Frith, U., & Frith, C. (2010). The social brain: Allowing humans to boldly go where no other species has been. *Philosophical Transactions of the Royal Society B, 365*, 165–176.

Gabora, L., & Russon, A. (2011). The evolution of intelligence. In R. J. Sternberg, & S. B. Kaufman (Hrsg.), *The Cambridge Handbook of Intelligence* (S. 328–350). Cambridge: Cambridge University Press.

Gläscher, J., et al. (2012). Lesion mapping of cognitive control and value-based decision making in the prefrontal cortex. *Proceedings of the National Academy of Sciences, 109*(36), 14681–14686.

Goleman, D. (1996). *Emotionale Intelligenz*. München: Hanser.

Goschke, T. (2009). Der bedingte Wille. Willensfreiheit und Selbststeuerung aus der Sicht der kognitiven Neurowissenschaft. In G. Roth, & K.-J. Grün (Hrsg.), *Das Gehirn und seine Freiheit. Beiträge zur neurowissenschaftlichen Grundlegung der Philosophie* (S. 107–156). Göttingen: Vandenhoeck & Ruprecht.

Gottfredson, M. R., & Hirschi, T. (1990). *A general theory of crime*. Stanford: Stanford University Press.

Gresser, F. N. (2007). *Altruistische Bestrafung*. Diss., Wirtschafts- und Sozialwissenschaftliche Fakultät der Universität zu Köln. Köln.

Grewe, W. G. (2000). *The epochs of international law*. Berlin: de Gruyter.

Hadjar, A., Baier, D., & Boehnke, K. (2008). The socialization of hierarchic self-interest. Value socialization in the family. *Young, 16*(3), 279–301.

Hamann, K., Warneken, F., Greenberg, J. R., & Tomasello, M. (2011). Collaboration encourages equal sharing in children but not in chimpanzees. *Nature, 476*(7360), 328–331.

Hampshire, A., Highfield, R. R., Parkin, B. L., & Owen, A. M. (2012). Fractionating human intelligence. *Neuron, 76*(6), 1225–1237.

Haruno, M., & Kawato, M. (2009). Activity in the superior temporal sulcus highlights learning competence in an interaction game. *The Journal of Neuroscience, 29*(14), 4542–4547.

Heilbronner, S. R., Rosati, A. G., Stevens, J. R., Hare, B., & Hauser, M. D. (2008). A fruit in the hand or two in the bush? Divergent risk preferences in chimpanzees and bonobos. *Biology Letters, 4*(3), 246–249.

Herculano-Houzel, S. (2012). Neuronal scaling rules for primate brains: The primate advantage. In M. A. Hofman, & D. Falk (Hrsg.), *Evolution of the primate brain. From neuron to behavior* (S. 325–360). Amsterdam: Elsevier.

Homer (1983). *Werke in zwei Bänden* Bd. II. Berlin: Aufbau.

Horace (o.J.). *Q. Horati Flacci carminum liber tertius. The Latin Library.* www.thelatinlibrary.com/horace/carm3.shtml. Zugegriffen: 6.12.2013

Jones, B. C., DeBruine, L. M., Little, A. C., Conway, C. A., Welling, L. L. M., & Smith, F. (2007). Sensation seeking and men's face preferences. *Evolution and Human Behavior, 28*, 439–446.

Kahneman, D. (2011). *Thinking, fast and slow.* London: Lane.

Kaiser, I., Jensen, K., Call, J., & Tomasello, M. (2012). Theft in an ultimatum game: Chimpanzees and bonobos are insensitive to unfairness. *Biology Letters, 8*(6), 942–945.

Kidd, C., Palmeri, H., & Aslin, R. N. (2012). Rational snacking: Young children's decision-making on the marshmallow task is moderated by beliefs about environmental reliability. *Cognition, 126*(1), 109–114.

Koscik, T. R., & Tranel, D. (2011). The human amygdala is necessary for developing and expressing normal interpersonal trust. *Neuropsychologia, 49*(4), 602–611.

Kreckel, R. (2008). *Aufhaltsamer Aufstieg. Karriere und Geschlecht in Bildung, Wissenschaft und Gesellschaft. Vortrag anlässlich des 60. Geburtstages von Ursula Rabe-Kleberg, Halle 19.12.2008.* www.soziologie.uni-halle.de/emeriti/kreckel/docs/rakle-txt-kre-download.pdf. Zugegriffen: 6.12.2013

Krueger, F., et al. (2009). The neural bases of key competencies of emotional intelligence. *Proceedings of the National Academy of Sciences, 106*(52), 22486–22491.

Langer, N., Pedroni, A., Gianotti, L. R. R., Hänggi, J., Knoch, D., & Jäncke, L. (2012). Functional brain network efficiency predicts intelligence. *Human Brain Mapping, 33*(6), 1393–1406.

Leimgruber, K. L., Shaw, A., Santos, L. R., & Olson, K. R. (2012). Young children are more generous when others are aware of their actions. *Public Library of Science ONE, 7*(10), e48292.

Li, Y., Liu, Y., Li, J., Qin, W., Li, K., Yu, C., & Jiang, T. (2009). Brain anatomical network and intelligence. *Public Library of Science Computational Biology, 5*(5). doi:10.1371/journal.pcbi.1000395.

Lopes, L. L. (1987). Between hope and fear: The psychology of risk. In L. Berkowitz (Hrsg.), *Advances in experimental social psychology* (Bd. 20, S. 255–296). San Diego: Academic Press.

McCullough, M. E., & Willoughby, B. L. B. (2009). Religion, self-regulation, and self-control: Associations, explanations, and implications. *Psychological Bulletin, 135*(1), 69–93.

Mischel, W., Shoda, Y., & Peake, P. K. (1988). The nature of adolescent competencies predicted by preschool delay of gratification. *Journal of Personality and Social Psychology, 54*, 687–696.

Moffitt, T. E., et al. (2011). A gradient of childhood self-control predicts health, wealth, and public safety. *Proceedings of the National Academy of Sciences, 108*(7), 2693–2698.

Nietzsche, F. (1967/1888). *Werke in zwei Bänden.* 2. Bd. München: Hanser.

Nisbett, R. E., Aronson, J., Blair, C., Dickens, W., Flynn, J., Halpern, D. F., & Turkheimer, E. (2012). Intelligence. New findings and theoretical developments. *American Psychologist, 67*(2), 130–159.

Nowak, M. A. (2006). Five rules for the evolution of cooperation. *Science, 314*(5805), 1560–1563.

Platon (o. J.). *Der Staat.* München: Goldmann.

Posthuma, D., De Geus, E. J. C., Baaré, W. F. C., Hulshoff Pol, H. E., Kahn, R. S., & Boomsma, D. I. (2002). The association between brain volume and intelligence is of genetic origin. *Nature Neuroscience, 5*(2), 83–84.

Prinz, J. J. (2008). Is morality innate? *Moral psychology, 1*, 367–406.

Proctor, D., Williamson, R. A., de Waal, F. B. M., & Brosnan, S. F. (2013). Chimpanzees play the ultimatum game. *Proceedings of the National Academy of Sciences, 110*(6), 2070–2075.

Quervain, J. de, Fischbacher, U., Treyer, V., Schellhammer, M., Schnyder, U., Buck, A., & Fehr, E. (2003). The neural basis of altruistic punishment. *Science, 425*(5688), 785–791.

Rachman, S. (1995). *Development of courage in military personnel in training and performance in combat situations. ARI Research Note* (S. 95–21). Alexandria, VA: United States Army Research Institute for the Behavioral and Social Sciences. www.dtic.mil/dtic/tr/fulltext/u2/a296369.pdf. Zugegriffen: 6.12.2013

Rai, T. S., & Fiske, A. P. (2011). Moral psychology is relationship regulation: Moral motives for unity, hierarchy, equality, and proportionality. *Psychological Review, 118*(1), 57–75.

Ronen, T. (2010). Developing learned resourcefulness in adolescents to help them reduce their aggressive behavior: preliminary findings. *Research on Social Work Practice, 20*(4), 410–426.

Rosati, A. G., & Hare, B. (2013). Chimpanzees and bonobos exhibit emotional responses to decision outcomes. *Public Library of Science ONE, 8*(5). doi:10.1371/journal.pone.0063058.

Rudorf, S., Preuschoff, K., & Weber, B. (2012). Neural correlates of anticipation risk reflect risk preferences. *The Journal of Neuroscience, 32*(47), 16683–16692.

Sampson, R. J., & Laub, J. H. (1993). *Crime in the making. Pathways and turning points through life.* Cambridge: Harvard University Press.

Schoemaker, P. J. H. (1993). Determinants of risk-taking: behavioral and economic views. *Journal of Risk and Uncertanty*, *6*(1), 49–73.

Seneca, L. A. (2013). *Epistulae morales ad Lucilium/Liber XVII – XVIII. Wikisource.* http://la.wikisource.org/wiki/Epistulae_morales_ad_Lucilium/Liber_XVII_-_XVIII#CVI._SENECA_LVCILIO_SVO_SALVTEM. Zugegriffen: 6.12.2013

Shoda, Y., Mischel, W., & Peake, P. K. (1990). Predicting adolescent cognitive and self-regulatory competencies from preschool delay of gratification: Identifying diagnostic conditions. *Developmental Psychology*, *26*(6), 978–986.

Sommerville, J. A., Schmidt, M. F., Yun, J. E., & Burns, M. (2013). The development of fairness expectations and prosocial behavior in the second year of life. *Infancy*, *18*(1), 40–66.

Spinath, F. M. (2011). Psychologische Intelligenzforschung – Provokation und Potenzial. In M. Dresler (Hrsg.), *Kognitive Leistungen. Intelligenz und mentale Fähigkeiten im Spiegel der Neurowissenschaften* (S. 1–22). Heidelberg: Spektrum Akademischer Verlag.

Stevens, J. R., Hallinan, E. V., & Hauser, M. D. (2005). The ecology and evolution of patience in two New World monkeys. *Biology Letters*, *1*(2), 223–226.

Toga, A. W., & Thompson, P. M. (2005). Genetics of brain structure and intelligence. *Annual Review of Neurosciences*, *28*, 1–23.

Tomasello, M. (2009). *Why we cooperate.* Cambridge, MA: MIT Press.

Trimpop, R. M. (1994). *The psychology of risk-taking behavior.* Amsterdam: North-Holland.

UNRIC (2013). *Charta der Vereinten Nationen. San Francisco 26.6.1945.* www.unric.org/de/charta. Zugegriffen: 6.12.2013

Wahl, K. (2013). *Aggression und Gewalt. Ein biologischer, psychologischer und sozialwissenschaftlicher Überblick.* Heidelberg: Spektrum Akademischer Verlag.

Wahl, K., & Metzner, C. (2012). Parental influences on the prevalence and development of child aggressiveness. *Journal of Child and Family Studies*, *21*(2), 344–355.

Watson, K. K. (2008). Evolution, risk, and neural representation. *Annals of the New York Academy of Sciences*, *1128*, 8–12.

Winstanley, C. A., Theobald, D. E. H., Dalley, J. W., & Robbins, T. W. (2005). Interactions between serotonin and dopamine in the control of impulsive choice in rats: Therapeutic implications for impulse control disorders. *Neuropsychopharmacology*, *30*(4), 669–682.

YouTube (2011). *Walter Mischel Marshmallow Experiment.* www.youtube.com/watch?v=IQzM8jRpoh4. Zugegriffen: 6.12.2013

7

Die politischen Werte der Französischen Revolution: Noch aktuell?

7.1 Sind nur die Gedanken frei? – *Von der Freiheit zur Selbstwirksamkeit*

Nach den antiken Tugenden und ihren modernen psychologischen Entsprechungen nun zu neueren und politischen Werten, den in der Französischen Revolution vom Bürgertum angestrebten Leitideen von Freiheit, Gleichheit und Brüderlichkeit (vgl. für das Nachfolgende auch Fraas 1999). Diese Ideen werden noch heute zumindest in der politischen Rhetorik gerne benutzt.

Für die griechischen Philosophen war Freiheit kein großes Thema, sie galt vor allem für die Eliten. Noch über 2000 Jahre lang wurden dann von den Herrschenden Frauen und weitere große Gruppen wie Sklaven und Leibeigene hintangestellt, wenn es z. B. um konkrete Freiheiten der Entscheidung über wichtige Lebensfragen ging. Mehr Gewicht fand die Freiheitsidee im Judentum und Christentum, aber eher innerreligiös als politisch. Der moderne politische Wert der geistigen, rechtlichen, sozialen und wirtschaftlichen Freiheit für größere Teile der Bevölkerung keimte erst während der Aufklärung. Zur Revolutionszeit 1789 bedeutete sie nach Artikel IV der Erklärung der Menschen- und Bürgerrechte, alles tun zu dürfen, was anderen nicht schadet, andres gesagt: möglichst große Chancen zu selbst gewählter Lebensgestaltung und das Fehlen von Zwängen, die dieser im Wege stehen.

Wie bei den vorigen Tugenden und Werten kann auch hier gefragt werden, ob es schon in der Evolution Anläufe zu Formen der Freiheit oder Selbstbestimmung gab. Nach Corning (1995) zeigen schon frühe Lebensformen gewisse Freiheitsgrade: Manche Bakterien, Würmer und Insekten hätten sich an neue Situationen angepasst und „kreative" Lösungen gefunden. Die Evolution schuf dann höhere Grade an Autonomie bei Tieren und Menschen, um selbst Ziele zu bestimmen, Auswahlen zu treffen und die Kontrolle über die Bedingungen auszuüben, die erforderlich sind, um diese Entscheidungen zu

K. Wahl, *Wie kommt die Moral in den Kopf?*, DOI 10.1007/978-3-642-55407-0_7,
© Springer-Verlag Berlin Heidelberg 2015

treffen. So gesehen bietet Selbstbestimmung auch ein Potenzial für Kreativität und Innovation – und könnte selbst zum evolutionären Wandel beitragen. Little et al. (2004) sprechen in diesem Zusammenhang vom *agentic self.*

Selbstbestimmung oder Autonomie ist Teil des Selbstbildes oder „symbolischen Selbst", das u. a. die geistigen Repräsentationen der Merkmale einer Person umfasst und sich wohl seit dem *Homo erectus*, dem direkten Vorgänger des *Homo sapiens*, entwickelt hat. Bereits diese Lebensform hatte angesichts des evolutionären Druckes ökologischer und sozialer Faktoren möglicherweise eine relativ aufwendige Kommunikationsstruktur, die mit der Vorstellung eines Selbst einherging (Sedikides und Skowronski 2003; S. 595 ff.). Heutzutage erscheint *Homo sapiens* als das einzige Lebewesen mit einem symbolischen Selbst.

Psychologen sehen beim modernen Menschen in (tatsächlicher oder empfundener) Autonomie ein Erleben der eigenen Urheberschaft von Verhaltensweisen (Ryan und Deci 2004, S. 8), die subjektive Überzeugung, selbst Ereignisse herbeiführen zu können, und eine „internale Kontrollüberzeugung" *(internal locus of control)* (Rotter 1966). Auch die in Abschn. 4.2 behandelte Vorstellung von freiem Willen wird damit in Verbindung gebracht (Wahl 2006). Überzeugungen von der eigenen Selbstwirksamkeit erleichtern viele Verhaltensweisen und wirken selbstbelohnend, weil sie helfen, das Erstrebte tatsächlich zu bekommen (Bandura 1982). Wer glaubt, seine Affekte selbstwirksam kontrollieren und auf andere einwirken zu können, ist auch hilfreicher gegenüber anderen (prosoziales Verhalten), was im Gegenzug die eigene Lebenssituation beeinflusst (Caprara und Steca 2005). Von ihrer Selbstwirksamkeit überzeugte Menschen beeindrucken auch ihr Gegenüber: In einer Studie zeigten die von einem Einstellungskomitee ausgewählten Bewerber um eine Stelle, bei der unternehmerisches Potenzial gefordert war, nicht nur signifikant mehr Leistungswerte, sondern auch mehr Überzeugungen, Abläufe selbst zu kontrollieren, als die abgelehnten Bewerber (Pandey und Tewary 1979).

Wir produziert das Gehirn das Gefühl, frei zu handeln?

Der Eindruck, die Welt selbst beeinflussen und kontrollieren zu können, hängt also mit dem Gefühl der Freiheit oder autonomen Motivation zusammen, d. h. nicht unter äußerem Druck zu stehen, wenn man sich für eine Handlung entscheidet. Wie wirkt sich solcher Druck aus? Gehirnstudien zeigen, dass Informationen vom Körper und der Außenwelt im sensorischen Cortex gesammelt und von Systemen des Scheitelcortex integriert werden. In der Folge wird in letzterem die Vorstellung produziert, das Subjekt sei von den

Reizen der Außenwelt abhängig, aber der frontale Cortex hemmt den Scheitellappen dabei. Zwischen diesen beiden Aktivitäten besteht bei gesunden Personen ein dynamisches Gleichgewicht. Die Abhängigkeit oder Unabhängigkeit der Person von der Außenwelt ist bei Gesunden also eine Funktion der äußeren Reize und der inneren geistigen Aktivität. Doch Schäden am Frontallappen lassen die Aktivität des Scheitellappens ungehemmt, sodass die Person ganz von den externen Reizen abhängig wird (Lhermitte et al. 1986).

Autonomie als Gefühl, nicht von anderen kontrolliert zu werden, hilft auch, produktiv mit eigenen Fehlern umzugehen. Neurowissenschaftliche Experimente deckten einen entsprechenden Mechanismus auf: Bei Versuchspersonen, die autonom motiviert waren, reagierte der anteriore cinguläre Cortex (ACC), der limbische und präfrontale Hirnregionen verbindet, als eine Hirnstruktur, die Fehler bei den eigenen Leistungen aufdeckte und somit der produktiven Selbstkontrolle diente. Bei nicht autonomen Versuchspersonen konnte ein solcher neuronaler Mechanismus nicht beobachtet werden (Legault und Izlicht 2013).

?

Gibt es auch Kultur- und Erziehungseinflüsse auf Freiheitsgefühle?

Ja, internationale Untersuchungen zeigten Unterschiede im Sozialisationsverhalten von Müttern in Kulturen, die eher die Autonomie betonen (Großstädte, Europa), im Gegensatz zu Müttern in Kulturen, die eher die (verwandtschaftliche) Verbundenheit mit anderen hervorheben (Kleinstädte, Afrika). Dementsprechend waren die Kinder in den autonomeren Kulturen auch eher selbstbezogen und stellten sich in Zeichnungen größer dar als die Kinder der anderen Kulturen (Vieira et al. 2010; Schröder et al. 2011).

Zum Schluss sei aber an die Ausführungen zum freien Willen (Abschn. 4.2) erinnert, wonach unsere alltagspsychologischen Freiheitsvorstellungen aus Sicht vieler Gehirnforscher angesichts der motivationsmächtigen unbewussten Hirnaktivitäten eine Illusion seien. Gleichwohl ist diese Vorstellung im praktischen Leben durchaus wirksam. Sie hat auch den Wert der politischen Freiheit gestützt, wie er in der Geschichte nach und nach, besonders durch den Druck gesellschaftlich unterprivilegierter Gruppen, schrittweise realisiert wurde. Hierbei geht es um den Abbau äußerer Zwänge und die Ermöglichung freier politischer Willensbekundung (freie Meinungsäußerung, Versammlungsrecht, Wahlrecht usw.).

7.2   Alle sind gleich, aber manche gleicher? – *Vom Autoritätsgehorsam zum Gleichheitssyndrom*

Ähnlich wie Freiheit war auch Gleichheit für die antike Philosophie eine auf bestimmte Eliten (Bürger der Polis) begrenzte Idee, die dennoch den frühen Keim zu einer umfassenderen Demokratie barg. Allerdings verdorrte das erste Pflänzlein fast, denn noch für lange Zeiten wurden Menschen nach sozialen, ethnischen, politischen, religiösen und kulturellen Ungleichheiten behandelt. Nur zögerlich und vornehmlich im Westen verbreiteten sich in den sich naturrechtlich legitimierenden Ständegesellschaften Werte wie Gleichheit und Toleranz für andere. Nach und nach wurden Gesellschaftssegmente wie Bürger, Bauern, religiöse Minderheiten, Sklaven, und oft recht spät Frauen und teilweise Kinder zu Trägern gleicher Bürger- und Menschenrechte (Wahl 1989). Die gegen die Privilegien der höheren Stände gerichtete französische Erklärung der Menschen- und Bürgerrechte von 1789 nannte vor allem die Gleichheit vor dem Gesetz, die jedem von Geburt an mitgegeben sei (Déclaration des droits de l'homme et du citoyen de 1789). Die linken Strömungen der Französischen Revolution und später die Sozialisten hoben neben der rechtlichen auch die soziale und ökonomische Gleichheit hervor, die man u. a. mit der Steuergesetzgebung fördern wollte. Konservative, liberale und sozialistische Interpretationen des Gleichheitsbegriffs blieben bis heute nicht deckungsgleich.

Gab es in der Evolution Vorläufer von Gleichheitsbestrebungen?

Wissenschaftler nehmen an, dass in frühen Jäger- und Sammlergruppen eher Sozialstrukturen der Gleichheit (Egalitarismus) herrschten, was sich dann mit der Ausbreitung von Landwirtschaft und Grundbesitz in Richtung Ungleichheit veränderte. In diesen späteren Sozialsystemen haben sich nach Bouchard (2009) mit Ungleichheit verbundene Einstellungsmischungen aus Autoritätsgehorsam, Konservatismus und Religiosität als vorteilhaft bewährt und genetisch verbreitet. Auch in großen Teilen moderner Gesellschaften finden sich noch solche Einstellungsmixturen; sie werden durch Sozialisationsmuster stabilisiert, die den Fortbestand von Ungleichheitsideologien sichern.

Allerdings hat sich gegenüber dieser Verbreitung hierarchischer Sozialstrukturen mit ungleicher Ausstattung an Ressourcen in der Evolution und Geschichte auch eine antiautoritäre Tendenz behauptet. Gavrilets (2012) spricht von einem „Gleichheitssyndrom" als einem Komplex von Denkperspektiven, ethischen Prinzipien, sozialen Normen und Einstellungen, die soziale Gleichheit fördern. Er bezweifelte jedoch, ob die bisherigen Standarderklärungen für Kooperation und Altruismus auch für das Aufkommen solcher Gleichheitsvorstellungen und von Fairness beim Menschen ausreichten, also Gegenseitigkeit, Verwandtschafts- und Gruppenselektion (Hilfe für Blutsverwandte oder Eigengruppe) sowie die Bestrafung von Abweichlern. Daher prüfte er in einer Simulationsuntersuchung ein evolutives Modell, in dem in Gruppen lebende Individuen um Ressourcen und Fortpflanzungserfolg konkurrierten. Das Ergebnis der Studie war, dass die unterschiedlichen Kampfesfähigkeiten der Individuen zu einer Hierarchie führten, in der die Stärkeren den Schwächeren Ressourcen wegnahmen und sich stärker vermehrten. Wenn allerdings dieser Transfer von den Schwächeren zu den Stärkeren unterbunden wurde, profitierten alle Individuen. Diese Wirkung hätte nach Gavrilets zur Evolution einer psychischen Struktur führen können, die die Individuen dazu motivierte, bei Konflikten den Opfern beizustehen. Ein solcher egalitärer Zug hätte die Ungleichheit in der Gruppe dramatisch reduziert und Bedingungen für Mitleid sowie eine Moral der Gleichheit und Kooperation durch Koalitionsbildung geschaffen. Insofern ist das Gleichheitssyndrom auch mit dem politischen Wert Brüderlichkeit (Abschn. 7.3) verwandt.

_____ ? _____

Kann man von allen Menschen erwarten, Gleichheit zu befürworten? Wäre nicht schon Toleranz für andere wohltuend?

Als Vorstufe von Gleichheit kann Toleranz gegenüber anderen Menschen dienen, insbesondere solchen mit anderen Merkmalen. Toleranz hängt von Persönlichkeitsanlagen, Grundüberzeugungen und Umgebungsfaktoren ab. Schon evolutionstheoretische Annahmen über Umweltanpassungen legen nahe: Menschen neigen in einer von ihnen als sicher und vertraut wahrgenommenen sozialen Umwelt eher zu Toleranz gegenüber anderen als in einer unsicheren Umgebung. Wird beobachtet, dass andere Personen gesellschaftliche Normen verletzen, löst das Ängstlichkeit und Intoleranz aus (Marcus et al. 1995). Die kann wiederum ein möglicher Auslöser für „altruistische Bestrafung" sein, bei der der Bestrafende sogar selbst Kosten aufwendet (Gresser 2007).

Auch hier ist zu fragen, ob die Evolution Gehirnstrukturen hervorgebracht hat, in denen Neigungen zu tolerantem, gleichheitsbetonendem oder autoritärem Verhalten zu verorten sind. Man verglich beispielsweise Menschen, die das Gleichheitsprinzip hochhielten, mit anderen, die soziale Dominanz und Hierarchie schätzten. Parallel zu den Einstellungsunterschieden fanden sich unterschiedliche Reaktionen in Gehirnregionen, die mit dem Einfühlen in die Schmerzen anderer verbunden sind (linke vordere Insula, vordere cinguläre

Cortices) (Chiao et al. 2009). Beide Hirnbereiche reagieren auch empfindlich auf wahrgenommene Unfairness und lösen dann Missfallen aus (Sanfey et al. 2003). Die bisherigen Kenntnisse über das Gehirn lassen vermuten, dass gegen Gleichheit gerichtete Impulse zu politischer oder religiöser Dominanz über andere Menschen (autoritäre Neigungen) durch die „moralische" Kontrolle der präfrontalen Bereiche gehemmt werden. Das bestätigte eine amerikanische Studie, nach der Patienten mit Schäden am ventromedialen präfrontalen Cortex (einem Gehirnzentrum für Skepsis und rationale Kontrolle) höhere Maße an Autoritarismus und religiösem Fundamentalismus aufwiesen als Gesunde (Asp et al. 2012).

Ein breites Forschungsgebiet zu Ungleichheit bietet der Rassismus. Untersuchungen über die Wahrnehmung von Rassenunterschieden und Reaktionen darauf brachten Aufschlüsse über dabei beteiligte Gehirnaktivitäten. Während expliziter Rassismus im Laufe der letzten Jahrzehnte seltener wurde, zeigen neuere Umfragen und Experimente immer noch verbreiteten impliziten Rassismus (vorsichtigere, indirekte Aussagen über deutliche Unterschiede zwischen In- und Ausländern; unbewusste Reaktionen auf Bilder verschiedener Menschen usw.). Wurden Versuchspersonen z. B. Bilder von Menschen verschiedener Hautfarbe (oder anderen Merkmalen von Eigen- und Fremdgruppen) gezeigt, war die für Emotionen (insbesondere Furcht) wichtige Amygdala stärker aktiv. Schon Bilder von Angehörigen von Fremdgruppen, die nur für Millisekunden präsentiert wurden, sodass sie nicht bewusst wahrgenommen werden konnten, lösten affektive Erregung aus. Konnten die Bilder etwas länger betrachtet werden, wurde die Reaktion abgemildert: Die spontan-affektiven Reaktionen der Amygdala wurden dann vom präfrontalen Cortex und vom anterioren cingulären Cortex kontrolliert – die Versuchspersonen wollten sich als vorurteilsfrei darstellen. Allerdings schien diese Kontrolle Energie zu kosten, die die Leistung in anschließenden Tests schwächte (Falk und Lieberman 2012).

In eigenen Experimenten mit fremdenfeindlich eingestellten Jugendlichen ergab sich ein ähnliches Phänomen. Während ihnen sehr kurz (im Millisekundenbereich, an der Grenze zur bewussten Wahrnehmbarkeit) Fotos mit verschiedensten Motiven vorgeführt wurden, zeichnete man ihre physiologisch-emotionale Erregung (leichte Zitterbewegungen der Hand) auf. Bei Bildern von „exotischen" Menschen reagierten die fremdenfeindlich Eingestellten physiologisch signifikant rascher als die Fremdenfreundlichen – und damit teilweise ähnlich wie bei Bildern gefährlicher Tiere. Beides könnte bei ihnen Furchtreaktionen auslösen. Dahinter könnten biopsychische Reaktionen auf furchtauslösendes Unvertrautes, aber teilweise auch kulturell gelernte Muster stecken (Wahl et al. 2001, S. 198 ff.). Hier könnten also tiefliegende affektive Mechanismen am Werk sein, die mit kognitiver Toleranzerziehung (bloße Informationen, moralische Appelle) kaum zu beeinflussen sind.

Studien zu den Einstellungen zu Eigen- und Fremdgruppen bei Arabern und Israelis brachten neue Aufschlüsse über die Intoleranz und Feindlichkeit zwischen ethnischen Gruppen. Die Untersuchungspersonen sollten ihnen vorgelegte Aussagen über die beiden Gruppierungen aus den Perspektiven der jeweiligen Eigengruppe und der Fremdgruppe beurteilen, während sie einer fMRT-Untersuchung unterzogen wurden. In den Gehirnen der Teilnehmer war eine Menge los, viele neuronale Areale, die beim Nachdenken über soziale Fragen arbeiten, wurden aktiviert. Doch nur beim Precuneus (hinterer Scheitelbereich) hingen die individuellen Aktivitätsmuster mit den impliziten und expliziten Graden an Missfallen gegenüber der Fremdgruppe zusammen. Diese Region ist auch aktiv, wenn schwierige moralische Urteile über schädigende Handlungen getroffen werden sollen (Bruneau und Saxe 2010).

Kann man Werte der Gleichheit anerziehen?

Beeinflusst auch die Erziehung die Entstehung oder Verhinderung von Werten der Gleichheit? Autoritarismus-Studien haben seit den grundlegenden Analysen von Adorno et al. (1950) den Einfluss von autoritär-ungleichen Familienstrukturen und entsprechender Familienerziehung auf autoritäre Einstellungen des Nachwuchses herausgearbeitet. Dazu gehören auch Neigungen, die die Ungleichheit zwischen Menschen betonen. Verschiedene Arten der Eltern-Kind-Bindung können ebenfalls entsprechende Wirkungen haben, so eine italienische Studie (Roccato 2008).

Es konnte auch gezeigt werden, dass höhere Bildung die Vorlieben für Gleichheit fördert. Ihre Wirkung erfolgt allerdings abgestuft nach kulturellen Hintergrundnormen wie Individualismus und Kollektivismus. Ein französisch-schweizerisches Forscherteam (Chatard und Selimbegovic 2007) nahm dazu an, dass bei höher Gebildeten in individualistischen Kulturen (z. B. Nordamerika, Australien) besonders individuelle Faktoren (etwa dokumentiert durch die eigenständige Wahl eines Studiums) zu Gleichheitseinstellungen motivieren. Dagegen wirke sich in kollektivistischen Kulturen (Osteuropa, Afrika) eher die Sozialisation (soziale Umgebung der Studierenden) auf diese Einstellungen aus.

Wenn man über einen Universitätscampus geht, verfällt man leicht dem Ratespiel, von Auftritt und Kleidung der Studierenden auf ihre Fakultäten, Werte und politischen Einstellungen zu schließen. Wendet man das alte Links-rechts-Schema an, das ja auch eine Skala zwischen der Bevorzugung von Gleichheit gegenüber Ungleichheit darstellt, würde man wohl im Durchschnitt die Juristen eher rechts, die Soziologen eher links vermuten. Untersuchungen belegen dies auch. In einer Erhebung an der Universität Bern zeigten tatsächlich die Soziologen die stärksten Neigungen nach links, die Wirtschaftswissenschaftler und Juristen nach rechts. Der Durchschnitt aller Studierenden lag aber weiter links als der der Gesamtbevölkerung (Armingeon 2001).

Eine andere Untersuchung ergab dazu passend, dass zwar je nach gewählter Studienrichtung (Sozialarbeit, Pädagogik, Wirtschaft) die unterschiedlichen anfänglichen politischen Werte im Studium weitgehend unverändert blieben, jedoch alle Studentengruppen signifikant mehr nichtautoritäre Werte erwarben. Dies spricht dafür, dass die höhere Bildung an sich und nicht nur vorherige politische Einstellungen und die Studienrichtung für politische Werte Bedeutung haben (Jacobsen 2001).

Gleichheit hat es schwer als politischer Wert. Schon Kinder, vor allem Jungen, lieben Wettkämpfe, aus denen sie als Sieger über andere hervorgehen. Erwachsene konkurrieren um Eigentum, Partner und Statussymbole. Parteien kämpfen um Wählergruppen, die entweder ihren höheren Rang verteidigen oder ihre schlechte Lage verbessern wollen. Zur Ergänzung der klassischen Gleichheit vor dem Gesetz (die mit teuren Anwälten nicht immer so gleich ist) wird in westlichen Gesellschaften oft der liberale Wert der Chancengleichheit propagiert (die von den individuellen Fähigkeiten her auch nicht gleich ist). Gleichheit bleibt ein umstrittener Wert.

7.3   Alle Menschen werden Brüder, alle? – *Vom Altruismus zur Brüderlichkeit*

Die antike Philosophie kümmerte sich noch nicht um den Wert der Brüderlichkeit, eher um die Freundschaft – zwischen Männern. Anders das Christentum, das neben der Nächstenliebe die Glaubensbrüderschaft hochhielt. Der Begriff „Brüderlichkeit" überträgt ein familiales Beziehungsverständnis auf größere Gruppen. Die Idee überlebte viele Jahrhunderte in christlichen und handwerklichen Bruderschaften. In der Französischen Revolution tauchte der politische Begriff der Brüderlichkeit (*fraternité*) zunächst für die Revolutionäre selbst auf, etwas später wurde er auf größere Menschengruppen bezogen. Doch in der französischen Erklärung der Menschen- und Bürgerrechte von 1789 kam er noch nicht vor, sondern erst als Nebensache in der Verfassung von 1795: Artikel 301 sah vor, nationale Festtage einzuführen, um die Brüderlichkeit zwischen den Bürgern und die Bindung an Verfassung, Vaterland und Gesetze zu fördern (Constitution du 5 fructidor an III, 1795). Die Revolutionäre waren noch nicht so fortschrittlich, statt von Brüderlichkeit von Geschwisterlichkeit zu sprechen. Die Leitidee war auch nicht im Sinne der späteren sozialistischen Solidarität gemeint, sondern eher wie eine soziologische Vorstellung vom „sozialen Kitt", der eine Gesellschaft zusammenhält und an den Staat bindet. Später wurde *fraternité* nicht so populär wie ihre Geschwister *liberté* und *égalité*, die deutsche Übersetzung als „Brüderlichkeit" sogar noch weniger. Aber als Trio lassen sie in der politischen Rhetorik immer noch auf bessere gesellschaftliche Zeiten hoffen.

?

Gibt es in der Evolution Vorboten der Brüderlichkeit?

Auch Brüderlichkeit, die als Verfassungsbestandteil eines revolutionsgeborenen Staates auftauchte und zu einem moralisch-politisch beschworenen Wert wurde, könnte Vorläufer in der Stammesgeschichte haben. Zu vermuten ist, dass Konzepte wie Brüderlichkeit, Nächstenliebe und Solidarität dem Urbedürfnis nach Sicherheit entsprangen. Realisierte Brüderlichkeit versprach Geborgenheits- und Sicherheitsgefühle. Solche Bedürfnisse sind von Tieren bis zum Menschen, besonders bei Kindern, ausgeprägt. Sie werden zunächst von Müttern, Vätern, Geschwistern und anderen Verwandten, später von Peers, Partnern, Freunden und Eigengruppen erfüllt. Ist diese Geborgenheit bedroht, leidet die Psyche, und im Gehirn lässt sich nachweisen, wo in solchen Fällen ein primäres neuronal-emotionales System aktiv und als Trennungsschmerz erlebt wird. Der Schaltkreis beginnt im periaquäduktalen Grau des Mittelhirns und geht über den dorsomedialen Thalamus in verschiedene Regionen des Vorderhirns. Dieses System fördert generell soziale Bindung, Zusammenhalt und Solidarität (Panksepp und Watt 2011).

Neben dieser passiv erwarteten sozialen Sicherheit gehört zum Konzept Brüderlichkeit auch aktives Handeln gegenüber den „Brüdern" bzw. der Eigengruppe. Das erfordert Einfühlen und Hineindenken in andere, Mitfühlen und Mitleiden mit ihnen und schließlich Hilfsbereitschaft (altruistisches Handeln). All dies setzt relativ weit entwickelte Gehirne voraus. Aber es gab auch Zwischenschritte in der Evolution in Gestalt von einfachen älteren Mechanismen, die uns mit anderen Lebewesen verbinden, etwa die unbewusst-automatisch ablaufende Nachahmung – ermöglicht durch die zuerst bei Affen entdeckten Spiegelneuronen im prämotorischen Cortex (Abschn. 3.2).

?

Was geschieht im Gehirn, wenn Emotionen wie Empathie zwischen Menschen übertragen werden?

Man empfindet etwa den Schmerz des Gegenübers mit, wobei u. a. der vordere cinguläre Cortex, die vordere Insula und der sekundäre somatosensorische Cortex aktiv werden. Allerdings scheint die Empathie von der Situation und anderen Nebenbedingungen abhängig zu sein – sie schwindet z. B., wenn der andere zuvor Spielregeln verletzt hat (Singer 2009). Daneben wurden Unterschiede bei Empathiereaktionen in Gehirnen von Männern und Frauen beobachtet (Schulte-Rüther et al. 2008).

In immer feiner verästelten Forschungsprojekten wurde klar, dass zwei verschiedene corticale Systeme für Empathie bereitstehen: ein grundlegendes Ansteckungssystem für Emotionen und ein weiter entwickeltes System zur Perspektivenübernahme bei Denkprozessen (Shamay-Tsoory et al. 2009). Daher ist neben den neuronal-emotionalen Voraussetzungen für Brüderlichkeit oder Solidarität auch die kognitive Fähigkeit wichtig, sich in die Gedanken anderer hineinzuversetzen, eine *theory of mind* aufzustellen. Dabei wird ein ganzes Netzwerk im Gehirn aktiv, darunter der obere temporale Sulcus (STS), der mediale frontale Cortex (MFC) und der anteriore cinguläre Cortex (ACC) (Amodio und Frith 2006; Haruno und Kawato 2009). Diese Systeme werden offenbar auch je nach der sozialpsychologischen Nähe zu den anderen Menschen tätig: Wenn in einem Experiment ein Freund von einem Spiel ausgeschlossen wurde, reagierten Hirnregionen wie beim selbst erlebten affektiven Schmerz (dorsaler ACC). Wenn ein Fremder ausgeschlossen wurde, reagierten dagegen Regionen, die für Gedanken über Merkmale, Geisteszustände und Absichten anderer (*theory of mind*, Mentalisierung) zuständig sind (dorsaler medialer präfrontaler Cortex, Precuneus und temporaler Pol) (Meyer et al. 2013).

?

Folgt brüderlichem Mitgefühl auch praktische Hilfe?

Neben dem Einfühlen und Hineindenken in andere meint Brüderlichkeit oder Solidarität die aktive Hilfe für andere, selbst dann, wenn man keine unmittelbare Vergütung erhält. Auch hierzu könnte es Vorläufer in der Evolution geben. Bei Affen hat man Voraussetzungen für Altruismus wie Empathie und Sympathie beobachtet, aber sie zeigen auch Grausamkeiten untereinander, so der niederländisch-amerikanische Verhaltensforscher Frans de Waal (2008). Bei kleinen Affen ist allerdings noch unklar, wie weit sie die Absichten anderer verstehen, z. B. ob sie durch die Wahrnehmung der Blickrichtung des anderen auf dessen Ziel gelenkt werden. Sie schauen bei Unklarheit nicht zurück ins Gesicht des anderen, was eine fehlende Übernahme der Perspektive andeutet. Große Affen tun dies, und Schimpansen können Verhaltensmotive anderer wohl teilweise auch interpretieren (z. B. ob er unfähig oder unwillig ist, ihm Futter zu geben) (Roth und Dicke 2012, S. 415).

Einige Primatenforscher bezweifeln aber, dass es trotz der bei Affen verbreiteten Kooperation und abwechselnden Unterstützung – auch auf eigene

Kosten – zu „echtem Altruismus" kommt, also zu helfen, ohne das später vergolten zu bekommen. Solche Kooperationsformen schreiben diese Wissenschaftler erst Menschen zu (Fischer 2012, S. 38). Andere Forscher verorten aber schon bei Schimpansen in ihrer natürlichen Umwelt (möglicherweise schwächere) Formen von Altruismus zwischen Nichtverwandten (z. B. Adoption von nichtverwandten Waisen) (Boesch et al. 2010), also so etwas wie „Brüderlichkeit" unter Nichtverwandten.

Als Hinweis auf vorkulturelle altruistische Motive hatten wir die Leipziger Experimente erwähnt, bei denen Schimpansen und eineinhalbjährige Menschenkinder im Labor gegeneinander antraten (Abschn. 2.3). Beide halfen auch mit ihnen nicht verwandten Artgenossen, ohne selbst danach belohnt zu werden. Kinder dieses frühen Alters dürften kaum Erwartungen an Gegenseitigkeit und die Aufrechterhaltung eines guten Rufes als Helfer haben (Tomasello 2009; Warneken und Tomasello 2009). Andere Forscher beobachteten helfendes (prosoziales) Verhalten schon bei Kindern im ersten Lebensjahr (Hay 1994), allerdings ging es in den Folgejahren vor allem bei Jungen gegenüber ihren Gleichaltrigen etwas zurück (Hay et al. 1999).

Neben angeborenen Mechanismen sind aber wohl auch Lerneffekte möglich. Denn in einem japanischen Kindergarten wurde ein interessanter Übertragungseffekt gefunden: Fünf- bis sechsjährige Kinder, die andere Kinder beobachteten, wie sie Dritten halfen, halfen dann selbst wiederum den Helfern. Formal ausgedrückt: Wenn Person A der Person B hilft und Person C das beobachtet, wird anschließend Person C auch Person A helfen. Die Kinder handelten also anderen gegenüber gemäß indirekter Gegenseitigkeit. Dies ist möglicherweise eine Voraussetzung für das Helfen (Prosozialität) auch in großen Netzwerken (Kato-Shimizu et al. 2013).

Das Paradoxon, dass sich Hilfeverhalten (Altruismus) in der Evolution angesichts prinzipiell egoistischer Lebewesen entwickeln konnte, hat schon Darwin beschäftigt (s. Abschn. 2.3). Zur Erinnerung: Seine Grundthese war die Vererbung von Eigenschaften zur (egoistischen) Selbsterhaltung. Würden sich also nicht jene, die sich für andere (altruistisch) aufopfern, seltener vermehren? Doch Darwin glaubte, diese dürften (als egoistisches Motiv) dafür Hilfe und Lob der anderen erwarten. Die Gewohnheiten zu solchen sozialen Handlungen, denen in mehreren Generationen gefolgt werde, würden wahrscheinlich vererbt, entsprechende Stämme seien erfolgreicher (Darwin 1871/2006, S. 799 f.). Diese Darwin'sche These der Gruppenselektion wurde später kritisiert; es folgten andere Erklärungsversuche zum Altruismus-Paradoxon, der wichtigste: Hilfe für Fremde auf eigene Kosten bringt nach dem Gegenseitigkeitsprinzip (Tit for Tat, reziproker Altruismus) auch Vorteile für den Helfer selbst (z. B. die kollektive Verteidigung durch die Gruppe) (Trivers 1971; Wuketits 2011, S. 336).

Welche Gehirnbereiche und -prozesse sind bei Altruismus aktiv? Altruisten weisen ein größeres Volumen an grauer Materie im rechten temporoparietalen Übergang (hinterer Hirnbereich) auf. Dieses Areal ist auch dann aktiv, wenn eigene Interessen gegenüber denen anderer Personen abgewogen werden, wofür auch eine Übernahme ihrer Perspektiven notwendig ist (Morishima et al. 2012). Dementsprechend zeigen Menschen mit Alexithymie (Unfähigkeit zur Wahrnehmung des emotionalen Leidens anderer), die sich wenig altruistisch verhalten, nur eine reduzierte neuronale Aktivität im temporoparietalen Übergang (FeldmanHall et al. 2013).

?

Wie geht der Schritt von Brüderlichkeit und Nächstenliebe im vertrauten Umkreis zu den Empfindungen gegenüber Fremden?

Brüderlichkeit kann als prosoziale Gegenkraft zu den antisozialen Emotionen der Fremdenfurcht und Fremdenfeindlichkeit betrachtet werden, wenn sie über die Eigengruppe hinaus reicht. Die gegensätzlichen Neigungen hinsichtlich Fremder ergaben sich in der Evolution als erfolgreiche Mischung von Vorsicht und Abwehr gegenüber Unvertrauten einerseits, Neugier und Kontaktaufnahme andererseits. Später in der Menschheitsgeschichte wurden sie kulturell ausdifferenziert und ideologisch überhöht, vom Nationalismus bis zur internationalen Solidarität.

Es gibt aufschlussreiche Beobachtungen bei Bonobos, den Zwergschimpansen, die genetisch mit dem Menschen am engsten verwandt sind und mehr soziale Toleranz als Schimpansen zeigen. Bonobos teilten mit ihnen zuvor fremden Artgenossen das Futter häufiger als mit Mitgliedern ihrer eigenen Gruppe – wenn sie dann mit den Fremden in Kontakt treten konnten. Die Forscher vermuten, dass dieses Verhalten den Tieren dazu diene, ihr soziales Netz zu vergrößern. Daraus wird die Hypothese abgeleitet, dass die durch die Evolution bei diesen Affen hervorgebrachte Fremdenfreundlichkeit dann auf der menschlichen Entwicklungsstufe durch soziale Normen und Sprache auf weitere soziale Kreise ausgedehnt wurde (Tan und Hare 2013). Noch ein weiteres Argument wird für die Überwindung der Beschränkung von Hilfe auf die engere Verwandtschaft und Eigengruppe ins Feld geführt: Die sexuelle Fortpflanzung erfordere zur Vermeidung von Inzuchtproblemen die Partnersuche unter fernstehenden Individuen, sodass sich geschlechtsreife Jugendliche von den Blutsverwandten hin zu anderen orientieren. Für Bischof (2012, S. 211) wird so Ethnozentrismus überwunden zugunsten eines ersten Keimes für Kosmopolitismus.

Auch Prozesse von Neurotransmittern (insbesondere das Dopaminsystem) haben Wirkungen auf altruistisches Verhalten. Dahinter stecken wiederum genetische Grundlagen. Die Variante eines einschlägigen Gens (COMT Val158Met-Polymorphismus) beeinflusst über dieses System nicht nur prosoziales Verhalten wie die Paarbindung, sondern auch den Grad an Altruismus (Reuter et al. 2011).

Doch selbst Biologen sehen oberhalb der biotischen Basis von Brüderlichkeit bzw. Altruismus breite kulturell bedingte Variationen. Die individuelle Erziehung sei für die Entfaltung „moralischer Gefühle" (die besonders auf Empathie und Schuldbewusstsein beruhen) wichtig (Wilson 1993, S. 138; Wuketits 2011, S. 338 f.). Auch Experimente zu wirtschaftlichen Handlungsentscheidungen, die in verschiedenen Kulturen durchgeführt wurden, deuten an, dass Altruismus und Kooperation nicht bloß genetisch begründete Prozesse sind, sondern von Kultur zu Kultur unterschiedlich in der Kindheit gelernt werden (Fehr und Fischbacher 2003). Das gilt auch für die Vermittlung von Verhaltensorientierungen wie Brüderlichkeit bzw. Kollektivorientierung gegenüber Individualorientierung. So sozialisieren asiatische Kulturen mehr in Richtung von (insbesondere familialer) Loyalität, Gegenseitigkeit und Solidarität als westlich-europäische Kulturen (Liebal et al. 2011). In einer amerikanisch-rumänischen Vergleichsuntersuchung von Müttern und ihren jugendlichen Kindern wurden kollektivistische Werte stärker von der älteren auf die jüngere Generation übertragen als individualistische Werte. Zudem beeinflusste die mütterliche Akzeptanz und Kontrolle des Kindes die Ähnlichkeit der Werte zwischen Müttern und Kindern (Friedlmeier und Trommsdorff 2011).

Auch in der Sozialisation in Gruppen gleichaltriger Kinder (Peergroups) werden je nach dem Kontext (z. B. welche Geschlechter beteiligt sind) gleichrangige oder hierarchische Sozialformen und entsprechende Verhaltensmuster eingeübt (Kyratzis und Tarim 2010).

So ist festzuhalten, dass den politischen Werten Brüderlichkeit und Solidarität eine Reihe biotischer, psychischer und sozialer Mechanismen für das Zusammenleben zugrunde liegt, die alte Elemente aus der Evolution mit neueren aus der Menschheitsgeschichte vereint. Sie sind teilweise Gegenkräfte zu den uralten Neigungen zu Egoismus und Ethnozentrismus, falls Solidarität auf mehr als die Eigengruppe ausgedehnt wird. Wenn dieses Potenzial pädagogisch unterstützt wird, bleibt die Hoffnung, dass die Welt nicht an Eigennutz zugrunde geht.

Fazit

Auch den politischen Leitideen oder Werten des erwachten Bürgertums der Französischen Revolution können moderne psychologische Entsprechungen zugeordnet werden. Die Freiheit kommt als Wunsch nach Selbstbestimmung daher, und wer von seiner Autonomie und Selbstwirksamkeit überzeugt ist, verhält sich positiver zu sich und anderen. Das Streben nach Gleichheit hatte es immer schwer gegen die in menschlichen Gemeinschaften evolutiv verankerte starke Fixierung auf Autoritäten und die Bevorzugung der Eigengruppe gegenüber Fremdgruppen; Gleichheit muss daher pädagogisch gefördert werden. Auch die Idee der Brüderlichkeit erinnert an das Urbedürfnis nach sozialer Geborgenheit und Hilfe (Altruismus) in der Eigengruppe; auch sie bedarf pädagogischer Förderung, wenn sie zur Solidarität in größeren Gesellschaften oder auf internationaler Ebene ausgebaut werden soll.

Diese älteren Werte können ebenfalls Ziele heutigen politischen Handelns sein. Doch auch hier stellt sich die Frage, ob man sie einfach lehren kann und sie dann tatsächlich das Verhalten anleiten würden. Die wissenschaftlichen Zweifel daran fordern neue Überlegungen über die Motivation unseres Verhaltens und die Möglichkeiten, diese zu beeinflussen. Darum geht es in den folgenden Kapiteln.

Literatur

Adorno, Th. W., Frenkel-Brunswik, E., Levinson, D. J., & Sanford, R. N. (1950). *The authoritarian personality*. Oxford: Harpers.

Amodio, D. M., & Frith, C. D. (2006). Meeting of minds: The medial frontal cortex and social cognition. *Nature Reviews Neuroscience, 7*, 268–277.

Armingeon, K. (2001). *Fachkulturen, soziale Lage und politische Einstellungen der Studierenden der Universität Bern*. Unveröffentlichtes Manuskript. Bern: Institut für Politikwissenschaft, Universität Bern.

Asp, E., Ramchandran, K., & Tranel, D. (2012). Authoritarianism, religious fundamentalism, and the human prefrontal cortex. *Neuropsychology, 26*(4), 414–421.

Bandura, A. (1982). Self-efficacy mechanisms in human agency. *American Psychologist, 37*(2), 122–147.

Bischof, N. (2012). *Moral. Ihre Natur, ihre Dynamik und ihr Schatten*. Wien: Böhlau.

Boesch, C., Bolé, C., Eckhardt, N., & Boesch, H. (2010). Altruism in forest chimpanzees: The case of adoption. *Public Library of Science ONE, 5*(1). doi:10.1371/journal.pone.0008901.

Bouchard, T. J. Jr. (2009). Authoritarianism, religiousness, and conservatism: Is „obedience to authority" the explanation for their clustering, universality and evolution?. In E. Voland, & W. Schiefenhövel (Hrsg.), *The biological evolution of religious mind and behavior* (S. 165–180). Dordrecht: Springer.

Bruneau, E. G., & Saxe, R. (2010). Attitudes towards the outgroup are predicted by activity in the precuneus in Arabs and Israelis. *NeuroImage, 52*, 1704–1711.

Caprara, G. V., & Steca, P. (2005). Self-efficacy beliefs as determinants of prosocial behavior conducive to life satisfaction across ages. *Journal of Social and Clinical Psychology, 24*(2), 191–217.

Chatard, A., & Selimbegovic, L. (2007). The impact of higher education on egalitarian attitudes and values: contextual and cultural determinants. *Social and Personality Psychology Compass, 1*(1), 541–556.

Chiao, J. Y., Mathur, V. A., Harada, T., & Lipke, T. (2009). Neural basis of preference for human social hierarchy versus egalitarianism. *Annals of the New York Academy of Sciences, 1167*, 174–181.

Constitution du 5 fructidor an III. In Wikisource (franz.): *Constitution du 22 août 1795.* http://fr.wikisource.org/wiki/Constitution_du_22_ao%C3%BBt_1795. Zugegriffen: 6.12.2013.

Corning, P. A. (1995). Synergy and self-organization in the evolution of complex systems. *Systems Research, 12*(2), 89–121.

Darwin, Ch. (1871/2006). *Gesammelte Werke.* Frankfurt a. M.: Zweitausendeins.

Déclaration des droits de l'homme er du citoyen de 1789. In Assemblée Nationale o. J. www.assemblee-nationale.fr/histoire/dudh/1789.asp. Zugegriffen: 6.12.2013.

Falk, E. B., & Lieberman, M. D. (2012). The neural bases of attitudes, evaluation and behavior change. In F. Krueger, & J. Grafman (Hrsg.), *The neural basis of human belief systems.* Hove: Psychology Press.

Fehr, E., & Fischbacher, U. (2003). The nature of human altruism. *Nature, 425*, 785–791.

FeldmanHall, O., Dalgleish, T., & Mobbs, D. (2013). Alexithymia decreases altruism in real social decisions. *Cortex, 49*(3), 899–904.

Fischer, J. (2012). *Affengesellschaft.* Berlin: Suhrkamp.

Fraas, C. (1999). Karrieren geschichtlicher Grundbegriffe – Freiheit, Gleichheit, Brüderlichkeit. In G. Loster-Schneider (Hrsg.), *Revolution 1848/49. Ereignis – Rekonstruktion – Diskurs* (S. 13–39). St. Ingbert: Rohrig-Universitätsverlag.

Friedlmeier, M., & Trommsdorff, G. (2011). Are mother-child similarities in value orientations related to mothers' parenting? A comparative study of American and Romanian mothers and their adolescent children. *European Journal of Developmental Psychology, 8*(6), 661–680.

Gavrilets, S. (2012). On the evolutionary origins of the egalitarian syndrome. *Proceedings of the National Academy of Sciences, 109*(35), 14069–14074.

Gresser, F. N. (2007). *Altruistische Bestrafung.* Diss., Wirtschafts- und Sozialwissenschaftliche Fakultät der Universität zu Köln. Köln.

Haruno, M., & Kawato, M. (2009). Activity in the superior temporal sulcus highlights learning competence in an interaction game. *The Journal of Neuroscience, 29*(14), 4542–4547.

Hay, D. F. (1994). Prosocial development. *Journal of Child Psychology and Psychiatry, 35*(1), 29–71.

Hay, D. F., Castle, J., Davies, L., Demetriou, H., & Stimson, C. A. (1999). Prosocial action in very early childhood. *Journal of Child Psychology and Psychiatry, 40*(6), 905–916.

Jacobsen, D. I. (2001). Higher education as an arena for political socialisation: Myth or reality? *Scandinavian Political Studies, 24*(4), 351–368.

Kato-Shimizu, M., Onishi, K., Kanazawa, T., & Hinobayashi, T. (2013). Preschool children's behavioral tendency toward social indirect reciprocity. *Public Library of Science ONE*, *8*(8). doi:10.1371/journal.pone.0070915.

Kyratzis, A., & Tarım, Ş. D. (2010). Using directives to construct egalitarian or hierarchical social organization: Turkish middle-class preschool girls' socialization about gender, affect, and context in peer group conversations. *First Language*, *30*(3–4), 473–492.

Legault, L., & Inzlicht, M. (2013). Self-determination, self-regulation, and the brain: Autonomy improves performance by enhancing neuroaffective responsiveness to self-regulation failure. *Journal of Personality and Social Psychology*, *105*(1), 123–138.

Lhermitte, F., Pillon, B., & Serdaru, M. (1986). Human autonomy and the frontal lobes. Part I: Imitation and utilization behavior: A neuropsychological study of 75 patients. *Annals of Neurology*, *19*(4), 326–334.

Liebal, K., Reddy, V., Hicks, K., Jonnalagadda, S., & Chintalapuri, B. (2011). Socialization goals and parental directives in infancy: The theory and the practice. *Journal of Cognitive Education and Psychology*, *10*(1), 113–131.

Little, T. D., Hawley, P. H., Henrich, C. C., & Marcland, C. W. (2004). Three views of the agentic self: A developmental synthesis. In E. L. Deci, & R. M. Ryan (Hrsg.), *Handbook of Self-Determination Research* (S. 389–404). Rochester: University of Rochester Press.

Marcus, G. E., Sullivan, J. L., Theiss-Morse, E., & Wood, S. (1995). *With malice toward some: How people make civil liberties judgments*. New York: Cambridge University Press.

Meyer, M. L., Masten, C. L., Ma, Y., Wang, C., Shi, Z., Eisenberger, N. I., & Han, S. (2013). Empathy for the social suffering of friends and strangers recruits distinct patterns of brain activation. *Social Cognitive and Affective Neuroscience*, *8*(4), 446–454.

Morishima, Y., Schunk, D., Bruhin, A., Ruff, C. C., & Fehr, E. (2012). Linking brain structure and activation in temporoparietal junction to explain the neurobiology of human altruism. *Neuron*, *75*, 73–79.

Pandey, J., & Tewary, N. B. (1979). Locus of control and achievement values of entrepreneurs. *Journal of Occupational Psychology*, *52*(2), 107–111.

Panksepp, J., & Watt, D. (2011). Why does depression hurt? Ancestral primary-process separation-distress (PANIC/GRIEF) and diminished brain reward (SEEKING) processes in the genesis of depressive affect. *Psychiatry*, *74*(1), 5–13.

Reuter, M., Frenzel, C., Walter, N. T., Markett, S., & Montag, C. (2011). Investigating the genetic basis of altruism: The role of the COMT Val158Met polymorphism. *Social Cognitive and Affective Neuroscience*, *6*(5), 662–668.

Roccato, M. (2008). Right-wing authoritarianism, social dominance orientation, and attachment: An Italian study. *Swiss Journal of Psychology*, *67*(4), 219–229.

Roth, G., & Dicke, U. (2012). Evolution of the brain and evolution in primates. In M. A. Hofman, & F. Falk (Hrsg.), *Evolution of the primate brain. From neuron to behavior* (S. 413–430). Amsterdam: Elsevier.

Rotter, J. B. (1966). Generalized expectancies for internal versus external control of reinforcement. *Psychological Monographs: General and Applied*, *80*(1), 1–28.

Ryan, R. M., & Deci, E. L. (2004). An overview of self-determination theory: An organismic-dialectical perspective. In E. L. Deci, & R. M. Ryan (Hrsg.), *Handbook of self-determination research* (S. 3–36). Rochester: University of Rochester Press.

Sanfey, A. G., Rilling, J. K., Aronson, J. A., Nystrom, L. E., & Cohen, J. D. (2003). The neural basis of economic decision-making in the ultimatum game. *Science, 300*(5626), 1755–1758.

Schröder, L., et al. (2011). Cultural expressions of preschoolers' emerging self: Narrative and iconic representations. *Journal of Cognitive Education and Psychology, 10*(1), 77–95.

Schulte-Rüther, M., Markowitsch, H. J., Shah, N. J., Fink, G. R., & Piefke, M. (2008). Gender differences in brain networks supporting empathy. *NeuroImage, 42*(1), 393–403.

Sedikides, C., & Skowronski, J. J. (2003). Evolution of the symbolic self: issues and prospects. In M. R. Leary, & J. P. Tangney (Hrsg.), *Handbook of self and identity* (S. 594–609). New York: Guilford.

Shamay-Tsoory, S. G., Aharon-Peretz, J., & Perry, D. (2009). Two systems for empathy: A double dissociation between emotional and cognitive empathy in inferior frontal gyrus versus ventromedial prefrontal lesions. *Brain, 132*(3), 617–627.

Singer, T. (2009). Understanding others: Brain mechanisms of theory of mind and empathy. In P. W. Glimcher, C. F. Camerer, E. Fehr, & R. A. A. Poldrack (Hrsg.), *Neuroeconomics: Decision making and the brain* (S. 249–266). San Diego: Elsevier Academic Press.

Tan, J., & Hare, B. (2013). Bonobos share with strangers. *Public Library of Science ONE, 8*(1). doi:10.1371/journal.pone.0051922.

Tomasello, M. (2009). *Why we cooperate.* Cambridge, MA: MIT Press.

Trivers, R. L. (1971). The evolution of reciprocal altruism. *Quarterly Review of Biology, 46*(1), 35–57.

Vieira, M. L., et al. (2010). Autonomy and interdependence: Beliefs of Brazilian mothers from state capitals and small towns. The. *Spanish Journal of Psychology, 13*(2), 818–826.

de Waal, F. (2008). *Primaten und Philosophen – Wie die Evolution die Moral hervorbrachte.* München: Hanser.

Wahl, K. (1989). *Die Modernisierungsfalle. Gesellschaft, Selbstbewusstsein und Gewalt.* Frankfurt a. M.: Suhrkamp.

Wahl, K. (2006). Das Paradoxon der Willensfreiheit und seine Entwicklung im Kind. *Diskurs Kindheits- und Jugendforschung, 1*(1), 117–139.

Wahl, K., Tramitz, C., & Blumtritt, J. (2001). *Fremdenfeindlichkeit. Auf den Spuren extremer Emotionen.* Opladen: Leske + Budrich.

Warneken, F., & Tomasello, M. (2009). The roots of human altruism. *British Journal of Psychology, 100*(3), 455–471.

Wilson, E. O. (1993). Altruismus. In K. Bayertz (Hrsg.), *Evolution und Ethik* (S. 133–152). Stuttgart: Reclam.

Wuketits, F. M. (2011). Die Naturgeschichte von Gut und Böse. *Biologie in unserer Zeit, 5*(41), 334–340.

8

Und wo bleiben die Werte?

8.1 Woraus besteht das Wurzelgeflecht der Verhaltensursachen? – *Ein Persönlichkeits-Verhaltens-Modell*

„Während Herz und Verstand sich streiten, steht Dein Instinkt lässig, breit grinsend in der Ecke und weiß als einziger genau Bescheid. Immer" (Facebook-Bash: Spruch 27868).

Der Stand der interdisziplinären Forschung legt also nahe, dass unser alltägliches Tun und Lassen nur in Ausnahmefällen von moralischen und politischen Werten angeleitet wird. Was sind dann die tatsächlich wirksamen Motive für unser Verhalten? Die empirischen Wissenschaften haben ein ganzes Wurzelgeflecht von Ursachen dafür aufgedeckt. Einerseits muss es entwirrt werden, um zu einer wirklichkeitsnahen Vorstellung von der Verhaltensmotivation zu kommen. Andererseits muss man sich zwecks der Übersichtlichkeit auf die wichtigsten Aspekte beschränken. Dazu entwirft man auf der Grundlage empirischer Forschung ein theoretisches Modell, das das Zusammenspiel wichtiger Faktoren beschreibt. Ein solches Modell liefert dann auch Ansatzpunkte für eine wirksame Förderung moralisch gewünschten Handelns durch praktische (psychologische, sozialpädagogische, pädagogische, politische) Maßnahmen.

Im Ursachengeflecht des Verhaltens kann man drei Schichten der Psyche des Individuums auseinanderhalten, die Netzwerken im Gehirn zuzuordnen sind und teilweise wechselwirken. Als weitere Schicht von Faktoren kommt die äußere Situation hinzu, aus der z. B. Erwartungen anderer an das eigene Verhalten oder günstige Gelegenheiten zum Handeln kommen. Zusammengefasst ergibt sich ein „Modell 3 + 1":

1. Die unterste, evolutiv älteste Ebene von Ursachen besteht aus Grundbedürfnissen, -emotionen und biopsychischen Mechanismen, die das Überleben

K. Wahl, *Wie kommt die Moral in den Kopf?*, DOI 10.1007/978-3-642-55407-0_8,
© Springer-Verlag Berlin Heidelberg 2015

sichern und sich daher in Jahrmillionen durchgesetzt haben (von Eigensicherung, Furcht, Flucht und aggressiver Ressourcenbeschaffung bis zu Bindung und Kooperation). Hier spielen Affekte und unbewusste Reaktionen wichtige Rollen, auch für die Ambivalenz des *Homo sapiens* zwischen Aggression und Friedlichkeit. All das ist als Ergebnis der stammesgeschichtlichen Entwicklung (Phylogenese) in unsere Gehirnstruktur eingeschrieben.

Das Paradebeispiel sind biopsychische Reaktionen auf Gefahrensituationen, voran die Furcht, die uns bei Bedrohung überfällt und uns je nach den Umständen zu Flucht, Angriff oder Totstellen motiviert. Auch protomoralische (altruistische) Verhaltensneigungen gehören dazu, wie Hilfe für andere, besonders für Blutsverwandte. Die Schwellen, an denen solche Mechanismen ausgelöst werden, können von individuellen Besonderheiten der nächsten neuropsychischen Schicht abhängen, etwa dem Neurotransmitter- und Hormonspiegel: Manche Menschen sind deswegen z. B. ängstlicher als andere.

2. Die zweite, viel jüngere Schicht der Verhaltensursachen wird aus der Lebensgeschichte jedes einzelnen Menschen ab der Befruchtung der Eizelle gebildet (Ontogenese). In die sich entwickelnde und stabilisierende Persönlichkeit fließt vieles ein: die genetische Mitgift der Eltern, epigenetische Prozesse (z. B. durch die Umwelt gehemmte oder ausgelöste Aktivitäten bestimmter Gene), Schwangerschafts-, Prägungs-, Bindungs- und Sozialisationserlebnisse in Familien, Erfahrungen in Gleichaltrigengruppen, Kindergärten, Schulen und durch Medien, Selbsterkundung sowie Versuch und Irrtum. Dies alles erzeugt die emotionale und verhaltensmäßige Grundstruktur eines Individuums: seine individuellen Bedürfnisse, das Temperament, die emotionale Grundstimmung, die Resilienz (Widerstandsfähigkeit gegen schwierige Lebensbedingungen), moralische Emotionen wie Scham und Schuld, nichtmoralische und moralische Bewertungen. Darüber hinaus gehören zur Persönlichkeit das Selbstbild (Opfer, Held usw.) sowie individuelle Kompetenzen, spontane Verhaltensdispositionen und gelernte Verhaltenstendenzen (Impulskontrolle, Aggressivität, Hilfsbereitschaft, Toleranz, Anpassung oder Widerstand angesichts von Normen und Autoritäten, Gewohnheitsverhalten usw.). Die meisten dieser Prozesse sind unbewusst, können aber teilweise bewusst werden.

Ein Beispiel, das an die Furchtreaktion auf Gefahr auf der ersten Ebene anschließt: Schlechte Erfahrungen mit unvertrauten Menschen in der Kindheit können die Ängstlichkeit verstärken und sich später in Fremdenfurcht und Vorliebe für Vertrautes, Konservatives und die eigenen Landsleute niederschlagen. Hätte ein Kind dagegen positive Erfahrungen mit seiner frühen sozialen Umwelt gemacht, wären Persönlichkeitsmerkmale wie Selbstvertrauen, Weltoffenheit, Interesse an anderen und möglicherweise Neigungen zu universalistischen Werten gefördert worden.

3. Die dritte Schicht besteht aus in der Sozialisation gelernten Kulturelementen. Sie stammen nicht nur aus expliziter Erziehung und Bildung in der Familie und in Bildungseinrichtungen, sondern auch aus Unterhaltungen mit Freunden, aus Seifenopern im Fernsehen oder aus der *BILD*-Zeitung und sind oft an sozial-emotionale Erfahrungen geknüpft (z. B. mit einer bewunderten Lehrerin). Dazu gehören das Wissen, das Menschenbild, Gesellschaftsbild und Weltbild einer Person – samt der emotionalen Verankerung, die sie stabilisiert. Daneben geht es hier um erlernte Verhaltensnormen (was „man" tut und nicht tut). Schließlich kommen in dieser Schicht endlich Teile der gelernten moralischen, ästhetischen und politischen Werte (B) dazu, die subjektiv vertreten werden. Sie können mehr oder weniger große Schnittmengen mit den idealisierten Werten (A) bilden. Die meisten dieser Kulturelemente wirken im unbewussten Hintergrund des alltäglichen psychischen Geschehens, gelegentlich – besonders bei lebens(lauf)entscheidenden Fragen und in gesellschaftlichen Diskussionen – werden sie auch bewusst wahrgenommen.
Ein Beispiel: An die Ängstlichkeit, Fremdenfurcht und Heimatliebe der darunterliegenden Schichten können politische Ideologien oder „Werte" wie Nationalismus und Rassismus andocken. Umgekehrt könnten sich bei Kindern mit positiveren Erziehungserfahrungen, entsprechendem Selbstvertrauen und Offenheit für neue Menschen auch Werte wie Weltbürgerlichkeit oder Universalismus anschließen.

4. Für ein theoretisches Modell der Verhaltensverursachung müssen diese drei Schichten in den neuronalen Netzen des Individuums und seiner Persönlichkeit durch eine vierte Schicht von Einflussfaktoren ergänzt werden, nämlich Aspekte der äußeren Situation. Dazu gehört das kulturelle Angebot an Religionen, Weltanschauungen, Menschenbildern und Ideologien in der jeweiligen Umwelt. Auch kommen Gelegenheiten und Umstände hinzu, die bestimmte (moralisch bewertbare) Verhaltensweisen begünstigen: Gelegenheit macht Diebe, schafft Liebe, provoziert Hiebe. Zur äußeren Situation zählen auch Handlungserwartungen anderer in der sozialen Umgebung, die Sozialstruktur (z. B. gleich oder hierarchisch, verwandt oder nicht verwandt), die Art der Situationsbeteiligten (Geschlecht, Alter, Ethnie usw.), Normen und Gesetze. Dieser äußeren Situation, ihren kulturellen Angeboten, Erwartungen und Normen können auch die idealisierten Werte (A) zugeordnet werden (z. B. entspricht das Tötungsverbot in unseren Gesetzen dem Wert der Lebenserhaltung). Zu den Merkmalen der Situation gehört auch die Zeit, die für eine Verhaltensentscheidung zur Verfügung steht. Zeitmangel und anderer Stress (Gefahr, Schwierigkeit einer Aufgabe,

unklare Situation, Zielkonflikt, Gruppendruck usw.) können Verhaltensreaktionen der unteren psychischen Schichten auslösen, die wenig rational
sind und stattdessen einfachen Emotionen, Routinen und Heuristiken
(simplen Lösungen) folgen.

Der Blick in die Forschung verschiedener Disziplinen in diesem Buch legt
nahe, dass die Einflüsse der in den ersten drei Schichten repräsentierten biotischen Antriebe und Reaktionen, psychischen Grundstimmungen und Ver-
haltensbereitschaften sowie der kulturellen Elemente von der ersten bis zur
dritten Ebene abnehmen. Anders gesagt: Die unterste Schicht der evolutionären Bedürfnisse und Mechanismen wirkt wie ein Magnet oder Attraktor
auf die Art, wie wir uns verhalten. Die Motivationskräfte der oberen Schichten der Persönlichkeit und der Kultur samt internalisierten Werten (B) sind
schwächer.

Die zweite Schicht, die Persönlichkeit, hat wiederum gegenüber der dritten eine Magnetwirkung. Gegen diese Anziehung durch die unteren Ebenen
können sich die Werte (B) oder gar (A) als Handlungsmotive nur unter psychischer Anstrengung durchsetzen: mit der Zivilcourage, einem Überfallopfer
zu helfen, statt wegzulaufen; mit Selbstkontrolle gegen Verführungsversuche
durch die Frau des besten Freundes; mit dem Ethos der Wissenschaft gegen
die Verlockung des raschen Plagiats unter dem Zeitdruck einer Dissertati-
on. Wenn andererseits die Faktoren der äußeren Situation stark sind (wie bei
Stress), können sie ebenfalls Verhaltensanpassungen auslösen, die – als Notfallprogramm – tiefere Schichten der Verhaltensmotivation aktivieren (vgl. Wahl
2000, S. 384). Glücklich jene, bei denen die Faktoren aus allen psychischen
Schichten und der Umwelt konfliktfrei zusammenspielen – es muss ein natur-
nahes frohes Völkchen oder das Paradies sein (vor der Vertreibung).

Gibt es auch im Gehirn eine klare Entscheidungshierarchie?

Trotz dieses Modells von psychischen Schichten und der Anziehungskraft
der unteren Ebenen auf die oberen – im Gehirn geht es noch komplizierter zu.
Neurowissenschaftler sind sich einig, dass es in der Hirnarchitektur, den neuronalen Schaltkreisen und ihren gespeicherten Informationen keine eindeutige zentrale Lenkungs- und Entscheidungsinstanz gibt. Vielmehr sehen sie hier
Mechanismen der Selbstorganisation (Singer 2005), keinen neuronalen Diri-
genten, sondern ein – nicht immer harmonisches – Orchester zusammen- und
gegeneinander spielender Module. Statt einer Entscheidungsautorität herrscht
im Gehirn ein Wettstreit verschiedener neuronaler Schaltkreise (z. B. Emotionen, Bewertung der Absichten anderer) (Funk und Gazzaniga 2009, 679 f.).

Gleichwohl haben die verschiedenen Schichten unterschiedlich starke Wirkungskräfte. So steckt das normative Begründungs- und Rechtfertigungssystem (einschließlich moralischer Werte) hauptsächlich im ventromedialen präfrontalen Cortex und im orbitofrontalen Cortex sowie in den Sprachzentren der Broca- und Wernicke-Areale. Dieses normativ argumentierende System wird aber durch tiefere Schichten vorgeformt, an der Basis von unbewusst agierenden subcorticalen Teilen des limbischen Systems, insbesondere Hypothalamus, Amygdala, mesolimbischem System und Teilen der Basalganglien. Dazu können bewusstseinsfähige Motive der jeweiligen Persönlichkeit kommen, die insbesondere in cortical-limbischen Arealen, verschiedenen Teilen des Cortex und Hippocampus repräsentiert sind. Die unteren neuronalen Schichten beeinflussen die obere Schicht des Rechtfertigungssystems stärker als umgekehrt (Roth 2007; Young et al. 2010). Dabei müssen viele Areale zusammenwirken, in denen Bedürfnisse und Interessen, Emotionen und moralische Intuitionen, Temperament und Gedächtnisinhalte, Beachtung der jeweiligen Situation und Erwartungen anderer, Selbstbild und Selbstdarstellung sowie weitere Faktoren in die Motivation moralisch bewertbaren Verhaltens eingehen. Was davon jeweils den letzten Ausschlag gibt, geschieht in einem unbewussten Verrechnungsprozess dieser Kräfte.

Jedenfalls müssen für anspruchsvolle Denkprozesse wie bewusstes Bilanzieren der Vor- und Nachteile einer Entscheidung, Nachdenken über ihre mögliche Spätfolgen oder moralisches Abwägen zwischen Hilfe und Eigennutz, also bei rationalen Bewertungen unter der Berücksichtigung von moralischen Werten, Mindestvoraussetzungen erfüllt sein. Das Gehirn benötigt ausreichend Zeit, solche Entscheidungen ohne die rasch einsetzenden unbewussten Reflexe und Routinen zu bewältigen. Es darf nicht unter Stress, emotionalem oder sozialem Druck stehen, um nicht affektive Notfallreaktionen oder pimal-Daumen-Lösungen (Heuristiken) auszulösen. In unserem beschleunigten Zeitalter sind solche unbelasteten Situationen immer seltener, die (oft auch widersprüchlichen) Handlungserwartungen aus Familie, Schule, Arbeit und Terminkalender drücken aufs Tempo. Die Muße für Nachdenkschleifen, wie es wertegebundenes Handeln fordert, ist selten.

Daher wird das traditionelle Modell vom Zusammenhang zwischen idealisierten Werten (A) und dem von ihnen angeleiteten Handeln, wie es eingangs Abb. 1.1 skizzierte, nun abgelöst vom wirklichkeitsnäheren Modell 3 + 1 gemäß Abb. 8.1. Es zeigt den Einfluss der drei Schichten der Psyche mit

1. den Grundbedürfnissen, -emotionen und biopsychischen Mechanismen,
2. der Persönlichkeit mit ihren Sozialisations- und Lebenserfahrungen, Kompetenzen, spontanen und gelernten Verhaltensneigungen,
3. der gelernten Kultur samt individuellen Werten (B),
4. schließlich den Situationseinflüssen auf die psychischen Prozesse.

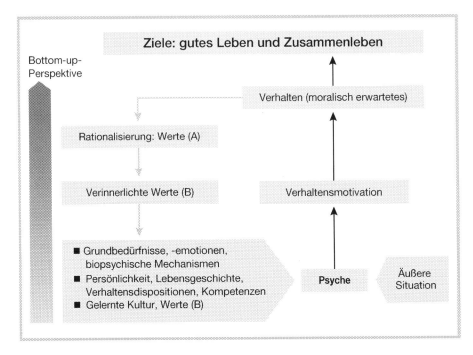

Abb. 8.1 Modell 3 + 1 des durch Persönlichkeitsaspekte und Situation gesteuerten Verhaltens in Bottom-up-Perspektive

Diese vier Faktorenbündel motivieren das Verhalten, das dann den gesellschaftlichen Moralerwartungen und letztlich den Zielen eines guten Lebens und Zusammenlebens mehr oder weniger entspricht. Sogar die Werte (A) bekommen in diesem Modell noch ihren Auftritt – allerdings weniger in der Hauptrolle bei alltäglichen Verhaltensentscheidungen, sondern eher als nachträgliche Erklärungen oder Rationalisierungen spontanen Verhaltens. Aus diesen Rechtfertigungskonstruktionen kann sich im Laufe der Zeit durch Gewohnheitsverhalten ein latenter Vorrat verinnerlichter subjektiver Werte (B) ansammeln, der teils mit Werten (A) übereinstimmen kann. Diese Werte können dann als ein Teil von vielen Motiven für künftige Handlungen dienen (auch weil andere Personen solche Bezugnahmen von uns erwarten).

8.2 Erst das Verhalten, dann die Moral? – *Eine Zwischenbilanz*

„Das Herz hat seine Gründe, die die Vernunft nicht kennt" (Pascal 1669/1852, S. 296).

Das Resümee unseres Forschungsüberblicks zur Motivation des Verhaltens ist für jene, die auf die Wirkung der „höheren", idealisierten Werte (A) und Werteerziehung setzen, ernüchternd. Diese Werte leiten unser alltägliches Tun und Lassen kaum, sondern es sind primär viele andere Kräfte am Werk. Unser Gehirn liefert aber Werte zur Erklärung und Rechtfertigung nach, zugespitzt: Oft kommt erst das Verhalten, dann die Moral. Noch einmal Schritt für Schritt:

- Die meisten psychologischen und sozialwissenschaftlichen Studien, die nach Werten (A) oder (B) hinter einem Verhalten fragen, können aufgrund der Forschungsmethoden (Fragebogen, Interviews) nicht ausschließen, dass die Befragten zur Wahrung ihrer Identität, aus Scham oder anderen Motiven statt der tatsächlichen Verhaltensmotive eher Rationalisierungen oder Legitimierungen angeben. Dabei kann spontanem Verhalten nachträglich ein Sinn gegeben werden. Eigene Motive werden aufgehübscht oder nicht ehrlich genannt, wenn sie öffentlich propagierten Werten widersprechen.
- Ungeachtet dieser Einschränkung gibt es nach Überblicksstudien über viele Untersuchungen (Metaanalysen) meist nur schwache Zusammenhänge zwischen Werten (A) oder (B) und Einstellungen einerseits und dem Verhalten andererseits. Selbst solche statistischen Zusammenhänge (Korrelationen) sagen noch nichts darüber, ob Werte das Verhalten verursachen (Kausalzusammenhang) oder ob das umgekehrt ist.
- Die Frage der Richtung der Verursachung lässt sich mit einigen neurowissenschaftlichen Verfahren erkennen. Sie zeigen, dass bestimmte Gehirnstrukturen und -prozesse Bewertungen und Verhaltensentscheidungen ursächlich steuern.
- Wann kommen in diesen neuronalen Motivationsprozessen moralische oder politische Werte ins Spiel? Die Forschung ermittelte, dass der größte Teil alltäglicher Bewertungen und Entscheidungen intuitiv, unbewusst, emotionsgesteuert und automatisch abläuft. Sogar bewusste Verhaltensentscheidungen lassen sich aus mehrere Sekunden vorausgehenden, unbewussten Gehirnaktivitäten vorhersagen. Für viele Gehirnforscher gibt es auch keinen Platz für bewussten freien Willen. Doch als verbreitete Vorstellung oder soziale Konstruktion ist freier Wille gesellschaftlich, juristisch und in

den individuellen Selbstbildern durchaus wirksam: Wir schreiben uns und anderen subjektiv zu, frei zu entscheiden und zu handeln.

- Eine bewusste, rationale Berücksichtigung moralischer und politischer Werte (A) bei Handlungsentscheidungen ist eher ein Grenzfall oder eine Ausnahme (z. B. in Situationen ohne Stress und Erwartungsdruck durch andere, bei emotionaler Entspannung und ausreichender Entscheidungszeit). Doch selbst dann ist die Letztentscheidung im Gehirn unbewusst-emotionaler Art.

- Experimente verdeutlichen nicht nur, wie unbewusst-emotionale Motivation dem Verhalten zeitlich vorausgeht, sondern auch, dass das Gehirn dem (selbst ungewöhnlichen) spontanen Verhalten fantasievolle rationalisierende Verhaltenserklärungen nachschickt, auch moralische Rechtfertigungen.

- In der Freud'schen Tradition gilt Rationalisierung als Mechanismus zur Bewältigung psychischer Konflikte und zur Stabilisierung des Selbstbilds. Pareto (1962) beschrieb für Gesellschaften und Kulturen ähnliche Mechanismen, die Werte (A) als unterschiedliche Rationalisierungen grundlegender Regelhaftigkeiten des sozialen Lebens erscheinen lassen (wenn z. B. Religionen das gleiche Verhalten unterschiedlich deuten und werten).

- Bei der Suche nach Ursachen des Verhaltens hat die Forschung Zusammenhänge zwischen Persönlichkeitseigenschaften (z. B. Ängstlichkeit, Offenheit) einerseits und moralischen sowie politischen Werten andererseits gefunden. Dabei geht die Richtung der Verursachung gewöhnlich von der Persönlichkeit zu den Werten.

- Passend dazu zeigen entwicklungspsychologische Längsschnittstudien, dass anhaltende persönliche Verhaltenstendenzen, die ab der Kindheit auftreten (wie Aggressivität), erst später im Leben durch passende Ideologien (wie Rassismus) subjektiv legitimiert werden, also wiederum (ideologische) Werte dem Verhalten als Rationalisierung nachgeschoben werden.

- Gleichwohl stellten geistige, geistliche und weltliche Eliten Kataloge von Tugenden oder moralischen und politischen Werten (A) auf. Sie werden aus Religionen oder idealistischen Annahmen abgeleitet (Götter, Gott, Naturrecht usw.). Empirische Wissenschaften sehen diese Kataloge dagegen als Ergebnis von Evolution, Kultur- und Gesellschaftsgeschichte. Die Funktion der Werte (A) ist weniger, direkt das Alltagsverhalten anzuleiten, sondern Normen und Gesetze einer Gesellschaft überweltlich (z. B. religiös) zu legitimieren. Offenbar verlassen sich auch moderne demokratische Gesellschaften nicht nur auf Gewohnheiten, Wahlen und den Bürgerkonsens über pragmatische Regeln für ihr Zusammenleben. Sie beziehen sich auch auf idealisierte Konstruktionen wie Werte – eine Erinnerung an alte magische Rituale.

- Langfristig-evolutiv können sich Verhaltensmuster durch Anpassung an veränderte Umwelten in Gehirnstrukturen und biopsychischen Mechanismen niederschlagen. Kurzfristig werden verhaltensregulierende Normen in der Sozialisation an Kinder und Jugendliche vermittelt und (eventuell etwas verändert) zwischen den Generationen weitergereicht. Das wurde exemplarisch für einige Bereiche gezeigt, die man mit Werten (A) assoziieren kann: Grundbedürfnisse (Lebenserhaltung), antike Kardinaltugenden (Gerechtigkeit, Weisheit, Tapferkeit, Mäßigung) sowie politische Grundwerte (Freiheit, Gleichheit, Brüderlichkeit) samt ihren modernen Entsprechungen.

- Da aus Sicht der Forschung die Wirksamkeit von Werten (A) für die Motivation des Alltagsverhaltens sehr eingeschränkt ist und stattdessen vor allem unbewusst-emotionale Bewertungsprozesse im Gehirn zum Zuge kommen, stellen sich neue Fragen: was moralisch erwartetes Verhalten tatsächlich anleitet und wie dies gegebenenfalls unterstützt werden kann, z. B. durch psychologische und (sozial)pädagogische Mittel. Das interdisziplinäre Forschungsbefunde zusammenfassende Modell 3 + 1 zeigt den Einfluss mehrerer psychischer Schichten der Persönlichkeit und der äußeren Situation auf die Motivation des Verhaltens. Aus diesem Modell werden nachfolgend praktische Ansätze abgeleitet, wie man die Entwicklung des Verhaltens von Kindern und Jugendlichen so fördern kann, dass es den Ansprüchen von Werten und Moral entspricht – und zwar nicht durch Werteerziehung, sondern durch wirksamere Strategien.

Fazit

Ein auf empirische Forschung gestütztes Modell der Ursachen menschlichen Verhaltens umfasst drei Schichten der Psyche: Die unterste, älteste Ebene besteht aus Grundbedürfnissen, -emotionen und biopsychischen Mechanismen, die sich in der Evolution durchgesetzt haben. Die zweite Ebene entstammt der Lebensgeschichte jedes Individuums und bildet seine jeweilige Persönlichkeitsstruktur mit ihren Kompetenzen und Verhaltensneigungen. Die dritte Ebene umfasst die in der Sozialisation gelernten Kulturelemente, darunter Normen und die subjektiv vertretenen Wünsche bzw. Werte (B), möglicherweise auch Teile der idealisierten Werte (A). Die verhaltensbestimmende Kraft nimmt von der ersten zur dritten Schicht ab. Als weiteres Faktorenbündel, das unser Verhalten formt, kommt die äußere Situation mit ihren Angeboten an Weltbildern, Gelegenheiten, Unterstützungs- und Stresselementen hinzu.

Die meisten Entscheidungen für moralisch oder politisch relevantes Verhalten im Alltag fallen aus unbewussten Motiven, vor allem der unteren psychischen Schichten. Das müssen Versuche zur moralischen und politischen Erziehung berücksichtigen, wenn sie erfolgreich sein wollen.

Literatur

Facebook-Bash. *Spruch 27868*. www.facebook-bash.com/spruch/27868/waehrend-herz-und-verstand-sich-streiten-steht-dein-instink.html. Zugegriffen: 6.12.2013

Funk, C. M., & Gazzaniga, M. S. (2009). The functional brain architecture of human morality. *Current Opinion in Neurobiology, 19*, 678–681.

Pareto, V. (1962). *System der allgemeinen Soziologie*. Stuttgart: Enke. Hrsg. G. Eisermann

Pascal, B. (1669/1852). *Les pensées de Pascal*. (Hrsg. E. Havet). Paris: Dezobry & Magdeleine.

Roth, G. (2007). Gehirn: Gründe und Ursachen. *Deutsche Zeitschrift für Philosophie*, Sonderband 15, 171–185.

Singer, W. (2005). Wann und warum erscheinen unsere Entscheidungen als frei? Ein Nachtrag. *Deutsche Zeitschrift für Philosophie, 53*(5), 707–722.

Wahl, K. (2000). *Kritik der soziologischen Vernunft. Sondierungen zu einer Tiefensoziologie*. Weilerswist: Velbrück Wissenschaft.

Young, L., et al. (2010). Damage to ventromedial prefrontal cortex impairs judgment of harmful intent. *Neuron, 65*(6), 845–851.

9

Was fördert moralisches Verhalten?

9.1 Ist ein pädagogischer Strategiewechsel nötig? – *Persönlichkeitsentwicklung statt Werteerziehung*

Am Anfang dieses Buches steht die verbreitete These, dass wir in einer Zeit von gesellschaftlichen, wirtschaftlichen, politischen und anderen Krisen leben. Schuld daran sei u. a. der Werteverfall, gegen den moralisch-politische Werteerziehung helfe. Diese These beruht auf der Annahme, menschliches Handeln werde durch „höhere", idealisierte Werte (A) angeleitet. Doch dieses Buch zeigt, dass diese Vermutung durch die empirische Forschung weitgehend entzaubert wurde. Die Wissenschaften fanden viele andere Ursachen unseres Verhaltens. Nach dieser Abwertung der Werte als primäre Motive unseres Tuns und Lassens macht auch Werteerziehung weniger Sinn.

?

Was fördert angesichts der ungeeigneten Werteerziehung erwünschtes moralisches und politisches Verhalten?

Die Frage lenkt den Blick auf die entscheidenden Motivationsprozesse der Persönlichkeit, die das Modell 3 + 1 beschreibt (Abb. 8.1). Für diese andere Lösung muss einiges bedacht werden: Was sind die Ziele des alternativen Ansatzes? An welchen Faktoren setzen Maßnahmen am wirkungsvollsten an? Welche Bedingungen sind dabei zu beachten? Welche konkreten Persönlichkeitseigenschaften und Verhaltenskompetenzen sollen vermittelt werden?

Zunächst geht es um das Ziel: Was ist das von den Gesellschaftsangehörigen erwartete moralische Verhalten und wohin soll es führen? Keine einfachen Fragen. Denn diese Erwartungen und Wünsche können nicht nur zwischen Gesellschaftsschichten, Subkulturen und Politikern unterschiedlich sein (z. B. bei Vorstellungen zur Einkommensgerechtigkeit). Gibt es dennoch einen gemeinsamen Kern?

K. Wahl, *Wie kommt die Moral in den Kopf?*, DOI 10.1007/978-3-642-55407-0_9,
© Springer-Verlag Berlin Heidelberg 2015

In der abendländischen Geschichte galt seit den antiken Philosophen ein allgemeines Lebensziel: das glückliche, gute Leben, auch in einem guten Staatswesen. Modern, psychologisch, wohlfahrtspolitisch ergänzt und offen für unterschiedliche Akzentuierungen in einer pluralistischen Gesellschaft könnte man das Ziel ungefähr so formulieren: *Ein möglichst angenehmes (d. h. sicheres, gesundes, auskömmliches, selbstbestimmtes, interessantes) Leben der Individuen im Zusammenleben einer möglichst friedlichen, wohlhabenden, freien und gerechten Gesellschaft.*

In jüngerer Zeit wird auch mehr über die Notwendigkeit diskutiert, Ziele über die eigene Generation hinaus zu beachten, etwa hinsichtlich Ressourcenverbrauch, Klimapolitik, Verschuldung oder Lagerung langfristig radioaktiver Abfälle.

Traditionell sollte das Endziel eines guten Lebens über das Zwischenziel der Tugenden, heutzutage über die Werte für die Lebensführung, erreicht werden, d. h. über normative Aufforderungen, wie man sich verhalten soll. Indessen wurde, angeregt durch empirische Forschung, in den letzten Jahrzehnten in pädagogisch-politischen Diskussionen auch vermehrt erörtert, welche persönlichen Eigenschaften, Fähigkeiten oder Kompetenzen (als Zwischenziele) helfen, das Endziel eines guten Lebens zu erreichen. Damit tritt anstelle der Frage des Sollens die des Könnens. Zu solchen Kompetenzen gehören z. B. Fähigkeiten zur Einfühlung in andere und zur Konfliktlösung. Das kennzeichnet den Strategiewechsel von der traditionellen Werterziehung zur modernen Kompetenzförderung. Wir ergänzen die Kompetenzen um noch Grundlegenderes, nämlich bestimmte emotionale Grundstimmungen (besonders Sicherheitsgefühl, Selbstwertgefühl) und Verhaltensdispositionen, d. h. relativ stabile Neigungen zu moralisch angemessenem Verhalten, die auch den Endzielen eines guten Lebens und Zusammenlebens dienen.

Man könnte hier auch einige Gedanken zum *capability approach* (Befähigungsansatz) des indischen Wirtschaftswissenschaftlers und Nobelpreisträgers Amartya Sen und der amerikanischen Philosophin Martha Nussbaum (Nussbaum und Sen 1993) aufgreifen. Dabei geht es um die äußeren und inneren Grundbedingungen und Freiheiten zur Gestaltung eines erfolgreichen Lebens, u. a. durch psychische Befähigungen zu Vertrauen, Sozialität, um emotionale und kognitive Fähigkeiten.

Was heißt das konkret? Wenn ein Kind beispielsweise schon von seiner Persönlichkeit her spontan zu freundlich-friedlichem Verhalten neigt, muss seine Kompetenz zur Selbstkontrolle kaum zusätzlich gefördert werden. Man muss sich dann auch nicht darauf verlassen, dass das Kind allein durch Werterziehung die Tugend der „Mäßigung" lernt, die sich (was wissenschaftlich bezweifelt wird) im Verhalten niederschlägt. So bleibt dann die praktische Frage, welche Bedingungen und Mittel die Entwicklung einer friedlichen Per-

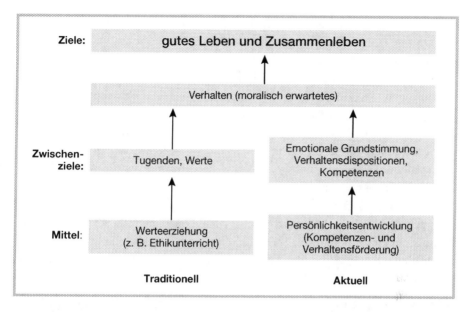

Abb. 9.1 Strategiewechsel: Von der Werteerziehung zur Persönlichkeitsentwicklung

sönlichkeit mit ihren Verhaltensdispositionen und Kompetenzen ermöglichen (Abb. 9.1).

?

Wo setzt man am wirkungsvollsten an, um die Persönlichkeitsentwicklung zu fördern?

Im Persönlichkeits-Verhaltens-Modell 3 + 1 (Abb. 8.1) haben die einzelnen psychischen Ebenen unterschiedliche Motivationsstärken für das Verhalten. Dabei sinkt die Motivationskraft von der ersten Schicht (Grundbedürfnisse und -emotionen, biopsychische Mechanismen) zur dritten (Kultur, Werte). Daher wäre es besonders wirksam, die erste Schicht zu fördern. Aber es kommt auch darauf an, wie leicht die jeweilige Schicht zu beeinflussen ist. Die Beeinflussbarkeit nimmt von der ersten zur dritten Schicht zu. Motivationsstärke und Beeinflussbarkeit der drei Schichten verändern sich also gegenläufig.

Im Detail: Die biopsychischen Mechanismen der untersten Ebene sind durch die Evolution fest im Gehirn eingeschrieben und kaum durch pädagogische Maßnahmen zu beeinflussen. Man könnte eine betroffene Person höchstens durch Gewöhnung z. B. gegen bestimmte Arten von Stress desensibilisieren oder sie durch Interventionen in genetische oder neuronale Prozesse wie z. B. Neurofeedback beeinflussen (die eigene Hirnaktivität bei Emotionen wird bildlich vorgeführt und kann dann durch gedankliche Anstrengung etwas kontrolliert werden; Brühl et al. 2014). Die zweite verhaltenssteuernde Schicht, die der Persönlichkeit und ihrer Lebenserfahrungen, ist eher für nachhaltige (sozial)pädagogische Maßnahmen offen. Auch die dritte Ebene, die der Kultur samt der internalisierten Werte, ist durch Bildung formbar, hat dafür aber weniger Motivationsstärke für das Alltagsverhalten.

Am wirkungsvollsten wären psychologische und (sozial)pädagogische Maßnahmen also, wenn sie an einer psychischen Schicht ansetzen, die möglichst motivationsstark für das Verhalten *und* selbst möglichst stark beeinflussbar ist. Auch die äußere Situation kann sich auf die Verhaltensmotivation auswirken. Je nachdem, wie stark sich diese Situation beeinflussen lässt, lohnen sich auch hier entsprechende Maßnahmen.

Eine grobe Skizze mit den Schichten der Ursachen für moralisches und politisches Verhalten, Schätzungen ihrer Motivationsstärke, der äußeren Beeinflussbarkeit und der resultierenden Wirkung von Fördermaßnahmen liefert Abb. 9.2.

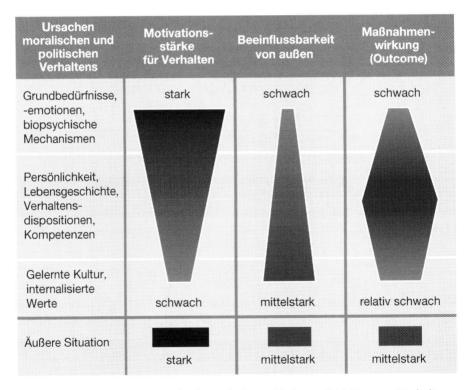

Abb. 9.2 Wirksamkeit von Maßnahmen bei verschiedenen Schichten von Verhaltensursachen (schematisch, nicht quantitativ)

Das lenkt das Interesse bei der Planung praktischer Maßnahmen auf die mittlere Schicht der Persönlichkeitsentwicklung mit den Lebenserfahrungen, Verhaltensdispositionen und Kompetenzen von Kindern und Jugendlichen. Erfreulicherweise müssen Förderprogramme heute nicht auf einem leeren Blatt anfangen. Denn die Evolution hat dem *Homo sapiens* nicht nur Potenziale für Aggression und Skepsis gegenüber Fremden mitgegeben, sondern auch Grundfähigkeiten und -motive für ein relativ sicheres, angenehmes Leben in sozialen Gemeinschaften. Diese positiven Grundtendenzen kann man psychologisch und (sozial)pädagogisch unterstützen, insbesondere dort, wo sie gefährdet sind. Kreative Psychologen und Sozialpädagogen haben dazu viele Praxismodelle entwickelt (deren Wirksamkeit aber leider oft nicht genau überprüft wurde). Dies würde auch auf eine innovative und positivere Pädagogik hinauslaufen als jene Jahrtausende während unrühmliche Variante, gegen menschliche Bedürfnisse und Neigungen moralisierend anzukämpfen, schuldbelastete Kinder zu hinterlassen oder wie heute oft nur noch „Grenzen setzen" zu wollen (die nötig sind, sich aber in Kindergruppen teilweise selbst einspielen).

Somit kann das Modell 3 + 1 weiterentwickelt werden zu einem Modell der psychologischen und (sozial)pädagogischen Förderung emotionaler Grundstimmungen, Verhaltensneigungen und Kompetenzen, die zu moralisch erwartetem Verhalten motivieren (Abb. 9.3). Ebenso lohnt es sich, auf Veränderbarkeiten der äußeren Situation zu achten, die großen Einfluss auf das Verhalten hat. Das ist der Ansatzpunkt für Bildungsmaßnahmen und Politiken, die die gesamte Umwelt betreffen (Familien-, Bildungs-, Wirtschafts-, Sozial-, Wohnungsbaupolitik usw.).

Was sind die Möglichkeiten und Grenzen (sozial)pädagogischer Förderung?

Pädagogische Optimisten nehmen an, dass man Menschen alle möglichen Inhalte beibringen könne. Der biologische Anthropologe Eckart Voland (2006) widerspricht dem. Aufgrund der Evolution könnten wir nur lernen, worauf wir bzw. unser Gehirn naturgemäß (d. h. im Eigeninteresse) eingestellt seien. Immerhin setze die Evolution aber auf das Lernen als Lebensphase, die beim Menschen länger als bei anderen Primaten dauere – also eine Chance für Lehren und Lernen, jedoch nur unter bestimmten Bedingungen.

Lernprozesse können als programmgesteuerte Nutzbarmachung externer Information für die eigene Entwicklung und das eigene Verhalten verstanden werden (Treml 2004). Sie werden durch genetische Programme reguliert, u. a. für das Entstehen einfacher Verhaltensassoziationen, komplexes Lernen, Gedächtnisbildung, Gewöhnung, symbolische Kommunikation und verschie-

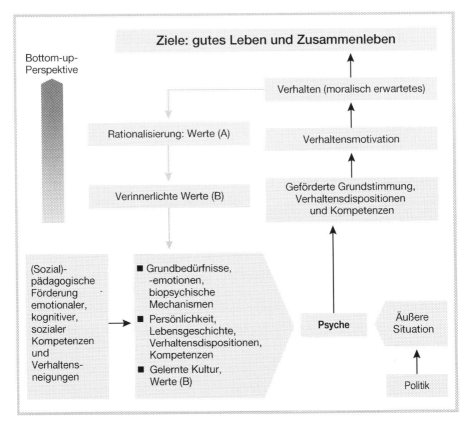

Abb. 9.3 Modell der Förderung von Emotionen, Verhaltensdispositionen und Kompetenzen

dene Intelligenzformen (Heschl 2002). Lerninhalte sind aus Volands (2006) biologischer Sicht lokale und individuelle Lösungen für artspezifische Probleme der Anpassung an wechselnde Umwelten. In einer frühen Lebensphase könne das auch durch Verhaltensprägung erfolgen wie beim Mutterspracherwerb. Gilt das auch für werterelevante Dinge? Ja, meint Voland und nennt Risikobereitschaft, Gerechtigkeitsgefühl, Fairnessregeln, Kooperationsstrategien und identitätsstiftende Kennzeichen von Eigen- und Fremdgruppen, die so tief verankert seien, dass sie mit rationalen Mitteln kaum beeinflussbar seien. Lernziele wie Feindesliebe oder andere evolutionär nicht vorgesehene Kompetenzen seien trotz aller humanistischen Anstrengung für Durchschnittsmenschen unerreichbar, das schafften nur Helden und Heilige.

Um die konkreten Möglichkeiten und Grenzen dafür auszuloten, mit psychologischen und (sozial)pädagogischen Mitteln auf die Verhaltensmotivation von Kindern und Jugendlichen einzuwirken, folgen wir wieder unserem Modell 3 + 1:

1. Die evolutiv älteste psychische Schicht der Grundbedürfnisse, -emotionen und biopsychischen Mechanismen ist zwar höchst verhaltensmotivierend, aber im Gehirn so fest verdrahtet, dass Erziehungsversuche in diesem Bereich an Grenzen stoßen. Daher sollte man äußere Auslöser der alten Mechanismen vermeiden – oder mühevoll versuchen, gewohnte Reaktionen abzuschwächen: Eine furchtsame Person, die übertriebene Sicherheit anstrebt (auch als Wert), kann – jenseits von medizinischen Mitteln – eventuell durch Übungen zur Desensibilisierung gegenüber Gefahren etwas lockerer werden.

2. Auf die zweite verhaltensmotivierende Schicht, die der Persönlichkeit und die diese anregenden oder hemmenden Umgebungsfaktoren, ist von außen teilweise leichter einzuwirken: Schwangerschaftseinflüsse, emotionale Bindungs- und Beziehungsprozesse zwischen Eltern und Kind, Erziehung und Bildung ab der frühen Kindheit, all das lässt sich durch Familienbildung und -beratung, Kindertagesstätten, Schulen, Therapien usw. etwas beeinflussen. In diesen Prozessen werden teils schon vorhandene emotionale Neigungen und Verhaltensdispositionen weiter geformt, z. B. Ängstlichkeit oder Offenheit, Einfühlungsfähigkeit oder Ignoranz, Hilfsbereitschaft oder Eigennutz. Diese psychischen Eigenschaften beeinflussen den Umgang mit anderen Menschen, ob interessiert und rücksichtsvoll oder desinteressiert und arrogant, altruistisch oder egoistisch.

   Allerdings ist in der Psychologie strittig, wie stark (sozial)pädagogische Maßnahmen eine Persönlichkeit beeinflussen können (Ferguson 2010). Die einen sehen die (stark genetisch geprägte) Persönlichkeit als lebenslänglich sehr stabile Struktur, die anderen als plastisches Gebilde. Beide Seiten ziehen Ergebnisse von Längsschnittstudien heran, interpretieren sie aber anders – nach dem Muster, ein Glas halb voll oder halb leer zu sehen. Wir nehmen jedenfalls (gemäßigt pädagogisch optimistisch) eine moderate Beeinflussbarkeit der Persönlichkeit an. Das erfordert allerdings anhaltende Zeit für pädagogische Einwirkungen, keine Crashkurse. Denn die Gehirnforschung weist auf die Basis allen Lernens hin: die durch Gelerntes neu gebildeten Nervennetzwerke durch Wiederholungen zu stabilisieren – *use it or lose it*.

3. Die dritte Schicht der Verhaltensmotivation, Elemente der gelernten Kultur samt internalisierten Werten und Normen, ist offener für pädagogische Bemühungen. Wenn ihre gedanklichen Inhalte aber in Widerspruch zu emotionalen Neigungen und Gewohnheiten geraten, können sie sich nur schwer durchsetzen. Denn die Forschung hat wiederholt den neuropsychologischen „Primat der Affekte" (Zajonc 1984) bzw. der Emotionen vor der Vernunft und dem Nachdenken gefunden. Bildungsmaßnahmen müssen also die emotionalen Aspekte der Persönlichkeit berücksichtigen.

Dazu kommt, dass das für moralische Entscheidungen wichtige Frontalhirn erst spät in der Jugend ausreift (Roth 2011), was frühe wertepädagogische Bemühungen bremst. Sie setzen auch ein gewisses intellektuelles Niveau voraus.

4. Die letzte Schicht von Verhaltensfaktoren, die äußere Situation, hat unterschiedlichste Erscheinungsweisen: räumliche (z. B. Wohnungsausstattung und -umgebung), zeitliche (z. B. die Zeitstruktur von Schule und Arbeit), soziale (z. B. die anderen Familienmitglieder und Schulkameraden) und kulturelle (z. B. das Angebot an Weltbildern und Moralkatalogen). All das ist unterschiedlich stark zu beeinflussen – von selbst aufgestellten Familienregeln bis zur Bildungs- und Sozialpolitik.

9.2   Ein „sozialpädagogisches Breitbandantibiotikum"? – *Emotionen, Verhaltensdispositionen und Kompetenzen*

Da ein Rucksack voller Werte wenig bringt, stellt sich die Frage, mit welchen Verhaltensdispositionen und Kompetenzen Kinder dann erfolgreich auf ihre Lebensreise gehen. Angesichts kultureller Variationen quer über die Erde und der gebotenen Kürze dieses Buches beschränken wir uns auf Mitteleuropa.

> Überlegungen zur pädagogischen Förderung von moralischem, menschenfreundlichem Verhalten sind nicht neu. Sie wurden früher etwa unter dem Stichwort „Herzensbildung" diskutiert. Friedrich Schiller (1784/1967) sprach von der „Bildung des Herzens", sein Freund, der Bildungsreformer Wilhelm von Humboldt (1809/1982) von der „Bildung des Gemüths" zur Ergänzung der Verstandesbildung. In uns angelegte positive Fähigkeiten wie das Mitgefühl sollten gestärkt, negative Gefühle wie Gier und Hass beherrscht werden – mit dem Generalziel eines selbstgesteuerten Menschen. Die einzelnen pädagogischen Ziele und Wege dahin wurden allerdings von Anfang an kontrovers diskutiert. So wurde die Lektüre von Romanen zur Steigerung der Empfindsamkeit empfohlen. Doch andere zeitgenössische Autoren warnten, ein solcher Lesestoff könnte bei Frauen unerfüllbare Wunschfantasien und bei Männern gar zu viel Empfindsamkeit auslösen (Frevert und Wulf 2012).

Anstatt von Herzensbildung wird heute nüchterner von emotionalen und sozialen Kompetenzen oder ähnlichen Erziehungszielen gesprochen. Was genau soll dazu gehören? Neuerdings werden ganze Kommissionen bemüht, um Verhaltenskompetenzen und entsprechende pädagogische Programme zu entwerfen. Zwar bleiben auch aktuelle Kataloge interessen- oder modebedingt, aber sie können sich auf Empfehlungen aus der Forschung darüber stützen, welche Faktoren welches Verhalten begünstigen. Beispielsweise formulierte der interdisziplinär besetzte Wissenschaftliche Beirat für Familienfragen des Bundesministeriums für Familie, Senioren, Frauen und Jugend (BMFSFJ 2005, S. 10) drei Arten von Entwicklungs- und Erziehungszielen für Kinder:

1. individuelle Ziele (Entfaltung der Begabungen, Interessen und Potenziale für eine autonome Lebensführung),
2. soziale Ziele (Herstellung zufriedenstellender zwischenmenschlicher Beziehungen, Anerkennung der Bedürfnisse anderer, Kooperations- und Konfliktlösungsfähigkeiten),
3. moralische Ziele (Aufbau von Wertmaßstäben für die Beurteilung von richtig/falsch, zulässig/unzulässig, fair/unfair, gerecht/ungerecht).

Der Beirat ergänzte diese Ziele um solche für kindliche Bedürfnisse, Dinge selbst zu machen (Autonomie), Fähigkeiten zu erproben (Kompetenz) und in soziale Beziehungen eingebettet zu sein (Bezogenheit).

Rüttelt man diesen Katalog zurecht in Richtung auf unsere obigen Lebensziele eines guten Lebens (möglichst angenehm, sicher, gesund, auskömmlich, selbstbestimmt, interessant) in einer guten Gesellschaft (möglichst friedlich, wohlhabend, frei und gerecht) und ergänzt ihn durch emotionale Bedingungen, Verhaltensdispositionen und Kompetenzen, die sich nach der Forschung als günstig für ein friedliches Zusammenleben erwiesen (vgl. Wahl 2012, S. 41 f.), ergibt sich etwa folgende Liste:

- **Individuelle Grundstimmung, Verhaltensdispositionen und Kompetenzen** (für Sicherheit, Gesundheit, Wohlergehen, Entwicklung, Autonomie – und um dies alles erlangen zu können):

  - Sicherheitsgefühl (statt Misstrauen in andere),
  - Resilienz (Widerstandskraft gegen Stress),
  - angemessenes Selbstwertgefühl (auch um entspannt mit anderen umzugehen),
  - Gesundheitskompetenz,
  - Risikoabschätzung (um nicht sich oder andere zu gefährden),
  - Selbstbestimmung,
  - Wissen, kognitive Intelligenz, Reflexionsvermögen, Planungsfähigkeit,

- **soziale Verhaltensdispositionen und Kompetenzen** (für förderlichen Umgang mit anderen):

- korrekte soziale Wahrnehmung der Gefühle und Gedanken anderer (*theory of mind*),
- Empathie (Einfühlen in Emotionen anderer), Sensibilität,
- Selbstkontrolle (Ärger-, Impulskontrolle),
- Fairness und Gerechtigkeit gegenüber anderen,
- prosoziales Verhalten, Hilfsbereitschaft (Toleranz, Altruismus),
- Fähigkeiten zu Kommunikation, Kooperation und Konfliktlösung.

Die ersten drei Punkte dieser Liste (Sicherheitsgefühl, Resilienz, Selbstwertgefühl) haben sich in der Forschung als Grundvoraussetzungen dafür erwiesen, dass die betreffenden Personen zu einem entspannten, prosozialen, friedlichen Umgang mit anderen Menschen neigen und damit einen Hauptzweck von Moral bzw. Werten (A) erfüllen (vgl. z. B. Killen und Smetana 2005; Lickona 2012, 49 f.; Taylor et al. 2013; Smith et al. 1999): Wer sich sicher fühlt (u. a. durch eine sichere Bindung und warme Beziehungen zu Bezugspersonen), widrige Lebensumstände überwinden kann und ein weder zu negatives noch übersteigertes Selbstwertgefühl hat, tendiert weniger dazu, andere zu dominieren, zu betrügen oder anzugreifen (Gleichheit, Gerechtigkeit, Mäßigung), ist selbstsicherer, kann sich und anderen Autonomie zugestehen und helfen (Tapferkeit, Freiheit, Brüderlichkeit). Erzieherische Anstrengungen sollten also besonderen Nachdruck auf die Förderung dieser Eigenschaften legen.

Darüber hinaus benennt die Gesamtliste eine Art „sozialpädagogisches Breitbandantibiotikum" zur Vorbeugung gegenüber vielen späteren psychischen Problemen und Verhaltensauffälligkeiten einerseits und zur Förderung eines friedlichen Zusammenlebens andererseits. Dieser pragmatisch kurze Katalog könnte natürlich um etliche Fähigkeiten erweitert werden, die auch das Zusammenleben erleichtern, beispielsweise Menschen und Situationen lockerer und mit Humor zu sehen.

Wie können solche Grundstimmungen, Verhaltensneigungen und Kompetenzen im Einzelnen durch (sozial)pädagogische Programme und Maßnahmen gefördert werden? Immerhin haben vor allem Psychologen, Sozialpädagogen und Erziehungswissenschaftler international dazu viele Ansätze entwickelt, die kognitiv-informatorische Wertepädagogik ersetzen könnten. Im folgenden Kap. 10 werden einige Beispiele zu der in Abschn. 5.3, Kap. 6 und 7 dargestellten Auswahl an biologischen, moralischen und politischen Werten angeführt: den Grundbedürfnissen wie Überleben, Gesundheit und Sicherheit sowie aktuellen Entsprechungen der klassischen Kardinaltugenden und der politischen Werte der Französischen Revolution. Angesichts des beschränkten Platzes muss es bei wenigen exemplarischen Praxisprogrammen bleiben.

> **Fazit**
>
> Für das Ziel der Werteerziehung, ein möglichst gutes oder angenehmes (sicheres, auskömmliches, selbstbestimmtes usw.) Leben und Zusammenleben zu ermöglichen, erwiesen sich ihre Mittel (vor allem die traditionelle Lehre von Tugenden oder Werten) als recht erfolglos, wie die internationale Forschung ermittelt hat. Erfolgversprechender erscheint ein Strategiewechsel von der bloßen Werteerziehung zur Förderung der Persönlichkeitsentwicklung, vom Sollen und Wollen zum Können. Entsprechende emotionale Stimmungen, Verhaltensneigungen und Kompetenzen (von der Empathie bis zur friedlichen Konfliktlösung) sind am effizientesten schon bei Kindern zu fördern. Für die Auswahl der wirksamsten (sozial)pädagogischen Maßnahmen sind die unterschiedlichen Stärken der verschiedenen psychischen Schichten auf die Verhaltensmotivation ebenso zu beachten wie die unterschiedlichen Beeinflussbarkeiten dieser Schichten von außen.
>
> Wissenschaftliche und pädagogische Experten haben forschungsgestützte Kataloge entsprechender Verhaltensdispositionen und Kompetenzen aufgestellt, die großteils mit den anhand der Kardinaltugenden und Werte der Französischen Revolution behandelten psychischen Eigenschaften parallel gehen. Diese Liste umfasst eine Art „sozialpädagogisches Breitbandantibiotikum", das vielen späteren psychischen Problemen ebenso vorbeugt, wie es einem guten Leben und Zusammenleben dient. Was nun folgt, sind Beispiele von Versuchen, diese Aspekte in praktischen Programmen und Maßnahmen zu fördern, sowie Erfahrungen mit der Wirksamkeit solcher Praktiken.

Literatur

BMFSFJ (Hrsg.). (2005). *Stärkung familialer Beziehungs- und Erziehungskompetenzen. Kurzfassung eines Gutachtens des Wissenschaftlichen Beirats für Familienfragen beim Bundesministerium für Familie, Senioren, Frauen und Jugend*. Berlin: BMFSFJ.

Brühl, A. B., Scherpiet, S., Sulzer, J., Stämpfli, P., Seifritz, E., & Herwig, U. (2014). Real-time neurofeedback using functional MRI could improve down-regulation of amygdala activity during emotional stimulation: A proof-of-concept study. *Brain topography, 27*(1), 138–148.

Ferguson, C. J. (2010). A meta-analysis of normal and disordered personality across the life span. *Journal of personality and social psychology, 98*(4), 659–667.

Frevert, U., & Wulf, C. (2012). Die Bildung der Gefühle. *Zeitschrift für Erziehungswissenschaft, 15*, 1–10.

Heschl, A. (2002). Genes for learning – Learning processes as expression of preexisting genetic information. *Evolution and Cognition, 8*(1), 43–54.

Humboldt, W. von (1982). *Schriften zur Politik und zum Bildungswesen*. Darmstadt: Wissenschaftliche Buchgesellschaft.

Killen, M., & Smetana, J. (Hrsg.). (2005). *Handbook of moral development*. New York: Psychology Press.

Lickona, T. (2012). *Raising good children: From birth through the teenage years*. New York: Random House Digital.

Nussbaum, M. C., & Sen, A. K. (Hrsg.). (1993). *The quality of life*. Oxford: Clarendon.

Roth, G. (2011b). *Die Entwicklung des kindlichen Gehirns – Normalität und traumatische Störungen. Vortrag bei Symposium „Frühkindliche Entwicklung in Familien mit psychischer Erkrankung eines Elternteils". München 21.1.2011*. www.daer.de/html/symposien/2011/download/Prof-Roth-Vortrag-Gehirnentwicklung-Normalitaet-u-traumatische-Stoerungen.pdf. Zugegriffen: 6.12.2013

Schiller, F. (1967). *Schillers Werke* Bd. 1. Berlin: Aufbau.

Smith, E. P., Walker, K., Fields, L., Brookins, C. C., & Seay, R. C. (1999). Ethnic identity and its relationship to self-esteem, perceived efficacy and prosocial attitudes in early adolescence. *Journal of Adolescence, 22*(6), 867–880.

Taylor, Z. E., Eisenberg, N., Spinrad, T. L., Eggum, N. D., & Sulik, M. J. (2013). The relations of ego-resiliency and emotion socialization to the development of empathy and prosocial behavior across early childhood. *Emotion, 13*(5), 822–831.

Treml, A. K. (2004). *Evolutionäre Pädagogik. Eine Einführung*. Stuttgart: Kohlhammer.

Voland, E. (2006). Lernen – Die Grundlegung der Pädagogik in evolutionärer Charakterisierung. *Zeitschrift für Erziehungswissenschaft, 9*(Beiheft 5), 103–115.

Wahl, K. (2012). Wurzeln von Aggression und Gewalt. Biologische, psychologische und sozialwissenschaftliche Forschungsergebnisse. In A. M. Kalcher, & K. Lauermann (Hrsg.), *Die Macht der Aggression* (S. 21–46). Wien: G & G Verlagsgesellschaft.

Zajonc, R. B. (1984). On Primacy of Affect. In K. Scherer, & P. Ekman (Hrsg.), *Approaches to emotion* (S. 259–270). Hillsdale: Erlbaum.

10

Werte und Moral über die Kellertreppe?

10.1 Was macht Kinder gesund und stark? – *Erziehung zu Lebenskompetenzen*

Der Großteil unseres alltäglichen Verhaltens wird durch Motive angetrieben, die nicht als Werte von der Himmelstreppe herabsteigen, sondern über die Kellertreppe kommen, aus den Tiefen unserer evolutionär und sozialisatorisch geprägten Persönlichkeit. Vorweg gehen dabei ganz grundlegende Bedürfnisse: Ein gesundes, sicheres Leben scheint bei allen kulturellen und individuellen Unterschieden zumindest in Mitteleuropa heute der erste Wunsch zu sein. Er erfordert im Wortsinne Lebensmittel, also gesunde Nahrung und Getränke, aber auch Schlaf und Sicherheit. Soll es auch ein körperlich und psychisch gutes Leben sein, müssen diese Grundausstattungen von angenehmer Qualität sein, ergänzt durch soziale Einbettung und Unterhaltung. Das wird durch die unterschiedlichsten Mittel erreicht: Menschen können sich an Grünkohl, Couscous oder Steaks laben, in Iglus, Wüstenzelten oder Hochhäusern wohnen, sich an Hahnenkämpfen, Musikantenstadln oder russischen Romanen ergötzen – der *Homo sapiens* ist ein flexibles Wesen. Nur die Befürchtung, dass unsere Gliedmaßen bis auf den Gasfuß der Autofahrer und den Finger der Smartphonenutzer verkümmern, ist zu optimistisch: Automatisch fahrende Autos und gedankenlesende Minihandys sind im Kommen.

Gerade Kinder und Jugendliche verhalten sich oft nicht gesundheits- und sicherheitsorientiert. Für sie gibt es daher gesundheitliche Mindeststandards, allerdings auch medizinische Kontroversen über Details der Ernährung, Hygiene und Körperbewegung. Angesichts besonders in benachteiligten Gesellschaftsbereichen verbreiteter Gesundheitsmängel (Zunahme von Übergewicht, chronischen Krankheiten, psychischen Störungen; Hölling et al. 2012) ist aber zweifelhaft, wie weit die elterliche Aufklärung und bisherige Programme zur Gesundheitserziehung in Kindergärten und Schulen ausreichen, flächendeckend solche Standards zu erreichen. Dabei gibt es bewährte Präventionsprogramme etwa an Grundschulen, z. B. für Fitnesssteigerung und Gewichtskontrolle (Willer 2012).

K. Wahl, *Wie kommt die Moral in den Kopf?*, DOI 10.1007/978-3-642-55407-0_10,
© Springer-Verlag Berlin Heidelberg 2015

Um ein erträgliches Leben zu erlangen, müssen oft widrige Umstände überwunden werden. Dabei hilft eine psychische Eigenschaft, alle möglichen Risiken schon im Kindes- und Jugendalter zu bewältigen, die Resilienz, d. h. eine Widerstandsfähigkeit gegen schwierige Lebensbedingungen (Armut, alkoholbelastete Eltern usw.), die es erlaubt, dennoch psychische Stabilität und ein erfolgreiches Leben zu erzielen.

Eine bekannte Längsschnittstudie dazu lief auf einer Hawaii-Insel, über 40 Jahre ab der Geburt, um festzustellen, was diejenigen Kinder auszeichnete, die als besonders resilient oder widerstandsfähig hervortraten. Es war weniger ihre Intelligenz, als dass sie offen, selbstbewusst, kommunikationsfähig, konzentriert, selbstständig und voller Vertrauen in ihre eigene Wirksamkeit waren. In der Jugendphase waren sie weniger impulsiv, dafür einfühlsamer und hilfsbereiter als andere. Was half ihnen, so zu werden? Sie hatten mindestens eine sichere Bindung an eine Person. Zudem lebten sie bei feinfühligen, beschützenden und zuverlässigen Eltern oder anderen Bezugspersonen (z. B. Großeltern), die sie einerseits wertschätzten und unterstützten, andererseits auch Grenzen setzten. Dazu kam ein hilfreiches soziales Netzwerk von Verwandten und Bekannten (Werner und Smith 1982, 2001; Wustmann 2003).

Damit sind Faktoren genannt, an denen eine Förderung von Resilienz ansetzen kann, etwa durch Elternberatung, die einen sensiblen und unterstützenden Umgang mit Kindern vermittelt. Wenn keine positiven elterlichen Bezugspersonen vorhanden sind, können andere (z. B. Erzieherinnen) entsprechende Rollen anbieten, wenn ihnen dafür Zeit gewährt wird.

Das Programm OPSTAPJE („Schritt für Schritt"; www.impuls-familienbildung. de/opstapje.html) kam aus den Niederlanden nach Deutschland und richtet sich speziell an sozial benachteiligte Eltern (Armut, Migration usw.) mit Kleinkindern. Es wird durch angelernte Hausbesucherinnen aus dem gleichen soziokulturellen Milieu durchgeführt, weil diese einen leichteren Zugang zu den Familien finden. Die Betreuerin kommt wöchentlich in die Wohnung und vermittelt ein Spiel- und Lernprogramm. Am Vorbild der Besucherin können die Eltern lernen, mit ihren Kindern auf förderliche Art zu spielen und positive Bindungserfahrungen zu ermöglichen. Die Betreuerinnen werden regelmäßig von einer sozialpädagogischen Fachkraft geschult und unterstützt. Außerdem gibt es Gruppentreffen, die die Familien zu einer Gemeinschaft zusammenschließen und über Unterstützungsangebote im Stadtteil informieren sollen. Resilienz soll auf drei Ebenen gefördert werden: beim Kind, in der Familienbeziehung und in der sozialen Umgebung. Evaluationsstudien zeigten, dass u. a. ein feinfühligerer Umgang der Eltern mit dem Kind, bestimmte Kompetenzen und die emotionale Regulierung der Kinder gefördert wurden – allerdings nur, wenn das Programm nicht zu kurzfristig war (Sann und Thrum 2005; Sann 2006).

Eng mit dem Gefühl und Wert eines guten Lebens assoziiert wird das Gefühl der Sicherheit. Nicht von ungefähr gehört es zu den Lieblingsversprechen von Politikern, uns Sicherheit zu garantieren. Das Sicherheitsgefühl wirkt sich auf das Verhalten aus. Unsichere Menschen neigen zu problematischen Einstellungen und Verhaltensweisen bis zu Fremdenfeindlichkeit und Gewalt. Es kann aber einiges getan werden, um die (teils schon genetisch bedingten) Unsicherheitsgefühle eines Kindes in der Erziehung abzumildern. Das beginnt bei Neugeborenen, die noch sehr sensibel auf die Umwelt reagieren. Eine Untersuchung bei amerikanischen Müttern mit Babys zwischen einem und 24 Monaten gab Hinweise darauf, dass das Sicherheitsgefühl und die Schlafqualität der Kinder nicht von den Praktiken des Ins-Bett-Bringens (Körperkontakt, Vorlesen usw.) abhingen (so aber in anderen Studien), sondern von der emotionalen Seite des mütterlichen Verhaltens in dieser Zeit: dem feinfühligen Wahrnehmen der kindlichen Signale, dem warmherzigen und ärgerfreien Umgang mit dem Kind (Teti et al. 2010). Sicherheitsgefühle von Kindern können auch noch später im Vorschulalter trainiert werden, so das Ergebnis einer Vergleichsstudie verschiedener Programme. In einem davon sollten die Kinder bestimmte Verhaltensweisen lernen, im anderen dagegen lernen, auf ihre Gefühle zu achten, wenn es um Entscheidungen ging, die mit ihrer persönlichen Sicherheit zu tun hatten (Reaktion auf unangemessene körperliche Berührungen). Beide Trainings waren wirksam (Wurtele et al. 1989).

Sozial unsichere Kinder, die durch Ängstlichkeit, Schüchternheit, Rückzug, mangelnde Selbstbehauptung, Isolation in der Schule und weitere Symptome auffallen, haben häufig widersprüchlich erziehende Eltern. Auf solche Fälle zielt das „Training mit sozial unsicheren Kindern" des Bremer Psychologenpaars Petermann (Petermann und Petermann 2006; Petermann und Walter 1989), das neben Kindern auch Eltern, Kindergruppe und Lehrer einbezieht. Die Kinder werden mit Elementen aus der kognitiven Verhaltenstherapie, mit autogenem Training und Rollenspielen veranlasst, über sich, ihre Gefühle und sozialen Beziehungen nachzudenken und neues Verhalten auszuprobieren. Erste Evaluationsstudien belegten die längerfristige Wirksamkeit dieses Ansatzes.

10.2 Kardinaltugenden durch Sozialpädagogik? – *Was Kinder fair, intelligent, risikobewusst und selbstkontrolliert macht*

Gerechtigkeit ist ein Organisations- und Verhaltensprinzip, das für das Funktionieren menschlicher Gesellschaften fundamental ist. Wie wir sahen, galt sie schon griechischen Philosophen als Haupttugend. Sie scheint bereits als urtümliches Verhaltensmotiv in uns angelegt. Heute glauben manche Forscher sogar, bereits bei Affen gewisse Empfindungen für „gerechten" Austausch beobachtet zu haben. Menschliche Gemeinschaften verschiedener Kulturstufen achten beim Geben und Nehmen auf ausgeglichene Wechselseitigkeit (Tit for Tat) und Fairness als Beachtung gemeinsamer Gerechtigkeitsregeln. Doch Gesellschaften unterscheiden sich auch darin, wie gerecht die Verteilung der Lebenschancen oder des Wohlstands in ihnen ist.

?

Was steigert bei Kindern den Sinn für Fairness und Gerechtigkeit?

Kinder zeigen früh ein Gefühl für ausgeglichenen Umgang miteinander sowie zwischen Erwachsenen und ihnen. „Das ist nicht fair!" rufen sie, wenn sie empfinden, schlecht weggekommen zu sein. Wenn sie dann lernen, die Sicht der anderen einzunehmen, verstehen sie Fairness in einem umfassenderen Sinne. Beim einzelnen Kind ist die Neigung zu fairem, gerechtem Verhalten allerdings unterschiedlich ausgeprägt, wie bei allen Persönlichkeitseigenschaften. Lässt sich also die Tugend gerechten Handelns trainieren? Es gibt jedenfalls Versuche dazu.

Weil aggressive Kinder und Jugendliche oft dazu neigen, sich ungerecht behandelt zu fühlen und dafür Rache nehmen wollen, wurden an der Universität Bremen Programme entwickelt (www.zkpr.uni-bremen.de/praeventionsforum/) wie „Verhaltenstraining im Kindergarten" (Koglin und Petermann 2013) und „Verhaltenstraining in der Grundschule" (Petermann et al. 2007). Sie dienen der Prävention von Aggression vom Kindergarten bis zum Jugendalter und fördern soziale und emotionale Kompetenzen, darunter Fairness bzw. einen gerechten Umgang miteinander (Petermann 2010).

Um sich selbst gegenüber anderen gerecht zu verhalten, ist es hilfreich, sich in deren Gedanken hineinversetzen zu können. So handelten in einem Spieleexperiment japanische Vorschulkinder, die sich in die Vorstellungen anderer hineindenken konnten (eine *theory of mind* entwickelten), gerechter als andere gegenüber den Mitspielern und boten ihnen mehr Süßigkeiten an (Takagishi et al. 2010). Ist diese Fähigkeit bei Kindern begrenzt, kann sie trainiert werden. Das gelang in einer australischen Untersuchung sogar im schwierigen Fall von autistischen Kindern, die in ihrer Kommunikation mit anderen nachhaltig gestört waren. Im Training übten sie mit Cartoons, in denen die Gedanken der dargestellten Figuren in Sprechblasen festzuhalten waren. Die Aufgaben wurden schrittweise schwieriger. Die Versuchskinder sollten sich z. B. vorstellen, was eine Cartoon-Figur denkt, wenn sie nicht weiß, was das Versuchskind weiß, nämlich wo ein Gegenstand versteckt ist. Durch das Training erreichten die Autisten signifikante Verbesserungen ihrer Fähigkeiten, sich in andere

Personen hineinzuversetzen, gegenüber einer Kontrollgruppe nicht trainierter autistischer Kinder (Paynter und Peterson 2013). Das Hineinversetzen in andere wird auch erleichtert, wenn Kinder ihre eigenen aktuellen Erfahrungen, Gedanken, Gefühle und Verhaltensweisen reflektieren können (das alte buddhistische Konzept der Achtsamkeit). Auch das lässt sich trainieren (Zelazo und Lyons 2012).

Der soziale Umgang von Kindern untereinander regt ebenfalls soziale Verhaltenskompetenzen an; Kindergärten können das unterstützen. In einem kanadischen Projekt wurden Erzieherinnen während ihrer praktischen Arbeit geschult, die Interaktionsfähigkeiten der Kinder zu fördern. Das zahlte sich zumindest bei Jungen, nicht aber bei Mädchen durch verstärktes prosoziales Verhalten aus (Girard et al. 2011). Wenn Vorschulkinder Erfahrungen der Zusammenarbeit bei bestimmten Aufgaben machen, sind sie anschließend zum gerechteren Teilen mit anderen bereit (Hamann et al. 2011). Auch Kooperationsübungen lassen sich also nutzen, um kindliche Verhaltensdispositionen zu mehr Gerechtigkeit zu fördern.

Fairnessprobleme gibt es oft im Verhältnis zwischen einheimischen und Migrantenkindern. In kulturell und ethnisch gemischten Kindergärten und Schulen kann aber eine Kultur verschiedener Perspektiven geschaffen werden, um das Prinzip der Fairness über die Eigengruppe hinaus auszudehnen. Das versucht im Anschluss an einen amerikanischen Ansatz zur Bewusstmachung von Vorurteilen bei kleinen Kindern das deutsche Projekt „Kinderwelten" (Derman-Sparks und Ramsey 2011, S. 7; www.situationsansatz.de/fachstelle-kinderwelten.html). In Kindergarten- und Grundschulprogrammen vermittelt das pädagogische Personal (auch als Modellpersonen für die Kinder) Prinzipien für den gleichen und gerechten Umgang mit Verschiedenartigkeit (Hyland 2010; Gorard 2012).

?

Was macht Kinder klüger?

Zur klassischen Tugend der Weisheit oder Klugheit kann die moderne Psychologie verschiedene Formen der Intelligenz nennen, die für das individuelle und gesellschaftliche Leben nützlich sind, aber auch negativ benutzt werden können (z. B. für raffinierte Verbrechen). Beschränken wir uns also auf die Frage, wie prosoziales, moralisch „positives" Verhalten von Kindern gefördert werden kann.

Was dabei mehr interessiert als die allgemeine (besonders kognitive) Intelligenz, die unter anderem mit logischen, mathematischen und sprachlichen Fähigkeiten zu tun hat, ist die emotionale Intelligenz, also der Umgang mit eigenen und fremden Gefühlen. Damit verwandt ist die soziale Intelligenz, der erfolgreiche und angenehme Umgang mit anderen Menschen. Entsprechende Programme, um solche Fähigkeiten (Soft Skills) zu fördern, z. B. Empathie, laufen meist unter Titeln wie „Soziales und emotionales Lernen" (SEL), und es gibt international eine große Anzahl davon.

> Ein ungewöhnliches Programm ist das von der Pädagogin Mary Gordon Ende der 1990er Jahre entwickelte kanadische „Roots of Empathy" („Wurzeln der Empathie"; http://www.rootsofempathy.org). Es wurde auch in andere Länder exportiert, darunter Deutschland, und will bei Drei- bis 14-Jährigen Empathie erzeugen, das soziale Leben positiv beeinflussen und Aggression abbauen. Einmal im Monat kommt ein Kleinkind mit seiner Mutter oder dem Vater in den Kindergarten oder in die Schule. Unter Anleitung einer Fachkraft lernen die Kindergarten- bzw. Schulkinder, die Entwicklung des Babys zu beobachten, seine Emotionen, Gesten und Zeichen zu verstehen. Eine Woche vor und nach dem Besuch arbeitet sich die Fachkraft mit der Gruppe bzw. Klasse durch einen altersgestaffelten Lehrplan. Hierbei lernen die Kinder, wie sich das Gehirn eines Babys entwickelt, wie es dabei auf liebevolle Beziehungen ankommt, wie unterschiedlich die Temperamente der Babys sind und wie sie auf bestimmte Situationen reagieren. Die Kinder sehen auch, dass man für schwierige Temperamente Verständnis haben sollte. Wirkungsstudien des Programms zeigten, dass das emotionale und soziale Verständnis der Teilnehmer wuchs, ihre Hilfsbereitschaft stieg und Aggression abnahm (Schonert-Reichl und O'Brien 2012, S. 330 f.). Ein ähnliches Programm gibt es in Deutschland als „B.A.S.E.®-Babywatching" (www.base-babywatching.de) von der Universität München (Brisch 2007).

Das amerikanische Programm PATHS (Promoting Alternative Thinking Strategies) gibt es in der deutschsprachigen Schweiz als PFADE (Programm zur Förderung Alternativer Denkstrategien; www.gewaltpraevention-an-schulen.ch). Es richtet sich an Grundschulen, erfordert dreimal wöchentlich je 20 bis 30 Minuten und versucht, durch viele Übungen den Umgang mit Gefühlen und Stress, Selbstkontrolle, positive Beziehungen zu Mitschülern, Fähigkeiten zur Lösung zwischenmenschlicher Probleme und weitere soziale Kompetenzen zu vermitteln. Auch Eltern können einbezogen werden. Evaluationsstudien billigten diesem Programm die wirksame Vermittlung sozialer und emotionaler Kompetenzen und einen Abbau von Aggressivität zu (Schonert-Reichl und O'Brien 2012, S. 327 f.; ETH Zürich 2013).

Die Wirkung dieser und anderer Programme ist natürlich von vielen Faktoren abhängig, von ihrer wissenschaftlichen Grundlage, der Umsetzung in pädagogisch effiziente Lernformen und -milieus, seriösen Wirkungskontrollen, aber auch von der Qualität der Ausbildung der Lehrkräfte und deren Umsetzungsfähigkeiten (Reyes et al. 2012).

?
Lässt sich der Umgang mit Risiken trainieren?

Tapferkeit oder Mut sehen wir heute nicht mehr wie in der Antike primär als Militärtugenden, zumindest im nun längere Zeit friedlichen Mitteleuropa. Ein modernes psychologisches Pendant wäre die Risikobereitschaft. Überlebensförderlich ist aber vor allem die erfolgreiche Risikoabschätzung. Sie ist wichtiger als der wohlfeile Ruf nach Zivilcourage, wie er von Politikern kommt, die in Dienstwagen fahren, und an nächtliche S-Bahn-Fahrgäste gerichtet ist, risikoreich gegen gewalttätige Jugendliche einzuschreiten.

Es gibt Kinder, deren Ängstlichkeit und Mutlosigkeit ihr Vorankommen auf dem Lebensweg bremst. Ihnen ist Petermanns (Petermann und Walter 1989) „Training mit sozial unsicheren Kindern" gewidmet. Andererseits gibt es zu mutige Kinder und Jugendliche, die als Risiko- oder Sensationssucher berüchtigt sind – sie konsumieren gefährliche Drogen, fahren nachts illegale Autorennen, versuchen sich in S-Bahn-Surfen und anderen Mutproben, um bei ihresgleichen Anerkennung zu finden. Sie spielen mit ihrem Leben, ihrer Gesundheit und der Gefahr, bestraft zu werden (vgl. Raithel 2004), sie setzen andere unter Druck, es ihnen gleich zu tun – oder sie werden von anderen selbst unter Erwartungsdruck gesetzt.

Der Forschung zufolge ist die Risikosuche als Persönlichkeitseigenschaft – wie ihr Gegenspieler Selbstkontrolle – eine genetisch geprägte und im Lebenslauf relativ stabile Tendenz. Sie geht mitunter einher mit Neigungen zu Delinquenz. Darauf zielende Versuche des amerikanischen Programms „Children at Risk" (CAR) zur Vorbeugung gegen Drogenmissbrauch in wirtschaftlich schwachen, kriminalitätsbelasteten Vierteln waren indes ernüchternd. Bei Kindern und Jugendlichen zwischen zwölf und 15 Jahren wurde das Ziel, das risikosuchende Verhalten zu ändern, ebenso wenig erreicht wie in Boot Camps (Erziehungseinrichtungen mit militärischem Drill); immerhin veränderte sich durch CAR die Häufigkeit einiger Delinquenzformen (Hay et al. 2010). Präventionsprogramme müssen wohl früher bei Kindern beginnen, wenn es um früh beobachtbare und stabile Persönlichkeitsmerkmale geht.

Viel wird vom positiven Einfluss von Modellpersonen erhofft, etwa berühmten Sportlern als Warnern vor Gefahren von Drogen, Glücksspiel oder ungeschütztem Sex. Das kann bei Jugendlichen hilfreich sein, hängt allerdings von vielen Nebenbedingungen ab, z. B. muss der Star glaubwürdig sein, zur Botschaft der Warnung passen usw. (Shead et al. 2011).

Die Wahrscheinlichkeit eines Risikoeintritts schätzen viele falsch ein, u. a. weil die wenigsten in Wahrscheinlichkeitsstatistik geschult sind. Als ein Arzt seinen Patienten bei der Verschreibung eines Medikaments sagte, es hätte mit einer Wahrscheinlichkeit von 30–50 % als Nebenwirkung Sexualprobleme, waren die Patienten sehr beunruhigt. Als er dann dazu überging, ihnen zu sagen, dass drei bis fünf von zehn Patienten diese Nebenwirkungen verspürten, waren sie deutlich weniger besorgt, obwohl es mathematisch das gleiche Risiko war. Nicht nur, dass sich die Zahlen im zweiten Fall geringer anhörten. Die ersten Patienten hatten gedacht, in 30–50 % ihrer Sexualaktivitäten würden Probleme auftreten, die zweiten dachten an die Zahl der negativ betroffenen Patienten – wie vom Arzt gemeint (Gigerenzer und Edwards 2003).

Aber selbst bei richtigem Wissen über bestimmte Risiken handeln wir oft nicht entsprechend. So fand eine Studie bei Jugendlichen zwar relativ verbreitete Kenntnisse über allerlei Risiken (HIV-Ansteckung usw.), aber dennoch latente Neigungen zu Risikoverhalten. Diese können auf einem ganzen Mix an Verhaltensmotiven beruhen, auf Persönlichkeitsstrukturen mit Erfahrungs-, Abenteuer- oder Risikosuche, Langeweile oder Hoffnung auf Nervenkitzel. Deshalb müssen pädagogische Präventionsversuche und Therapien die individuellen Motivbündel beachten (Greene et al. 2000).

Kann man zu Selbstkontrolle erziehen?

Der Gegenpol zur antiken Tugend der Tapferkeit und ihrem modernen Pendant der Risikobereitschaft sind Mäßigung, Impuls- und Selbstkontrolle, Risikovermeidung und Friedlichkeit. Es gibt im In- und Ausland zahlreiche pädagogische und therapeutische Ansätze zur Verbesserung der Impulskontrolle (Grant und Potenza 2011) sowie zur Einübung friedlicher Konfliktlösungen (Deutsch et al. 2011). Entsprechende Präventionsmaßnahmen schließen teilweise an die zur Risikokontrolle an und sind meist eingebettet in Programme mit einer breiteren Stoßrichtung, etwa zur Förderung sozialer und emotionaler Kompetenzen, der Fähigkeit zu Kommunikation, Kooperation und Konfliktlösung oder zur Kriminalitäts- oder Aggressionsprävention (vgl. Wahl und Hees 2007; Wahl 2007; Wahl und Hees 2009). Bekannt sind in Deutschland insbesondere die schon genannten Anti-Aggressions- und Kompetenzförderungsprogramme der Bremer Gruppe um Franz Petermann (Koglin und Petermann 2013; Petermann et al. 2007).

Impulskontrolle ist eines der Ziele des Programms „Ich bleibe cool" (Roth und Reichle 2008) für sechs- bis siebenjährige Kinder, das sozial-emotionale Kompetenzen und prosoziales Verhalten fördern will. Techniken zur Entspannung und Ärgerbewältigung sollen die Impulskontrolle verbessern. Das Training erfolgt an neun Terminen in Grundschulen. Bei der Evaluation des Programms zeigten sich indes widersprüchliche Wirkungen. Bei den Jungen ergab sich aus Sicht der Eltern und Kinder eine minimal stärkere Impulskontrolle, bei den Mädchen aber eine schwächere Kontrolle. Einige andere Verhaltensauffälligkeiten besserten sich etwas (Roth 2006, S. 150 f.).

Verbreitet ist auch das auf dem amerikanischen Second-Step-Ansatz aufbau-
ende Programm „Faustlos" des Heidelberger Teams um Manfred Cierpka
(Schick und Cierpka 2006; www.faustlos.de/faustlos/index.asp). Faustlos
möchte impulsives und aggressives Verhalten von Kindergarten- und Grundschulkindern abbauen und ihre emotionalen und sozialen Kompetenzen
(Empathie, Ärgerkontrolle usw.) erhöhen. Das Curriculum umfasst mehrere
Dutzend Lektionen durch geschultes Erziehungs- und Lehrpersonal. Zusätzlich wird ein Elternkurs angeboten. Die Evaluation des Programms durch die
Autoren konnte aus Sicht der Eltern und des pädagogischen Personals zwar
mehr kognitiv-soziale Kompetenzen (Gefühlsbeschreibung, Konfliktlösungen
usw.) feststellen, aber keine positiven Verhaltenswirkungen bei den Kindern,
wohl aber aus der Sicht unabhängiger Beobachter.

Das von einer Gruppe um Friedrich Lösel (Jaursch et al. 2012) an der Er-
langer-Nürnberger Universität begleitete Elterntrainingsprogramm „EFFEKT®
EntwicklungsFörderung in Familien: Eltern- und Kindertraining" (www.effekt-
training.de) zielt auf die Prävention unkontrollierten, delinquenten Verhaltens.
Es möchte den Erziehungsstil von Eltern, die mit „schwierigen" Kindern im
Kindergarten- und Grundschulalter zu tun haben, verbessern (zum „autoritati-
ven" Stil von Zuwendung und Kontrolle). Das Training findet in fünf Sitzungen
im Wochenabstand statt und umfasst Rollenspiel, Gruppenarbeit und Haus-
aufgaben. Evaluationen durch die Autoren des Programms selbst zeigten einige
Veränderungen in der angestrebten Richtung bei Eltern und Kindern. Mittlerweile gibt es auch Programmerweiterungen für Kleinkinder, Teenager sowie
Familien mit speziellen Belastungen.

10.3   Politische Werte für Kinder? – *Was Selbstbestimmung, Toleranz und Empathie fördert*

Die seit Ende des 18. Jahrhunderts aus dem Dreigestirn „Freiheit, Gleichheit,
Brüderlichkeit" immer breiteren Teilen der Gesellschaft versprochene politische Freiheit bedeutete nicht, dass sich alle auch in ihrer unmittelbaren Umwelt frei entfalten konnten. Armut beschneidet Freiheitschancen; Familien,
Schulen und Betriebe können einengende Sozialwelten sein. Die Verheißun-
gen der Moderne erreichen nicht alle auf sie Hoffenden – sie geraten in die
„Modernisierungsfalle" (Wahl 1989). Sich hier selbstbestimmt durchzusetzen,
müssen nicht wenige – je nach ihrer Persönlichkeit – erst lernen.

?

Was verhilft Kindern zu Selbstbestimmung und Selbstwertgefühl?

Das Gefühl des Kindes, selbstbestimmt oder abhängig zu sein, wird von seiner genetisch vorgeprägten Persönlichkeit und von seinen Erfahrungen mit den Eltern geformt. Zwar ist in den letzten Jahrzehnten die kindliche Selbstbestimmung als Erziehungsziel populärer geworden (Schütze 2002), und viele Eltern in Deutschland halten ihre Kinder zur Autonomie an, aber ein Teil kontrolliert sie sehr, jedenfalls aus Kindersicht, so eine Repräsentativerhebung (DJI-Kinderpanel 2004).

Autonomie ist verbunden mit der Erfahrung, Dinge selbst bewegen zu können, Einfluss auf andere (Selbstwirksamkeit) und ein gutes Selbstwertgefühl zu haben. Das sind tief verankerte, recht stabile Persönlichkeitseigenschaften, aber sie lassen sich mit sozialpädagogischer Anstrengung etwas fördern. Das „Training für Familien mit sozial unsicheren Kindern" ist für schüchterne, gehemmte, zurückgezogene Kinder mit wenig Selbstwertgefühl gedacht. Es will in kleinen Gruppen von Familien (mit sechs- bis zehnjährigen Kindern) als Orten der Persönlichkeitsentwicklung des Nachwuchses sozial-emotionale Kompetenzen fördern und kindliche Ängste abbauen. Eine Evaluation an einer allerdings kleinen Zahl von Familien deutete auf eine moderate Wirksamkeit des Trainings hin (Kluge 2011).

> In einem Schulversuch mit elf- bis zwölfjährigen Kindern in Spanien wurde das amerikanische Lehrprogramm für persönliche und soziale Verantwortlichkeit (Teaching Personal and Social Responsibility, TPSR) unterrichtet. Es fand um den Sportunterricht herum statt, die Schülerinnen und Schüler mussten ihre eigenen Regeln aufstellen, friedliches Konfliktlösen lernen, diskutieren und ihre Aktivitäten reflektieren. Bei den Programmteilnehmern ergab sich im Vergleich zur Kontrollgruppe eine signifikant höhere Selbstregulation, sie konnten dem Druck Gleichaltriger widerstehen, sich antisozial zu verhalten. Andere Aspekte der Selbstwirksamkeit oder Selbstbehauptung waren nicht so leicht zu trainieren (Escartí et al. 2010).

Hier sind auch wieder das Bremer Training für unsichere Kinder mit Minderwertigkeitsproblemen (Petermann und Walter 1989) und weitere Programme zu nennen, die die Sozial- und Verhaltenskompetenzen von Kindern fördern und Kriminalität verhindern wollen (Lösel und Bender 2012; Wahl und Hees 2009). Allerdings ist nicht in allen Fällen die Erhöhung des Selbstwertgefühls der Königsweg. Früher dachte man z. B., dass niedriger Selbstwert wie Frustration in Gewalt umschlagen könne. Heute kennt die Forschung auch Gewalttäter, die einen überhöhten Selbstwert demonstrieren und aus diesem Dominanzgefühl heraus andere verprügeln (Wahl 2013, S. 80 f.). Man muss also schon auf den Einzelfall jedes Kindes schauen.

?

Was fördert nichtdominantes, tolerantes Verhalten?

Die Idee der politischen Gleichheit ähnelt dem Pferdelenker, dessen Rösser in verschiedene Richtungen zerren: Alte Verhaltensmuster aus der Evolution ziehen Menschen zu Ungleichheit und Hierarchie. Eine ebenfalls alte Gegenkraft zieht zur Gleichheit und Gleichbehandlung. Letztere hat sich in der Moderne für immer größere Bevölkerungskreise verstärkt.

Jedes Individuum hat ein unterschiedlich starkes Gleichheitsstreben. Manche Kinder neigen zur Dominanz über andere, die teils aggressiv durchgesetzt wird, durch Mobbing oder Schläge. Das kann schon den Frieden in Kindergartengruppen oder Schulklassen stören und bleibt manchmal bis ins Erwachsenenalter. Psychologisch-pädagogische Mittel dagegen finden sich wiederum in Programmen zur Förderung sozialer Kompetenzen und gegen Aggression, von denen einige schon genannt wurden.

Ein besonderer Aspekt von Gleichheit betrifft das Verhältnis zwischen kulturellen, ethnischen und religiösen Gruppen und damit Prinzipien wie Toleranz und Anerkennung. Pädagogische Ansätze mit diesem Ziel wollen Vorurteile und die Diskriminierung von sozialen Minderheiten abbauen. Das ist nicht einfach, weil Vorurteile mit zu den stabilsten menschlichen Eigenschaften gehören, sind sie doch emotional verankert und liefern ohne Denkanstrengung eine rasche, ökonomische Strukturierung einer komplexen Umwelt nach dem Motto „wir" gegenüber den „anderen". Entsprechende Programme setzen unterschiedlich an: von eher kognitiven Modellen wie den erwähnten „Kinderwelten" (ista 2012) über multikulturelle und Antirassismus-Trainings bis zu Empathieförderung und integriertem Schulunterricht (Wahl et al. 2005; Beelmann et al. 2009). Integrierter Unterricht mit direktem Kontakt zwischen Angehörigen verschiedener Kulturen kann Vorurteile abbauen – wenn bestimmte Bedingungen vorliegen, z. B. persönliche Bekanntschaft, gemeinsame Arbeit, gleicher Status (Dollase 2001). Ein internationaler Überblick über Studien zu 122 Programmen zur Vorurteilsbekämpfung stellte insgesamt aber höchstens moderate Wirkungen fest. Dabei erwiesen sich kognitive und verhaltensbezogene Aspekte von Einstellungen zwischen Gruppen als leichter beeinflussbar als die emotionale Seite, z. B. Empathie. Im Durchschnitt waren direkte Kontakte zwischen den Gruppen, Training von Empathie und Üben von Perspektivenübernahme am effektivsten, Werteerziehung dagegen nicht (Beelmann und Heinemann 2014).

?

Wie werden Kinder zu solidarischer Hilfe erzogen?

Die von den französischen Revolutionären ausgerufene Idee der Brüderlichkeit, ihr christlicher Vorläufer der Nächstenliebe und ihr sozialistischer Nachfolger der Solidarität könnten als lästige Pflicht erscheinen. Denn anders als Freiheits- und Gleichheitshoffnungen, die individuellen Bedürfnissen der Menschen entspringen, scheinen sie eher aus normativen Erwartungen anderer zu stammen. Religiöse und politische Führer wollen mit Appellen zur Brüderlichkeit den sozialen Zusammenhalt von Gruppierungen sichern. Sie können indessen auf alten evolutiven Bedürfnissen nach Geborgenheit in der Gemeinschaft aufbauen. Sympathie, Empathie, Hineindenken in andere sind dabei vorteilhaft. Das gilt auch für den Altruismus als einer Hilfe, die – wie wir sahen – nicht nur uneigennützig sein muss, sondern auf „brüderliche" Hilfe im Gegenzug hofft.

Es gibt Gesellschaften, in denen menschliches Denken, Fühlen und Verhalten zur Solidarität mit der Verwandtschaft oder dem Stamm erzogen wird, wie in Asien. In westlichen Gesellschaften geht es dagegen oft mehr in Richtung individueller Selbstbehauptung (Liebal et al. 2011). In den einzelnen Persönlichkeiten sind diese Fähigkeiten unterschiedlich ausgeprägt. Sehr egoistische und abweisende Kinder werden von ihren Gleichaltrigen weniger anerkannt und schlechter behandelt, was ihren Lebensweg erschwert. Auch für solche Kinder sind daher etliche der in den Abschnitten zuvor genannten sozialpädagogischen Programme zur Förderung von Empathie, Altruismus und anderen prosozialen Kompetenzen empfehlenswert.

10.4   Wie wirksam sind die Fördermaßnahmen? – *Evaluation tut not*

Der Forschungsüberblick zeigt, dass moralisches und politisches Verhalten kaum durch explizite Werteerziehung, sei es durch traditionellen Unterricht, formale Werteklärung oder die Lösung moralischer Dilemmata in der Schule zu beeinflussen ist. Bei dieser kognitiven Werteerziehung nimmt zwar das Wissen über Werte zu, die Einstellungen ändern sich aber weniger, ganz zu schweigen von Änderungen des Verhaltens – das alles erfolgt eher außerhalb der Schule (Multrus 2008). Die amerikanische *character education* setzt daher zusätzlich auch auf andere Formen: kooperatives Lernen, Gemeinschaftsdienste, Einbeziehung der Familie, Erhöhung der Selbstkompetenzen (*empowerment*; Berkowitz 2011).

In den USA wurden schon in den 1960er und 1970er Jahren neue Arten von Moralerziehung erprobt, darunter der von reiner Werte-Indoktrination absehende, dafür Praxis- und Spaßelemente enthaltende „Werteklärungsansatz". Er arbeitete die Entscheidungskriterien bei wichtigen Fragen im Leben von Schülern heraus und hoffte, durch diese Aufklärung das Verhalten der Schüler zu verändern – z. B. weg von apathischem oder widersprüchlichem Verhalten. Daneben gab es den „Moralentwicklungsansatz", der der Theorie Kohlbergs (1995) folgte (Abschn. 4.1). Er sollte Kindern helfen, auf die jeweils nächste Stufe der Moralentwicklung zu kommen, z. B. durch Fragen, die nur auf einer höheren Moralstufe als der bisher erreichten beantwortet werden konnten. Nach einer Übersichtsstudie über 59 Untersuchungen (Metaanalyse) zu solchen pädagogischen Ansätzen waren auch Werteklärungsansätze kaum effektiv. Etwas erfolgreicher war der Moralentwicklungsansatz, aber insgesamt wurden die Erwartungen der Erfinder dieser pädagogischen Strategien nicht erfüllt (Leming 1981).

Es gibt unterschiedliche Ansätze für Programme und Maßnahmen zur Förderung der Persönlichkeitsentwicklung durch verbesserte Beziehungen, Erziehung und Bildung. Sie beruhen auf den forschungsgestützten Annahmen, dass Kinder und Jugendliche, die

- in einer sicheren und ermunternden Umwelt (mit vielfältigen natürlichen, sozialen und kulturellen Erfahrungs- und Erprobungsmöglichkeiten) Sicherheits- und Selbstwertgefühle aufbauen,
- in einem förderlich-anregend-fordernden Sozialklima (Familie, Kindertagesstätte, Schule, Gleichaltrige) intellektuelle, emotionale und soziale Kompetenzen entfalten,
- von Personen umgeben sind, die als positive Verhaltensmodelle, Informations-, Interaktions- und Diskussionspartner für Verhaltensregeln dienen,

eher zu emotional sicheren, entspannten, gebildeten und sozial sensiblen Persönlichkeiten heranwachsen als ohne solche positiven Faktoren. Aus diesen Erfahrungen und ihren evolutiven Anlagen heraus werden sie ohne Werteerziehung zu einem großen Teil selbst spontanes Verhalten ein- und ausüben, das moralischen Erwartungen entspricht (weniger egoistisch, eher kooperativ und altruistisch).

Praktische Ansatzpunkte für entsprechende Fördermaßnahmen liegen in verschiedenen Bereichen:

- Schwangerschaft: Vermeidung von negativen Einflüssen auf die Persönlichkeitsformung des Fötus (z. B. Drogenkonsum der Schwangeren), etwa durch Aufklärung bei frühen Hausbesuchen durch Familienhebammen,
- Eltern-Kind-Beziehung: Förderung der emotionalen Bindungs- und Beziehungsprozesse, angeregt durch Familienhebammen, Elternbildung, Erziehungsberatung,

- sozial-emotionale Entwicklung des Kindes: ab früher Kindheit in Familie, Kindertagesstätte und Schule, z. B. durch Programme zur Förderung entsprechender kindlicher Verhaltensdispositionen und Kompetenzen,
- Moral- und Werteerziehung: nur ergänzend ab einem Kindes- bzw. Jugendalter mit entsprechender kognitiver Aufnahmefähigkeit – als Wissensvermittlung über Normen, Werte usw. (die meisten moralrelevanten Regeln werden aber informell im Alltag gelernt, u. a. durch Nachahmung oder Gruppendruck).

Doch weiß man in Deutschland über die Wirksamkeit vieler einschlägiger Maßnahmen und Programme, von Elternkursen bis zum Schulunterricht, weniger als etwa in den USA, weil die Effizienz nicht wissenschaftlich seriös geprüft wurde. So ist hierzulande trotz zahlreicher Bildungskrisen, -reformen und Schulversuche noch unklar, wie effektiver Unterricht aussehen sollte. Die meisten Lehrerinnen und Lehrer arbeiten individuell nach einem selbstorganisierten Versuch- und Irrtum-Verfahren (*trial and error*), ohne von der aktuellen interdisziplinären Forschungslage über Persönlichkeitsentwicklung und Lernen zu profitieren (Roth 2011, S. 15 f.).

Fast noch schlechter sieht es bei praktischen Maßnahmen für Familien, Kindertagesstätten, Schulen und bei Jugendhilfeangeboten aus, die die sozial-emotionalen und moralischen Fähigkeiten von Kindern und Jugendlichen fördern wollen. Weil wissenschaftlich gut geprüfte Programme fehlen oder dem Personal nicht bekannt, zu teuer oder aufwendig sind, werden Maßnahmen mit viel Mühe und Kreativität selbst gestrickt. Diese Ansätze, aber auch viele verbreitete systematischere Programme werden nicht oder nur unzureichend durch unabhängige Evaluationsstudien auf ihre langfristige Wirksamkeit geprüft. Oft ist einfach der Zeitraum viel zu kurz, um nachhaltige Änderungen feststellen zu können. Wenn überhaupt sorgfältigere Evaluationen vorliegen, wurden sie oft durch die Teams selbst durchgeführt, die die Programme importierten oder entwickelten, nicht durch unabhängige Forscher. Häufig wurden nur die Zufriedenheit oder andere subjektive Eindrücke der Teilnehmer bei einem Kurs ermittelt (etwa bei den Projekten zur „Wertebildung in Familien" des Bundesfamilienministeriums; vgl. Lösel und Ott-Röhn 2013), aber nicht, ob sich das Verhalten der Kinder objektiv änderte. Wirkungsstudien von Psychologen und Medizinern sind meist methodisch präziser als solche von Sozialpädagogen. Wenn aber wissenschaftlich annehmbare Wirkungsevaluationen vorliegen, erweisen sich zahlreiche Praxisansätze bisher als nur in bescheidenem Maße wirksam (Kempfer 2005; Wahl 2007; Wahl und Hees 2007; Wahl und Hees 2009). Die beliebten Best-Practice-Empfehlungen von Organisationen für etliche Programme beruhen auf unklaren Kriterien und ersetzen keine Wirkungsevaluation.

Auf jeden Fall weiß man eines: Angesichts der Entwicklung des Gehirns und der Verfestigung von Persönlichkeitsmerkmalen im Lebenslauf ist ein möglichst früher Beginn der pädagogischen Maßnahmen am effektivsten (Heckman 2010). Internationale Übersichtsstudien (Metaanalysen) früher Hilfen (vor der Geburt bis zum dritten Lebensjahr der Kinder einsetzend) wiesen Verbesserungen der elterlichen Erziehungskompetenzen und der kindlichen Entwicklung nach, insbesondere bei gezielten Maßnahmen für Risikogruppen. Bei den wenigen evaluierten deutschen frühen Präventionsprogrammen ist das bisher kaum der Fall (Taubner et al. 2012). Deutschland ist hier noch Entwicklungsland. Es bleibt viel zu tun bei der Verbesserung der Programme für die verschiedenen Altersstufen und ihrer langfristigen Wirkungsprüfung.

10.5   Happy End? – *Von der Werteerziehung zur verhaltensorientierten Pädagogik*

Noch einmal im Zeitraffer durch das Buch: Alle reden von Werten, aber sie meinen nicht das Gleiche. Die vorgeschlagenen Wertekataloge sind kunterbunt, die öffentlichen und wissenschaftlichen Wertediskussionen sind verwirrend, oft werden schon Werte und Normen vermengt. Wenn aus der Politik, den Kirchen, der Pädagogik und den Medien der Ruf nach Werten kommt, geht es um aus deren Sicht politisch, religiös oder gesellschaftlich Wünschenswertes – die „höheren" Werte (A). Diese idealen Werte decken sich aber nur teilweise mit den subjektiven Lebenswünschen einer in sich vielfältigen Bevölkerung – Werte (B). Beide Arten von Werten haben wiederum nur teilweise, bedingt und indirekt mit den großenteils unbewussten, komplexen Bewertungsprozessen im Gehirn zu tun, die unser Verhalten tatsächlich motivieren – Werte (C).

Nur wenn wir für (lebens)wichtige Entscheidungen Zeit haben oder uns nehmen, wenn wir dabei nicht unter Stress stehen, emotional bewegt oder sehr neurotisch sind, wenn wir gelernt haben, komplexe Ziele, Mittel und Bedingungen logisch, moralisch und politisch abzuwägen, kommen wir gelegentlich dem Grenzfall nahe, nach Werten (A) zu handeln.

Da viele neurowissenschaftlichen Untersuchungen festgestellt haben, dass in der Architektur des Gehirns keine oberste bewusste Instanz der idealen oder „höheren" Werte (A) besteht, aus der sich moralisches Handeln direkt ableitet, muss eine auf die einfache Lehre von moralischen oder politischen Werten (A) beschränkte Werteerziehung scheitern. Das meiste an unserem Routineverhalten, auch moralisch relevantes Verhalten, entspringt unbewussten Grundbedürfnissen, uralten biopsychischen Mechanismen, Emotionen, moralischen Intuitionen, unserem Temperament, Konditionierungen, Gewohnheiten, Nachahmung anderer, Anpassungen an Belohnungs-, Bestrafungs- und Prestigestrukturen. Die meisten Normen üben wir beiläufig in Alltagssituationen ein, in denen wir in unserer sozialen Umgebung nicht anecken wollen, bis sie gleichsam zur zweiten Natur werden. Von Werten hören wir vielleicht einmal im Schulunterricht, in politischen Fernsehdiskussionen und bei Eröffnungsreden von Kirchen- und Parteitagen.

Doch obwohl sie für unser Alltagsverhalten kaum eine motivierende Rolle spielen, führen wir Werte gerne als nachträgliche Erklärung, Rechtfertigung und Überhöhung von Handlungsentscheidungen ins Feld. Damit setzen wir uns langfristig etwas unter Druck, entsprechend zu handeln. Durch eine List der Natur (unser Gehirn schiebt unserem spontanen Verhalten gleich eine Erklärung hinterher) sehen wir oft wertegesteuert aus, ohne es tatsächlich zu sein.

Wer individuell, sozial und politisch moralisches Verhalten wirksam fördern will, muss also dort ansetzen, wo der interdisziplinären Forschung zufolge das Verhalten tatsächlich motiviert wird: nicht nur an einer unterstützenden gesellschaftlichen Umwelt, sondern vor allem an Persönlichkeitseigenschaften, Bedürfnissen, emotionalen Grundstimmungen und Verhaltensdispositionen. Sie sind ebenso wie die Stimmungen der Selbst- und Weltbilder sowie die emotionalen und sozialen Kompetenzen teils von den elterlichen Genen vorgeprägt, teils durch (frühe) Sozialisation geformt. In ihnen haben sich uralte evolutive Erfahrungen niedergeschlagen, die unser Verhalten im Prinzip für ein angenehmes Leben in friedlichen Gesellschaften sorgen lassen (noch im schlimmsten Flüchtlingscamp sieht man lachende spielende Kinder). Doch aufgrund der Ambivalenz des *Homo sapiens* sind wir auch zu grausamer Aggression fähig. Persönlichkeitsförderung sollte sich daher vor allem an gefährdete Gruppen wenden, bei denen aufgrund der sozialen Umstände die Entwicklung spontanen Verhaltens droht, das nicht moralischen Kriterien entspricht.

Zum einen hat jedes Kind durch die zahlreichen Einflüsse, die auf es einstürmen, eine individuelle Persönlichkeit. Zum anderen sind moderne Gesellschaften plural und komplex. Das macht Abstimmungsprozesse zwischen Individuen und Gesellschaft nötig. Fördermaßnahmen nach dem Muster des „sozialpädagogischen Breitbandantibiotikums" können dabei mehr helfen als reine Werteerziehung. Dazu müssen sie aber entschieden wissenschaftlich weiterentwickelt, auf ihre langfristige Wirkung geprüft und nachhaltig eingesetzt werden, um effizienter zu werden. Dann unterstützen sie die Entwicklung moralisch-politischen Verhaltens, und es bleibt nicht nur beim Reden über Handeln und seine Werte. Sie ersetzen auch nicht politische Maßnahmen für verbesserte Lebensverhältnisse von Eltern und Kindern, von der Arbeits- bis zur Wohnungs-, von der Familien- bis zur Bildungspolitik.

So bleibt am Ende der Diskussion um Werteerziehung und Persönlichkeitsförderung die Ermunterung von Erich Kästners (1998) Miniaturgedicht „*Moral*":

Es gibt nichts Gutes
außer: Man tut es (Kästner 1998, S. 277).

Fazit

Die möglichst frühe Förderung von günstigen Verhaltensdispositionen und emotionalen, kognitiven und sozialen Kompetenzen von Kindern und Jugendlichen, besonders bei Risikogruppen, kann stärker als traditionelle Werterziehung dazu beitragen, automatisches prosoziales Verhalten herbeizuführen, das gesellschaftlichen Moralerwartungen entspricht. Anders gesagt: Statt des schwer realisierbaren Wollens von hoch gehängten Werten fördert eher das spontane prosoziale Verhalten aufgrund einer entsprechenden Persönlichkeitsstruktur ein gutes Leben in einer guten Gesellschaft.

Die dafür wichtigen individuellen und sozialen Verhaltensdispositionen und Kompetenzen lassen sich bei anhaltender Anstrengung zumindest in einem gewissen Maße (sozial)pädagogisch fördern, also durch das, was Kinder gesund, sicher, resilient, entspannt, risikobewusst, intelligent, selbstbestimmt und -kontrolliert, fair, einfühlsam, hilfsbereit, kooperativ und konfliktfähig macht. Dafür gibt es international viele (sozial)pädagogische Programme, die in Deutschland allerdings bisher zu selten wissenschaftlich genau auf ihre Wirksamkeit untersucht wurden. Auch wenn die Effizienz solcher Maßnahmen angesichts vieler anderer Faktoren, die das Verhalten beeinflussen, nicht überschätzt werden darf: Schon die kleinen Erfolge solcher Persönlichkeitsförderung übertreffen jene der Werteerziehung!

Literatur

Beelmann, A., & Heinemann, K. S. (2014). Preventing prejudice and improving intergroup attitudes: A meta-analysis of child and adolescent training programs. *Journal of Applied Developmental Psychology, 35*(1), 10–24.

Beelmann, A., Heinemann, K. S., & Saur, M. (2009). Interventionen zur Prävention von Vorurteilen und Diskriminierung. In A. Beelmann, & K. J. Jonas (Hrsg.), *Diskriminierung und Toleranz. Psychologische Grundlagen und Anwendungsperspektiven* (S. 435–461). Wiesbaden: VS Verlag für Sozialwissenschaften.

Berkowitz, M. W. (2011). What works in values education. *International Journal of Educational Research, 50*(3), 153–158.

Brisch, K. H. (2007). Prävention von emotionalen und Bindungsstörungen. In W. von Suchodoletz (Hrsg.), *Prävention von Entwicklungsstörungen* (S. 167–181). Göttingen: Hogrefe.

Derman-Sparks, L., & Ramsey, P. G. (2011). What if all the kids are white? Anti-bias multicultural education with young children and families. *Teachers College Press, 5*(2), 1–13.

Deutsch, M., Coleman, P. T., & Marcus, E. C. (Hrsg.). (2011). *The handbook of conflict resolution: Theory and practice*. Hoboken, NJ: Wiley.

DJI (Deutsches Jugendinstitut) (2004). *Kinderpanel. Eigene Berechnungen nach DJI-Forschungsdatenbank beta*. http://surveys.dji.de/index.php?m=mda,0%26dID=159. Zugegriffen: 6.12.2013

Dollase, R. (2001). Fremdenfeindlichkeit verschwindet im Kontakt von Mensch zu Mensch. Zur Reichweite der Kontakthypothese. *Diskurs, 11*(2), 16–21.

Escartí, A., Gutiérrez, M., Pascual, C., & Llopis, R. (2010). Implementation of the personal and social responsibility model to improve self-efficacy during physical education classes for primary school children. *International Journal of Psychology and Psychological Therapy, 10*(3), 387–402.

ETH Zürich (Eidgenössische Technische Hochschule Zürich) (2013). *Z-PROSO: PFADE*. www.z-proso.ethz.ch/research/topics/pfade. Zugegriffen: 23.9.2013

Gigerenzer, G., & Edwards, A. (2003). Simple tools for understanding risks: From innumeracy to insight. *British Medical Journal, 327*(7417), 741–744.

Girard, L. C., Girolametto, L., Weitzman, E., & Greenberg, J. (2011). Training early childhood educators to promote peer interactions: Effects on children's aggressive and prosocial behaviors. *Early Education and Development, 22*(2), 305–323.

Gorard, S. (2012). Experiencing fairness at school: An international study in five countries. *International Journal of Educational Research, 53*(3), 27–137.

Grant, J. E., & Potenza, M. N. (Hrsg.). (2011). *The Oxford handbook of impulse control disorders*. Oxford: Oxford University Press.

Greene, K., et al. (2000). Targeting adolescent risk-taking behaviors: The contributions of egocentrism and sensation-seeking. *Journal of adolescence, 23*(4), 439–461.

Hamann, K., Warneken, F., Greenberg, J. R., & Tomasello, M. (2011). Collaboration encourages equal sharing in children but not in chimpanzees. *Nature, 476*(7360), 328–331.

Hay, C., Meldrum, R., Forrest, W., & Ciaravolo, E. (2010). Stability and change in risk seeking: Investigating the effects of an intervention program. *Youth violence and juvenile justice, 8*(2), 91–106.

Heckman, J. J. (2010). *Effective child development strategies. Debates and issues in preschool education*. O.O.. http://schubert.case.edu/synapseweb46/documents/en-US/Heckman%20article%202010%20-%20child%20development%20strategies.pdf. Zugegriffen: 6.12.2013

Hölling, H., et al. (2012). Die KiGGS-Studie. *Bundesgesundheitsblatt – Gesundheitsforschung – Gesundheitsschutz, 55*(6–7), 836–842.

Hyland, N. E. (2010). Social justice in early childhood classrooms: What the research tells us. *Young Children, 65*(1), 82–87.

Jaursch, S., Lösel, F., Stemmler, M., & Beelmann, A. (2012). Elterntrainings zur Prävention dissozialen Verhaltens. *Forensische Psychiatrie, Psychologie, Kriminologie, 6*(2), 94–101.

Kästner, E. (1998). *Zeitgenossen, haufenweise. Gedichte.* München: Hanser.

Kempfer, J. (2005). *Prävention in Kindergarten und Vorschule. In H.-J. Kerner & E. Marks (Hrsg.), Internetdokumentation Deutscher Präventionstag.* Hannover. www.praeventionstag.de/html/GetDokumentation.cms?XID=131. Zugegriffen: 6.12.2013

Kluge, N. (2011). *Training für Familien mit sozial unsicheren Kindern.* Humanwissenschaftliche Diss., Universität zu Köln.

Koglin, U., & Petermann, F. (2013). *Verhaltenstraining im Kindergarten. Ein Programm zur Förderung emotionaler und sozialer Kompetenzen.* Göttingen: Hogrefe.

Kohlberg, L. (1995). *Die Psychologie der Moralentwicklung.* Frankfurt a. M.: Suhrkamp.

Leming, J. S. (1981). Curricular effectiveness in moral/values education: A review of research. *Journal of Moral Education, 10*(3), 147–164.

Liebal, K., Reddy, V., Hicks, K., Jonnalagadda, S., & Chintalapuri, B. (2011). Socialization goals and parental directives in infancy: The theory and the practice. *Journal of Cognitive Education and Psychology, 10*(1), 113–131.

Lösel, F., & Bender, D. (2012). Child social skills training in the prevention of antisocial development and crime. In B. C. Welsh, & D. P. Farrington (Hrsg.), *The Oxford handbook of crime prevention* (S. 103–129). Oxford: Oxford University Press.

Lösel, F., & Ott-Röhn, C. (2013). Evaluation des Projekts „Wertebildung in Familien": Ergebnisse der Pilotphase. In A. Erbes, C. Giese, & H. Rollik (Hrsg.), *Werte und Wertebildung in Familien, Bildungsinstitutionen, Kooperationen. Beiträge aus Theorie und Praxis* (S. 62–77). Berlin: Deutsches Rotes Kreuz e. V. Hrsg.-Organisation: Deutsches Rotes Kreuz e. V., Projektteam Wertebildung in Familien

Multrus, U. (2008). Werteerziehung in der Schule – Ein Überblick über aktuelle Konzepte. In Bayerisches Staatsministerium für Unterricht und Kultus (Hrsg.), *Werte machen stark. Praxishandbuch zur Werterziehung* (S. 22–37). Augsburg: Brigg Pädagogik.

Paynter, J., & Peterson, C. C. (2013). Further evidence of benefits of thought-bubble training for theory of mind development in children with autism spectrum disorders. *Research in Autism Spectrum Disorders, 7*(2), 344–348.

Petermann, F. (2010). *Präventionsprogramme zur Förderung von sozialer und emotionaler Kompetenz für Kinder und Jugendliche. Vortrag beim 5. ADHS-Fachtag, Leipzig 12.11.2010.* www.zkpr.uni-bremen.de/fileadmin/user_upload/praeventionsforum/pub/petermann_2010_vortrag_leipzig.pdf. Zugegriffen: 6.12.2013

Petermann, F., Koglin, U., Natzke, H., & von Marées, N. (2007). *Verhaltenstraining in der Grundschule.* Göttingen: Hogrefe.

Petermann, F., & Walter, H.-J. (1989). Wirkungsanalyse eines Verhaltenstrainings mit sozial unsicheren, mehrfach beeinträchtigten Kindern. *Praxis der Kinderpsychologie und Kinderpsychiatrie, 38*(4), 118–125.

Petermann, U., & Petermann, F. (2006). *Training mit sozial unsicheren Kindern.* Weinheim: Beltz.

Raithel, J. (2004). Riskante Verhaltensweisen bei Jungen. In T. Altgeld (Hrsg.), *Männergesundheit: Neue Herausforderungen für Gesundheitsförderung und Prävention* (S. 137–154). Weinheim: Juventa.

Reyes, M. R., et al. (2012). The interaction effects of program training, dosage, and implementation quality on targeted student outcomes for the RULER Approach to social and emotional learning. *School Psychology Review, 41*(1), 82–99.

Roth, G. (2011). *Bildung braucht Persönlichkeit. Wie Lernen gelingt.* Stuttgart: Klett-Cotta.

Roth, I. (2006). *Förderung prosozialer Verhaltensweisen und konstruktiver Konfliktlösestrategien bei Kindern im Grundschulalter: „Ich bleibe cool"-Konzeption, Implementation und Evaluation eines Trainingsprogramms zur Prävention aggressiven Verhaltens.* Psychologische Diss., Universität Trier.

Roth, I., & Reichle, B. (2008). *Prosoziales Verhalten lernen: „Ich bleibe cool!" – Ein Trainingsprogramm für die Grundschule.* Weinheim: Beltz.

Sann, A. (2006). OPSTAPJE – Ein Programm zur Stärkung von sozial benachteiligten Familien mit Kleinkindern. In I. Bohn (Hrsg.), *Resilienz – Was Kinder aus armen Familien stark macht* (S. 61–75). Frankfurt a. M.: Institut für Sozialarbeit und Sozialpädagogik. ISS-Aktuell 2/2006

Sann, A., & Thrum, K. (2005). *Opstapje – Schritt für Schritt. Abschlussbericht des Modellprojekts.* München: Deutsches Jugendinstitut.

Schick, A., & Cierpka, M. (2006). Evaluation des Faustlos-Curriculums für den Kindergarten. *Praxis der Kinderpsychologie und Kinderpsychiatrie, 55*(6), 459–474.

Schonert-Reichl, K. A., & O'Brien, M. U. (2012). Social and emotional learning and prosocial education. In P. Brown, M. W. Corrigan, & A. Higgins-D'Alessandro (Hrsg.), *Handbook of prosocial education* (S. 311–345). Lanham, MD: Rowman & Littlefield.

Schütze, Y. (2002). Zur Veränderung im Eltern-Kind-Verhältnis seit der Nachkriegszeit. In R. Nave-Herz (Hrsg.), *Kontinuität und Wandel der Familie in Deutschland* (S. 71–97). Stuttgart: Lucius & Lucius.

Shead, N. W., et al. (2011). Youth gambling prevention: Can public service announcements featuring celebrity spokespersons be effective? *International Journal of Mental Health and Addiction, 9*(2), 165–179.

Takagishi, H., et al. (2010). Theory of mind enhances preference for fairness. *Journal of experimental child psychology, 105*(1), 130–137.

Taubner, S., Munder, T., Unger, A., & Wolter, S. (2012). Effectiveness of early prevention programs in Germany: A systematic review and a meta-analysis. *Praxis der Kinderpsychologie und Kinderpsychiatrie, 62*(8), 598–619.

Teti, D. M., Kim, B.-R., Mayer, G., & Countermine, M. (2010). Maternal emotional availability at bedtime predicts infant sleep quality. *Journal of Family Psychology, 24*(3), 307–315.

Wahl, K. (1989). *Die Modernisierungsfalle. Gesellschaft, Selbstbewusstsein und Gewalt.* Frankfurt a. M.: Suhrkamp.

Wahl, K. (2007). *Vertragen oder schlagen? Biografien jugendlicher Gewalttäter als Schlüssel für eine Erziehung zur Toleranz in Familie, Kindergarten und Schule.* Mannheim: Cornelsen Scriptor.

Wahl, K. (2013). *Aggression und Gewalt. Ein biologischer, psychologischer und sozialwissenschaftlicher Überblick.* Heidelberg: Spektrum Akademischer Verlag.

Wahl, K., & Hees, K. (2007). *Helfen „Super Nanny" und Co.? Ratlose Eltern – Herausforderung für die Elternbildung.* Berlin: Cornelsen Scriptor.

Wahl, K., & Hees, K. (2009). *Täter oder Opfer? Jugendgewalt – Ursachen und Prävention.* München: Reinhardt.

Wahl, K., Ottinger-Gaßebner, M., Kleinert, C., & Renninger, S.-V. (2005). Entwicklungs- und Sozialisationsbedingungen für Toleranz. In Bertelsmann Stiftung, & Bertelsmann Forschungsgruppe Politik (Hrsg.), *Strategien gegen Rechtsextremismus* (Bd. 1, S. 16–79). Gütersloh: Bertelsmann Stiftung.

Werner, E. E., & Smith, R. S. (1982). *Vulnerable but invincible. A longitudinal study of resilient children and youth.* New York: McGraw-Hill.

Werner, E. E., & Smith, R. S. (2001). *Journeys from childhood to midlife. Risk, resilience, and recovery.* Ithaca: Cornell University Press.

Willer, D. (2012). *Förderung der individuellen Gesundheitskompetenz von Grundschulkindern als grundlegender Bestandteil zur Prävention von Übergewicht und Adipositas im Kindesalter im Rahmen eines einjährigen Interventionsprojektes an bayerischen Grundschulen.* Diss., Technische Universität München.

Wurtele, S. K., Kast, L. C., Miller-Perrin, C. L., & Kondrick, P. A. (1989). Comparison of programs for teaching personal safety skills to preschoolers. *Journal of Consulting and Clinical Psychology, 57*(4), 505–511.

Wustmann, C. (2003). Was Kinder stärkt. Ergebnisse der Resilienzforschung und ihre Bedeutung für die pädagogische Praxis. In W. E. Fthenakis (Hrsg.), *Elementarpädagogik nach PISA. Wie aus Kindertagesstätten Bildungseinrichtungen werden können* (S. 106–135). Freiburg: Herder.

Zelazo, P. D., & Lyons, K. E. (2012). The potential benefits of mindfulness training in early childhood: A developmental social cognitive neuroscience perspective. *Child Development Perspectives, 6*(2), 154–160.

Sachverzeichnis

K. Wahl, *Wie kommt die Moral in den Kopf?*, DOI 10.1007/978-3-642-55407-0,
© Springer-Verlag Berlin Heidelberg 2015